ITGO 박남용 선생님의
쉽게 따라하는

AutoCAD

2D·3D
도면예제집

 피앤피북

PREFACE

컴퓨터의 발명 이후로 설계 분야에서 Cad 시스템은 함께 발전을 거듭해 왔습니다. 국내에서도 1980년 이후 개인 및 사무용 PC의 보급이 확대되면서 건축 및 토목, 기계 등의 분야에서 Cad 시스템의 활용이 증가되었습니다.
특히, Autodesk 사의 Autocad는 대표적인 Cad 소프트웨어로 자리를 잡고 있으며, 관련 업무와 자격증 실기에서 폭 넓게 활용되고 있습니다. Autocad는 기존 기능을 그대로 유지하면서 편의성을 위해 기존 기능을 업그레이드하고 새로운 기능을 일부 추가하면서 지속적으로 발전하고 있습니다.

필자는 다년간의 강의경험을 통해 Cad를 처음 접하는 학습자들이 체계적으로 기능을 습득하고 다양한 예제(건축, 토목, 기계분야 등)를 통해 작업 능률을 연마하는 것에 초점을 두고 본 예제집을 집필하였습니다.
내용 구성은, 실무와 자격증 취득 과정에서 중요도가 현저히 떨어지는 명령어들을 선별하여 과감히 배제하고 자주 활용되는 명령어들에 초점을 두었습니다. 더불어, 기존의 관련 서적보다 Autocad에서 3차원 서피스(Surface)와 메쉬(Mesh) 기능을 강화하여, 2차원 뿐만 아니라 3차원에서도 강력한 모델링 기능을 탑재한 Autocad 특징이 학습되도록 하였습니다.

이 책으로 Autocad의 전문가가 될 수 있을 것이라고는 단언할 수 없습니다. 그러나 Cad 분야로 취업을 원하는 학습자들에게는 길라잡이 역할을 할 수 있을 것으로 생각합니다. 필자는 언제나 이 책의 오류에 대한 의견을 겸허히 수용하여 보다 개선된 도서가 될 수 있도록 노력하겠습니다.

이 책이 출간되도록 물심양면 지원해 주신 도서출판 피앤피북 대표님과 임직원분들, Cad 예제의 작성과 검토를 위해 애써준 강경하 교수와 이지민 양, 늘 바쁜 남편과 아빠를 응원해준 아내 기순과 아들 준수, 그리고 하나님께 깊은 감사드립니다.

대표저자 박남용

CONTENTS

PART 02 **2차원 드로잉 실습 예제**

PART 03 3차원 모델링 명령어

CHAPTER 03 메쉬 도구의 활용 ···················· 416

CHAPTER 04 표면 도구의 활용 ···················· 423

PART 04 3차원 모델링 실습 예제

PART 05 부록

PART

01

2차원 드로잉
명령어

CONTENTS

01 AUTOCAD 화면구성과 제어

1 AUTOCAD의 소개

1) 개요

CAD란 "Computer Aided Design & Drafting"의 약어로 "컴퓨터를 활용한 설계"를 의미합니다. 설계 시에 컴퓨터가 분석기능, 해석기능, 편집기능 등을 제공하여 설계 도면의 작성, 설계도면의 산출, 도면에 관계된 견적서 작성, 도면자료 관리에 다양한 도움을 받을 수 있습니다.

현재는 MS-Office, 3DS-MAX, SketchUP, PHOTOSHOP 등의 다양한 소프트웨어와 상호 호환 및 연동이 자유로워지면서 보다 다양한 업무에 도입되고 있습니다. 특히 건축 및 인테리어 디자인 분야에서는 2차원 도면 작업뿐만 아니라 3차원 및 렌더링 기법을 적용하여 보다 실제적인 설계 이미지 구현을 하고 있습니다.

최근 출시된 AUTOCAD 버전은 기존 버전에서의 명령어를 그대로 유지하면서도 한층 UPGRADE된 명령어들을 선보이고 있어 사용자들의 설계 환경을 더욱 편리하게 만들어 주고 있습니다.

2) 활용 효과

① 단일 세션에서 복수의 도면 작업 (다수의 도면을 동시에 열어 작업 가능)
② 동적인 3차원 설계 구현 (사용자 중심의 3차원 명령어 제공)
③ 3차원 설계 작업에 대한 실사 이미지 구현 (현실감 있는 재질 및 조명 표현)
④ 웹을 활용한 작업의 다중 공유
⑤ 다양한 외부 소프트웨어와의 상호 데이터 공유
⑥ 사용자 중심의 손쉬운 인터페이스 제공 및 이로 인한 작업물의 품질 향상
⑦ 단축 메뉴 활용으로 인한 신속한 설계 작업

[TIP]
현재, 전자 문서인 **PDF** 파일 형식의 도면 문서를 열어 **CAD** 도면으로 변환하거나 저장할 수 있음

[TIP]
Autocad의 명령 입력 방식이 예전 **CUI** 명령 입력 방식(명령 입력줄에 직접 명령어 또는 단축키 입력)에서 점차 **GUI** 명령 입력 방식(아이콘화 된 명령의 클릭)으로 변화되고 있음

[TIP]
Autocad 프로그램은 www.autodesk.co.kr에서 체험판**(30일)**과 학생용**(3년간 무료)**으로 제공되고 있음

② 화면의 구성과 주요 [탭]별 리본

[TIP]
패널 최소화 버튼으로 패
널의 구성을 최소화 할
수 있음

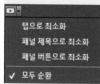

탭으로 최소화
패널 제목으로 최소화
패널 버튼으로 최소화
✓ 모두 순환

현재 AUTOCAD 인터페이스는 [탭]별 [패널]로 구성된 [리본] 메뉴화 되어 있습니다. [리본]은 2009버전을 중심으로 새롭게 선보이는 메뉴 바의 형식입니다. 리본 메뉴는 단어 위주의 명령어를 쉽게 인식하고 활용하도록 하는 새로운 메뉴라고 볼 수 있습니다.

화면 구성 중 가장 중요한 부분은 COMMANDLINE(명령 입력창)입니다. 명령어의 구체적인 실행 순서를 모르더라도 명령 행을 항상 주지하면 작업의 60% 이상 해결을 해결할 수 있습니다.

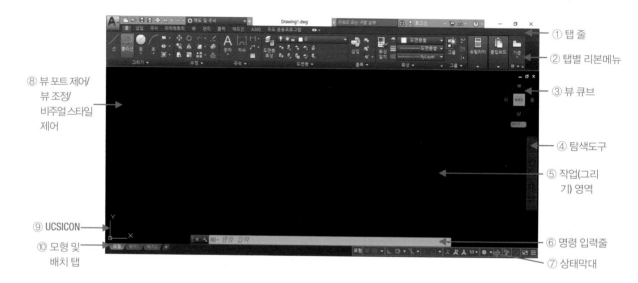

- ① 탭 줄
- ② 탭별 리본메뉴
- ③ 뷰 큐브
- ④ 탐색도구
- ⑤ 작업(그리기) 영역
- ⑥ 명령 입력줄
- ⑦ 상태막대
- ⑧ 뷰 포트 제어/뷰 조정/비주얼 스타일 제어
- ⑨ UCSICON
- ⑩ 모형 및 배치 탭

1) 신속접근 도구막대와 제목 표시줄

① ② ③ ④ ⑤ ⑥ ⑦ ⑧ ⑨

Drawing1.dwg

[TIP]
Closeall 명령은 열려진
모든 도면을 한꺼번에 닫
아줌

① 새 도면 열기 (Ctrl+N 입력)
② 기존 도면 열기 (Ctrl+O 입력)
③ 저장 (Ctrl+S 입력)
④ 다른 이름으로 저장 (Ctrl+Shift+S 입력)
⑤ 출력 (Ctrl+P)

[TIP]
Ctrl+Q 를 입력하면
Autocad 종료됨

⑥ 실행 명령 취소 (명령 입력창 ▶ 'U' 입력 또는 Ctrl+Z)
⑦ 취소 명령 복구 (명령 입력창 ▶ 'Mredo' 입력 또는 Ctrl+Y)

⑧ 다른 인터페이스로 화면 전환

(2016버전부터 기존 [클래식] 항목이 사라짐)

⑨ 파일 제목

2) [탭] 별 리본

① [홈] 탭 리본

도면 작성에 주로 상용되는 명령들로 구성

② [삽입] 탭 리본

다른 형식의 파일을 가져오거나 내보내는 명령들로 구성. 삽입된 객체를 수정하는 기능도 포함

③ [주석] 탭 리본

문자 및 치수, 지시선 등의 기입을 위한 명령들로 구성

④ [뷰] 탭 리본

작업화면 전환 및 레이아웃과 각종 팔레트 도구 명령들로 구성

[TIP]
명령 아이콘 위에 마우스 포인터를 두고 우측 버튼을 누르면 해당 아이콘을 신속접근도구막대에 추가 가능

[TIP]
신속접근도구 명령 아이콘 위에 마우스 포인터를 두고 우측 버튼을 누르면 해당 아이콘을 신속접근 도구막대에서 제거 가능

[TIP]
Autocad 파일의 확장자 명은 .DWG 임

[TIP]
패널 빈 곳에 마우스 포인터를 두고 마우스 우측 버튼을 클릭 ▶ 탭 표시와 패널 표시 ▶ 탭과 패널 표시 개별 제어 가능

[TIP]
탭 제목을 클릭 후 Ctrl를 누른 채 이동시켜 탭 제목의 순서 변경 가능함

⑤ [출력] 탭 리본

작업된 도면에 대한 배치 작업 및 출력 도구 명령들로 구성

3) 도면 작성 공간

[TIP]
Ctrl + 0(숫자) 입력 ▶ 탭
과 패널을 숨기고 작업화
면을 최대로 확장함

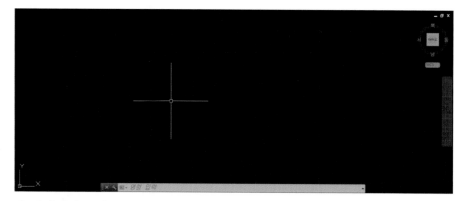

① 실제적인 도면 작업이 이루어짐
② 작업화면 하단의 [모델]과 [배치] 탭은 도면의 작성 공간과 배치 공간을 의미하며, 탭을 클릭하면 해당 공간이 전환됨

4) 명령 입력줄

[TIP]
Ctrl + 9 입력 ▶ 명령 입
력줄 ON/OFF 가능함

패널의 도구별 아이콘을 클릭하지 않고 직접 단축키 등의 문자로 명령어를 입력하는 줄이며, 명령 아이콘을 클릭하더라도 다음 명령 수행에 관련된 지시사항은 반드시 명령 입력창에서 확인함

[TIP]
Autocad는 '자동 완성' 기
능이 있어 명령어를 전부
입력하지 않더라도 일부
알파벳으로도 관련된 명
령 단어를 찾아내어 리스
트해 줌

5) 상태바

좌표 확인, 특정점 찾기, 직교, 그리드 등을 ON/OFF 할 수 있도록 구성

❸ 화면 표시 및 제어 기능

도면을 본격적으로 작성하기 전에 작업 화면을 관리하고 또한 보조적으로 도움을 주는 필수 기본 기능들에 대하여 반드시 숙지하여야만 합니다. 오토캐드는 다수의 기능키(F1, F2···)와 마우스 휠의 활용, 'Ctrl+C' 등과 같은 **[핫 키]** 등을 활용하여 편리하게 운용할 수 있습니다.

1) 기능키 활용법

(1) F1

오토캐드 도움말 [HELP 명령]

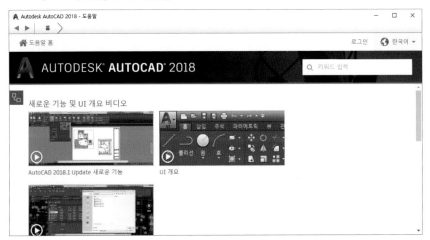

[TIP]
화면 우측 상단의 '정보센터' 명령 입력란에 명령어를 입력하면 해당 명령어의 사용법을 확인할 수 있음

(2) F2

명령 입력줄 확장

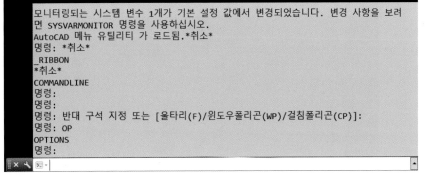

[TIP]
명령 입력줄을 확장하여 이전 명령 사용 내역을 확인할 수 있음

[TIP]
키보드의 상/하 방향키를 입력하면 사용된 명령을 확인하거나 실행할 수 있음

(3) F3

Osnap ON/OFF 기능(객체 특정점 탐색에 도움을 줌)

(4) F4

3dosnap ON/OFF 기능(3차원 객체 특정점 탐색에 도움을 줌)

(5) F5

등각 평면의 축 전환(Snap 명령의 옵션 중 Isometric(등각투영) 스타일과 함께 사용됨)

[TIP]
등각투영의 작성 예

직교: 230.99 < 150°

(6) F6

동적 UCS ON/OFF 기능(3차원에서 해당 면에 맞춰 그리기 할 수 있음)

(7) F7

Grid ON/OFF 기능(화면상에 일정 간격에 맞춰 격자 그리드 또는 점을 표현함)

[TIP]
Grid 명령 입력 후 간격 값을 입력하여 그리드 크기 제어 가능

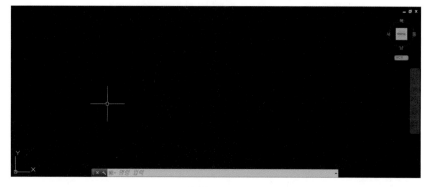

Grid on

[TIP]
F9(스냅)을 **ON**하면 지정된 그리드 간격으로 커서 이동이 제한됨. 작업의 자유로움을 위해 스냅모드는 **OFF** 상태로 두는 것이 좋음

Grid off

(8) F8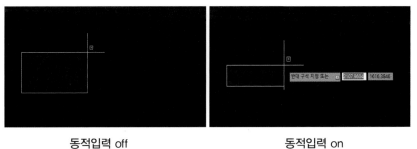

Ortho ON/OFF 기능(직교된 수평과 수직으로 방향을 제어함)

[TIP]
Grid 기능은 Snap 기능과 연계하여 일정 간격의 표준화된 형상 작성에 도움을 줌

(9) F9

Snap의 ON/OFF 기능(Snap에 의한 마우스 이동을 제어함)

(10) F10

극좌표 ON/OFF 기능(지정한 특정 각도 방향을 축적함)

(11) F11

객체 스냅 추적 ON/OFF 기능(상호 객체와 관계된 특정점을 추적함)

[TIP]
객체 스탭 추적 기능은 상호 객체와 연관된 특정점을 추적하여 형상 작성에 도움을 줌

(12) F12

동적 명령 입력창의 ON/OFF [십자선 옆의 수치 입력창 표시]

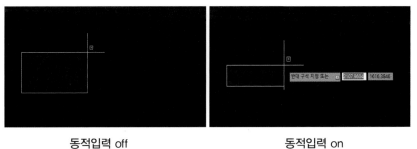

[TIP]
동적입력이 OFF되어 있으면 명령 입력줄에 명령어와 각종 값을 작성하여야 함

동적입력 off   동적입력 on

2) 마우스를 활용한 화면 제어

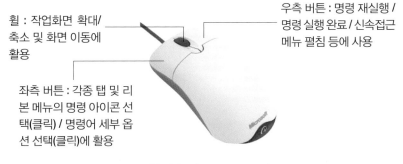

휠 : 작업화면 확대/축소 및 화면 이동에 활용

우측 버튼 : 명령 재실행 / 명령 실행 완료 / 신속접근 메뉴 펼침 등에 사용

좌측 버튼 : 각종 탭 및 리본 메뉴의 명령 아이콘 선택(클릭) / 명령어 세부 옵션 선택(클릭)에 활용

휠 마우스(Wheel Mouse)

[TIP]
Ctrl + 9 : 명령 입력줄의 ON/OFF [화면 하단의 명령입력 창을 숨김]
Ctrl + 0 : Clenscreen의 ON/OFF [작업 화면을 더 넓게 사용 가능]

① 휠(Wheel) 더블 클릭 : Zoom 명령의 옵션 중 Extend, 즉 그려진 도면을 전체 화면에 맞추어 볼 수 있음
② 휠 회전 : 화면 Zoom IN(확대) / OUT(축소)
③ 마우스 커서를 작업창의 임의 곳에 두고 휠을 누르면 손바닥(PAN 기능)이 표시되며, 작업 화면을 자유자재로 움직임
④ 마우스 좌측 버튼 : 객체 / 도구(아이콘) / 풀다운 메뉴 선택
⑤ 마우스 우측 버튼 : 명령어 실행 / 종료 / 바로가기 메뉴 선택

3) 실행 된 명령의 단계별 취소 및 복구 방법

Undo[실행 명령 취소(단축키 U / Ctrl + Z)]는 최근 실행된 명령부터 차례대로 취소하는 명령이며, Mredo[취소 명령 복원(단축키 Ctrl + Y)]는 Undo로 취소된 명령을 차례로 복원시키는 명령입니다.

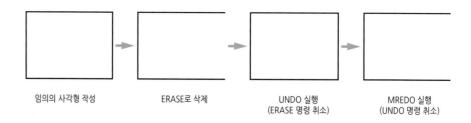

| 임의의 사각형 작성 | ERASE로 삭제 | UNDO 실행
(ERASE 명령 취소) | MREDO 실행
(UNDO 명령 취소) |

Undo와 Mredo

4) 'Options' 명령을 활용한 작업 화면 배경색 변환 방법

① ▣ 버튼 ▶ 옵션 클릭

인쇄 ▶
Suite 워크 플로우 ▶
도면 유틸리티 ▶
닫기 ▶

옵션

(자동저장시간 설정 및 십자선 및 작업공간의 배경 색상 등의 세부 작업 환경을 제어할 수 있음)

② [화면표시] 메뉴 ▶ [색상] 버튼을 클릭

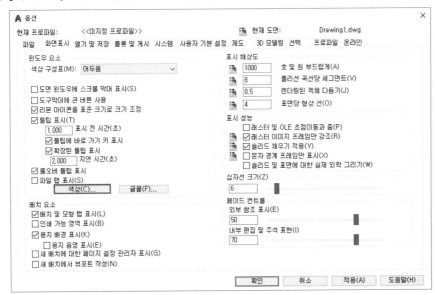

[TIP]
[화면표시] 탭 ▶ [십자선 크기]값을 조정하면 작업 화면에 마우스 포인터에 따라다니는 십자선의 크기를 제어할 수 있음

③ 색상 선택(콘텍스트(X) 선택 ▶ 색상 선택)

[TIP]
작업 화면의 색상은 눈의 피로가 낮은 검정색으로 설정되어 있음. 녹색 등의 색상으로 변경할 경우 눈의 피로가 증가하여 작업 효율이 떨어짐으로 가능한 무채색 계열로 설정하는 것이 좋음

▶ [윈도우 요소] ▶ [색상 구성표(M)]을 '경량'으로 변경하면 리본 메뉴의 바탕이 흰색으로 변경됨

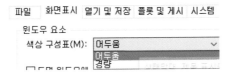

④ 　적용 및 닫기(A)　 버튼 클릭 ▶ 　확인　 버튼 클릭

⑤ 'Options' 명령을 활용한 파일 자동 저장 시간 설정 방법

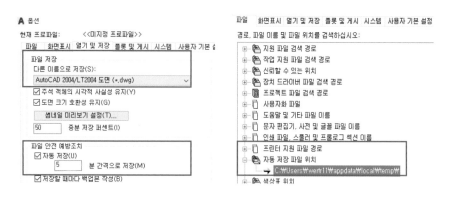

[TIP]
자동 저장시간을 너무 짧게 설정하면 오히려 작업에 방해가 될 수 있음

[TIP]
명령 입력줄에 'Savetime' 명령을 입력 후 자동 저장 시간을 별도로 입력할 수 있음

4 파일의 체계와 관리

캐드 파일은 다양한 핫 키를 활용하여 관리할 수 있습니다.

1) 파일 관리 핫 키

[TIP]
Ctrl + Q(나가기)를 입력하면 프로그램을 종료함

(1) 새로운 도면 열기(New, Ctrl + N)

(2) 기존 파일 열기(Open, Ctrl + O)

(3) 작업 파일 저장(Save, Ctrl + S)

(4) 다른 이름으로 저장(Save As, Shift + Ctrl + S)

[TIP]
Import(단축키 : IMP)를 입력하면 다양한 형식의 외부 파일을 가져오기 할 수 있음

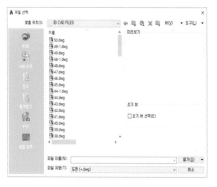
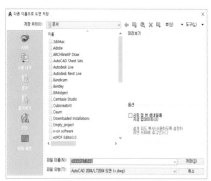

OPEN(열기) 및 SAVE(저장)

① 파일 이름 : 찾거나 저장할 파일의 이름

② 파일 유형 : 찾거나 저장할 파일의 형식 지정

⑤ 작업 영역의 크기와 작업 단위 설정(Limits & Units)

1) 개요

도면의 영역 즉 한계를 절대좌표로 설정합니다. 도면 작업 시 주로 활용하는 도면 한계는 A3 사이즈인 420×297mm입니다. 그러나 Limits명령을 통해 영역 설정 후 도면 작업을 진행할 경우 종종 자유스런 화면 이동을 방해할 수 있습니다. 이를 해결하기 위해 Limits를 무한대로 설정하는 것이 유리합니다.

도면의 작업은 mm 단위에서 시작합니다. 종종 inch 단위로 설정되는 경우가 있기에 Units 명령을 활용하여 mm 단위로 설정 변경합니다.

2) 작업 영역 설정과 작업 단위 설정 방법

(1) 작업 영역 설정

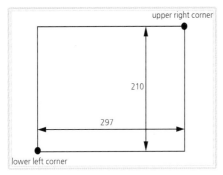

LIMITS(도면한계)

A판	사이즈	B판	사이즈
A0	841×1,189mm	B0	1,030×1,456mm
A1	594×841mm	B1	728×1,030mm
A2	420×594mm	B2	515×728mm
A3	297×420mm	B3	364×515mm
A4	210×297mm	B4	257×364mm
A5	148×210mm	B5	182×257mm
A6	105×148mm	B6	128×182mm
A7	74×105mm	B7	91×128mm
A8	52×74mm	B8	64×91mm
A9	37×52mm	B9	45×64mm
A10	26×37mm	B10	32×45mm

용지 사이즈

[TIP]
Limits 명령에 의해 작업 영역이 설정되면 그 외 영역에서는 도면을 작성할 수 없게 됨. 그러나 Limits ▶ OFF 하게 되면 그 외 작업 영역에서 도면 작성 가능

[TIP]
본문에 제시된 용지 사이즈를 참고하여 용도에 맞게 Limits를 설정 가능

① Limits `Enter↵`

② `✕ ✎ ⊞ LIMITS 왼쪽 아래 구석 지정 또는 [켜기(ON) 끄기(OFF)] <0.0000,0.0000>:` `▼`에

좌측 하단 구석 점 '0,0' 입력 `Enter↵`

③ `✕ ✎ ⊞ LIMITS 오른쪽 위 구석 지정 <420.0000,297.0000>:` `▼`에

대각선 방향 우측 구석 점 '297,210' 입력 `Enter↵`

④ z입력 `Enter↵` (영역을 지정한 후 반드시 Zoom 명령 실행)

⑤ `✕ ✎ ⊞ ZOOM [전체(A) 중심(C) 동적(D) 범위(E) 이전(P) 축척(S) 윈도우(W) 객체(O)] <실시간>:` `▼`

: `전체(A)` 클릭 (Limits로 설정된 도면 전체 영역 확대)

(2) 도면 작업 단위 설정

① [도면 유틸리티] 항목 ▶ [단위] 클릭

[TIP]
명령 입력줄에 'UNITS(단
축키 : UN)'를 입력하여 '
단위' 대화창을 열기할
수 있음

[TIP]
복구(Recover) 명령을 활
용하여 갑작스러운 컴퓨
터 시스템 다운이나 프로
그램 상의 오류로 인한
오류 파일을 복구할 수
있음

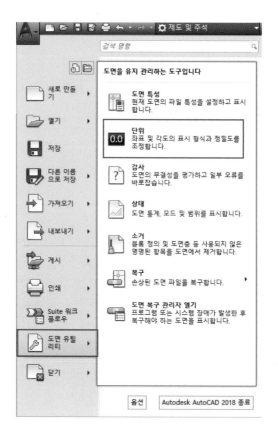

② [유형] 항목 드롭다운 버튼 ▶ Decimal(십진) 지정

[TIP]
[각도]의 유형과 정밀도
변경도 가능함

③ Precision(정밀도) ▶ 드롭다운 버튼 소수점 자릿수 제어

[TIP] 단축키 설정 과정

[TIP] 단축키 설정
① [관리] 탭 ▶ [사용자
   화] 패널 ▶ [별칭 편
   집]을 활용하여 단축
   키 설정 가능
② 메모장에서 해당 명
   령어의 단축키 수정
   후 반드시 [저장] 버
   튼 클릭
③ 명령입력줄 ▶ **Reinit**
   명령 입력(엔터표시)
   ▶ **[PGP]** 체크 후 [확
   인] 버튼을 클릭하면
   변경된 단축키로 사
   용 가능

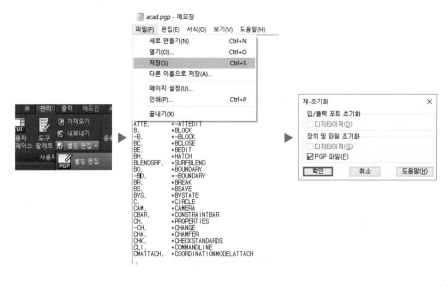

단축키 설정 과정

MEMO

CHAPTER

02 선 그리기와 지우기

1 선 그리기(Line)

1) 개요

마우스를 활용하여 선의 시작점을 지정 후 사용자가 원하는 다양한 형상을 작성할
수 있습니다.

[홈] 탭 ▶  (단축키 ㄴ)

2) 선(line) 작성 방법

[TIP]
Line 명령을 실행하고 시
작점 지정 ▶ 다음점 방
향을 가리킨 후 명령 입
력줄에 길이값을 입력하
면 해당 방향으로의 선이
작성됨

(1) 시작과 다음 점 지정

① [홈] 탭 ▶ [그리기] 패널 ▶ 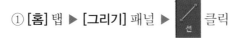 클릭

② 시작점 지정

③ 다음점 순차적으로 지정

④ Enter↵

[TIP]
F8 기능키를 활용하여 수
평 및 수직의 단순한 도
형을 편리하게 작성할 수
있음

(2) 기능키 F8(직교모드) 활용

① [홈] 탭 ▶ [그리기] 패널 ▶  클릭

② 시작점 지정

③ F8키 입력 후 Ortho Mode(직교 모드) 활성화

④ 다음점 순차적으로 지정

⑤ Enter↵

② 좌표를 활용한 선 그리기(Line)

1) 개요

상대좌표(@x,y), 상대극좌표(@거리값<각도값), 절대좌표(x,y), 절대극좌표(거리값<각도값)을 입력하여 보다 정확한 도형을 작성할 수 있습니다. 절대좌표와 절대극좌표의 활용빈도는 낮은 편이며, 상대좌표와 상대극좌표의 활용이 큽니다.
작성된 선은 마우스로 포인팅(선택) 후 나타나는 그립(Grip)점을 클릭 후 좌표값 또는 길이값을 입력하여 추가적인 길이 변화를 줄 수 있습니다.

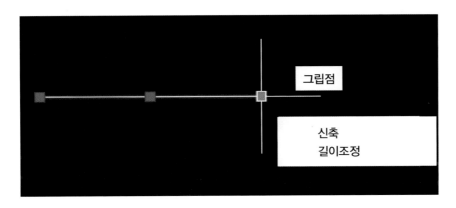

[TIP]
Grip은 **Line** 뿐만 아니라 작성된 모든 객체에서도 표시되며, 객체 특성에 의해 다양한 용도로 사용될 수 있음

2) 좌표 활용 방법

(1) 절대 좌표(x,y)를 활용한 선

① [홈] 탭 ▶ [그리기] 패널 ▶ <선> 클릭

② 시작점 지정 '0,0' 입력 [Enter↵]

③ 다음점을 절대 좌표 값으로 순차적 입력 (예 1000,0) [Enter↵]

[TIP]
절대 좌표는 **UCS** 아이콘의 X와 Y축 교차점을 **0,0**(원점)으로 인식함

(2) 상대 좌표(@x,y)를 활용한 선

① [홈] 탭 ▶ [그리기] 패널 ▶ <선> 클릭

② 시작점을 지정하기 위하여 화면상 임의 점 지정 [Enter↵]

③ 다음점을 상대 좌표값으로 순차적 입력(예 @1000,0) [Enter↵]

[TIP]
상대 좌표는 사용자가 지정한 점을 **0,0**(원점)으로 인식함

(3) 상대 극좌표(@거리값〈각도값〉)를 활용한 선

① [홈] 탭 ▶ [그리기] 패널 ▶ 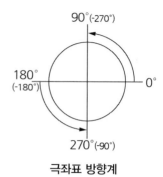 클릭

② 시작점을 지정하기 위하여 화면상의 임의 점 지정

③ 다음점을 상대 극좌표 값으로 순차적 입력
   (예 @1000<0) [Enter↵]

극좌표 방향계

[TIP]
상대 극좌표에서 각도는 방향계를 참고하여 지정함

[TIP]
'절대극좌표' 방법도 있으나 많이 사용되지 않으며, 형식은 @없이 거리값과 각도값(1000<0)으로 입력함

③ 객체 선택과 지우기(Select & Erase)

1) 개요

[TIP]
객체 선택 ▶ 키보드 Delete 버튼 클릭 ▶ 객체 삭제

명령 입력창에서 'Select Object(객체 선택)' 등의 지시사항이 제시될 때, 작성된 객체를 다양한 방법으로 선택하고 지울(Erase) 수 있습니다.

객체를 지우는 명령어는 리본 메뉴 중 Modify(수정) 패널에서 을 클릭하거나 명령 입력줄에서 'E'를 입력하여도 실행됩니다.

2) 객체 선택 방법

(1) 단일 객체 선택

① 작성된 객체 선택

[TIP]
떨어진 객체들을 클릭하면 동시 선택되어지나 [Shift] 버튼을 동시에 누르고 선택된 객체를 다시 선택하면 선택에서 제거됨

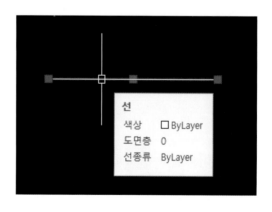

(2) 모든 객체 선택

① 'Ctrl + A' 입력

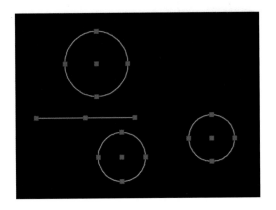

[TIP]
Selectsimilar 명령 입력
▶ 객체 선택 후 **[ENTER]**
키를 입력하면 주변 유사
객체들이 동시 선택됨

(3) Window 방법을 활용한 객체 선택(범위 내부에 포함된 객체만 선택)

① 선택할 객체를 중심으로 좌측 시작점 지정
② 선택할 객체를 중심으로 시작점 반대편 대각선 방향으로 지정

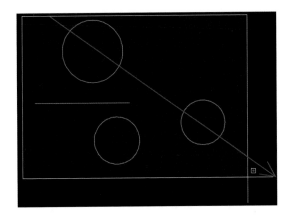

[TIP]
Qselect(신속선택) 명령
을 활용하여 특정 조건에
맞는 객체를 신속히 선택
할 수 있음

(4) Crossing 방법을 활용한 객체 선택(범위 내부에 포함되거나 걸쳐진 객체만 선택)

① 선택할 객체를 중심으로 우측 시작점 지정
② 선택할 객체를 중심으로 시작점 반대편 대각선 방향으로 지정

[TIP]
Crossing 방법을 '걸침'
방법이라고 해석하기도
함. 특히, 신축(**Stretch**)
명령은 객체 선택 시 걸
침 방법을 사용함

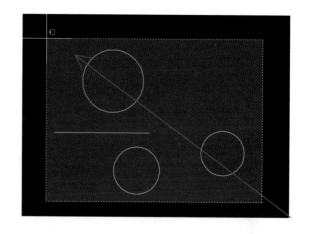

3) 객체 지우기(Erase)

① [홈] 탭 ▶ [수정] 패널 ▶ 클릭

② 객체 선택 Enter↵

* 키보드의 'Delete' 버튼을 활용하여 선택된 객체 삭제 가능

4 객체 스냅 찾기(osnap)

1) 개요

객체 등에 존재하는 점을 찾아 선을 이어 그리거나 명확한 기준을 지정하여 객체 이동 또는 복사 등의 작업을 수행하고자 할 때 활용합니다. 객체에 존재하는 특정점을 찾기 위해 상태바 객체스냅( ) 아이콘을 클릭하거나 기능키 'F3'을 입력하여 활성화 한 후 그리기 등의 명령어를 실행합니다. 객체 스냅의 설정은 ( ) 아이콘 위에 마우스 포인터를 두고 우측 버튼을 클릭하거나 명령 입력창에 'OS'를 입력한 후 찾고자 하는 객체의 특정점 사용 유무를 체크합니다.

■ 객체 스탭(Osnap) 설정 전 후 의 모습은 우측 이미지와 같음 (좌 : 설정 전 / 우 : 설정 후)

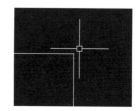
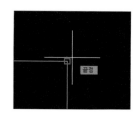

2) 객체 스냅 설정법

(1) 상태바의 [객체 스냅] 아이콘을 활용한 설정

① 위 ▶ 마우스 포인터 위치

② 마우스 우측 버튼 클릭

③ 펼쳐진 객체 스냅 메뉴 확인

④ 펼침 메뉴 중 '객체 스냅 설정' 클릭

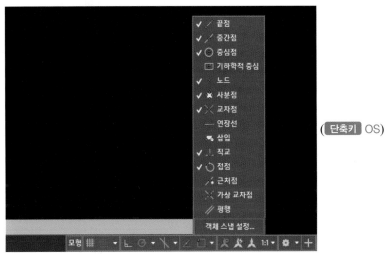

(단축키 OS)

[TIP]
기능키 F3을 입력하여 Osnap 기능을 ON/OFF할 수 있음

[TIP]
객체 스냅 모드의 모두를 선택하면 오히려 작업에 방해가 될 수 있음으로 필요한 스냅 모드만 선택하여 사용하는 것이 편리함

⑤ [객체 스냅 설정] 창에서 사용자가 찾고자 하는 특정점을 체크

- Endpoint(끝점) : 선이나 호의 가장 가까운 끝점 탐색
- Midpoint(중간점) : 선이나 호의 가장 가까운 중간점 탐색
- Center(중심점) : 원이나 호의 중심점 탐색

- Node(노드) : Divide나 Measure로 나누어 지정해둔 Point 탐색
- Quadrant(사분점) : 호, 원 또는 타원의 가장 가까운 사분점(0, 90, 180, 270도) 탐색
- Intersection(교차점) : 객체들이 만나는 교차점 탐색
- Extension(연장선) : 객체의 연장된 교차점 탐색
- Insertion(삽입점) : Text, Block, Shape의 삽입점 탐색
- Perpendicular(수직) : 한 객체에서 다른 객체로의 수직점 탐색
- Tangent(접점) : 객체들이 접하는 접점 탐색
- Nearest(근처점) : 현재 마우스 위치에서 객체위에 있는 가장 가까운 한점 탐색
- Apparent intersection(가상교차점) : UCS과 관계없이 3차원의 교차점 탐색
- Parallel(평행) : 직선과 평행한 안내선 탐색

⑥ 확인 클릭

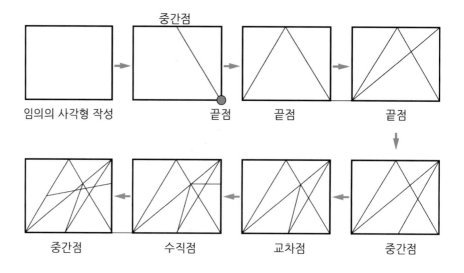

객체 스냅(Osnap) 활용

MEMO

CHAPTER

03 다양한 선의 표현

1 구성선 그리기(Xline)

1) 개요

구성선은 도면 작성에 필요한 중심선, 안내선 또는 다양한 무한대의 경사선을 작성할 때 주로 사용됩니다. 이와 관련된 명령어로는 양방향 무한선 작성의 'Xline'과 한 방향 무한선(광선) 작성의 'Ray' 명령이 있습니다.

[홈] 탭 ▶ [그리기] 패널 ▶ 드롭다운 버튼(▼) 클릭

(단축키 Xline(XL))

[TIP]
도면 작성을 할 경우 계획한 치수에 맞춰 **Xline**을 활용하여 중심선 작업을 미리 해두고 진행하는 것이 편리함

✎(구성선) ✎(광선)으로 표현됩니다. 객체 스냅(Osnap) 기능과 함께 활용하면 보다 정확하고 다양한 무한의 구성선 작성이 가능합니다.

2) 구성선(Xline) 작성법

[TIP] [각도(A)] 옵션 클릭 ▶ 각도값 입력을 하면 지정 각도에 맞춰 무한대 구성선이 작성됨

(1) 수평 구성선

① [홈] 탭 ▶ [그리기] 패널 ▶ ✎ 클릭

② ✕ ✎ **XLINE** 점 지정 또는 [수평(H) 수직(V) 각도(A) 이등분(B) 간격띄우기(O)] :

: **수평(H)** 클릭

③ 위치점 지정

④ Enter ↵

[TIP]
구성선(Xline) 명령 중 [이등분(B)] 옵션 선택 ▶ 교차된 두 선의 교차점 지정 ▶ 첫 번째 객체 스냅 점 지정 ▶ 두 번째 선의 끝점 또는 근처점 지정

[TIP]
구성선(Xline) 명령 중 [간격띄우기(O)] 옵션 [통과점(T)] 옵션을 선택할 경우 간격 값에 상관없이 사용자가 직접 위치를 지정하여 구성선 간격 띄우기를 할 수 있음

[TIP]
기능키 F10을 활용하여 지정한 각도에 의한 [광선]을 정확하게 작성할 수 있음

[TIP]
명령 입력줄 ▶ DS 입력 후 [ENTER] ▶ 극좌표 각도 설정 가능

(2) 수직 구성선

① [홈] 탭 ▶ [그리기] 패널 ▶ ✎ 클릭

② ⊞ ✕ 🔍 ✎ XLINE 점 지정 또는 [수평(H) 수직(V) 각도(A) 이등분(B) 간격띄우기(O)]:

     : **수직(V)** 클릭

③ 위치점 지정

④ Enter↵

(3) 간격 띄우기

① [홈] 탭 ▶ [그리기] 패널 ▶ ✎ 클릭

② ⊞ ✕ 🔍 ✎ XLINE 점 지정 또는 [수평(H) 수직(V) 각도(A) 이등분(B) 간격띄우기(O)]:

     : **간격띄우기(O)** 클릭

③ 간격 값 입력 Enter↵

④ 간격 띄우기 대상 구성선 선택

⑤ 간격 띄우기 방향점 지정

⑥ Enter↵

(4) 구성선(Xline) 명령 중 [각도]와 [이등분] 옵션의 사용법은 23과 24 페이지의 [TIP] 내용 참고

3) 광선(Ray) 작성법

① [홈] 탭 ▶ [그리기] 패널 ▶ ✎ 클릭

② 시작점 지정

③ 방향점 지정

④ Enter↵

■ 극좌표 추적을 위한 각도 설정(단축키 DS)

② 다중선 그리기(Mline)

1) 개요

다중선은 두 줄 또는 세 줄 이상의 선을 동시에 작성할 수 있는 명령입니다. 'Mledit' 명령을 활용하여 상호 교차된 다중선을 교차 유형을 변경할 수 있습니다. (단축키 ML)

2) 다중선 'Mline' 작성법

(1) 축척값(Scale)을 가진 다중선

① 'ML' 입력 Enter↵

② [× ⚒] · MLINE 시작점 지정 또는 [자리맞추기(J) 축척(S) 스타일(ST)]: : 축척(S) 클릭

③ 축척 값 입력 Enter↵

④ 시작점 지정

⑤ 다음점 지정

⑥ Enter↵ 팁

[TIP]
Mline의 [축척]은 두 선 [간격]을 의미함

[TIP]
[스타일(ST)]옵션으로 Mlstyle에서 만든 스타일 이름을 입력하여 스타일 변경 가능(이 경우 반드시 축척(S)는 1로 설정하여야 함)

(2) 위치를 지정한 다중선

① 'ML' 입력 Enter↵

② [× ⚒] · MLINE 시작점 지정 또는 [자리맞추기(J) 축척(S) 스타일(ST)]:

: 자리맞추기(J) 클릭

③ [× ⚒] · MLINE 자리맞추기 유형 입력 [맨 위(T) 0(Z) 맨 아래(B)] <맨 위>:

: 0(Z) 클릭

④ 시작점 지정

⑤ 다음점 지정

⑥ Enter↵

[TIP]
[자리맞추기(J)] 옵션에서 맨 위(T)는 기준선을 상단에 두고 다중선이 하단에 작성됨 / 0(Z)는 기준선을 중간에 두고 상단 및 하단에 다중선이 작성됨 / 맨 아래(B)는 기준선을 하단에 두고 다중선이 상단에 작성됨

[TIP] Mlstyle 명령을 활용한 다중선 스타일 생성

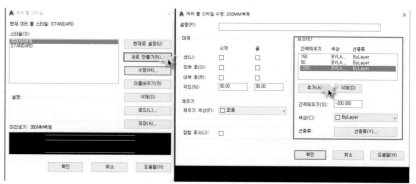

[새로 만들기] 버튼 클릭 ▶ [스타일 이름] 입력 ▶ [여러 줄 스타일 수정] 대화 상자 ▶ [요소(E)] ▶ 간격 띄우기와 색상, 선 종류 등을 추가 및 변경하여 다양한 스타일의 다중선을 생성함

3) 교차된 다중선의 교차 유형 변경

① 'Mledit' 입력 [Enter ↵]

②  제시된 유형 중 선택

▶ [닫기(C)] 클릭

③ 교차된 첫 번째 다중선 클릭
④ 교차된 두 번째 다중선 클릭

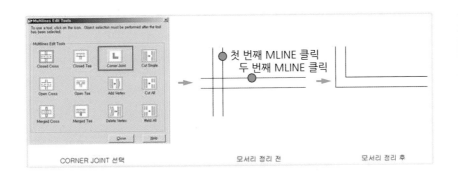

[TIP]
Mledit 명령은 익숙하지 않으면 사용하는 것이 오히려 불편할 수 있음

Mledit의 활용

③ 폴리선 그리기(Polyline)

1) 개요

연속되어 이어진 하나의 단일 선의 성격으로 도형을 작성합니다. 이 외 기능으로 선의 폭을 부여하고, 직선과 곡선을 번갈아 가며 작성 할 수 있습니다.

[홈] 탭 ▶ [그리기] 패널 ▶ 폴리선 클릭(단축키 PL)

2) 폴리선 작성법

(1) 연속된 단일 폴리선

[TIP]
Polyline는 Line 작성법과 동일함

① [홈] 탭 ▶ [그리기] 패널 ▶ 폴리선 클릭

② 시작점 지정

③ 다음점 순차적 지정

[TIP]
연속된 단일 폴리선은 Explode(단축키 : X) 명령을 활용하여 분해가능함.

④ Enter↵

(2) 두께 폭이 있는 연속된 단일 폴리선

① [홈] 탭 ▶ [그리기] 패널 ▶ 폴리선 클릭

② 시작점 지정

③ 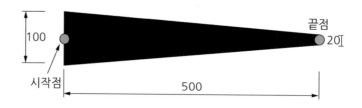 PLINE 다음 점 지정 또는 [호(A) 반폭(H) 길이(L) 명령 취소(U) 폭(W)]: : **폭(W)** 클릭

④ ⬛×⬛ PLINE 시작 폭 지정 <0.0000>: : 시작 폭 값 입력 Enter↵

⑤ ⬛×⬛ PLINE 끝 폭 지정 <0.0000>: : 끝 폭 값 입력 Enter↵

⑥ 다음점 순차적 지정

⑦ Enter↵

Pline의 활용

(3) 직선과 곡선이 연속된 단일 폴리선 작성법

① **[홈]** 탭 ▶ **[그리기]** 패널 ▶  클릭

② 시작점 지정

③ ⬛×⬛ PLINE 다음 점 지정 또는 [호(A) 반폭(H) 길이(L) 명령 취소(U) 폭(W)]:

: **호(A)** 클릭

④ 다음점 지정

⑤ ⬛×⬛ PLINE [각도(A) 중심(CE) 방향(D) 반폭(H) 선(L) 반지름(R) 두 번째 점(S) 명령 취소(U) 폭(W)]:

: **선(L)** 클릭

⑥ 다음 점 지정

⑦ Enter↵

MEMO

④ 선 종류 및 축척 변경하기(Linetype & Ltscale)

1) 개요

도면 작업에서 주요하게 사용되는 선의 종류로는 숨은선, 일점쇄선(중심선), 실선
등이 있습니다.

선 종류(Linetype) 명령을 활용하여 기존의 실선에서 다양한 선의 종류를 선택하여
변경할 수 있으며, 숨은선(점선) 및 일점쇄선 등 선의 축척(Ltscale)을 조정함으로써
출력 시 명확하게 선의 종류가 구분되도록 표현할 수 있습니다.

[홈] 탭 ▶ [특성] 패널 ▶  (단축키 Linetype(LT) / Ltscale(LTS))

[TIP]
Ctrl +1 입력 ▶ 특성창
▶ 객체 선택을 통해 선
종류와 선축척을 개별 변
경 가능함

2) 선 종류(Linetype) 변경

① [특성] 패널 ▶ 선 종류(Linetype)의 드롭다운 (▼) 버튼 클릭 (명령 입력줄에
'LT'라고 입력해도 됨)
② [기타] 항목 클릭

[TIP]
선종류(Linetype)와 선축
척(Ltscale) 명령을 활용
한 설정 값은 도면층
(Layer) 설정과 연계됨

(향후 등록된 선 종류는 [Ctrl + 1] 키를 입력하여 선택된 객체의 선 종류를 자유롭게
변경할 수 있음)

③ 선 종류 관리자(Linetype Manager) 창 ▶ [　　로드(L)...　　] 버튼 클릭

[TIP]
건축 단면도에서 단열재를 표현하고자 할 경우 선 종류 중 'Batting'을 활용함

A 선종류 관리자   ×

선종류 필터
전체 선종류 표시   ▼   □ 필터 반전(I)   로드(L)...   삭제
                                                   현재(C)   상세 정보 숨기기(D)
현재 선종류: ByLayer

선종류   모양   설명
ByLayer
ByBlock
Continuous   ―――――   Continuous

상세 정보
이름(N):   전역 축척 비율(G):   1,0000
설명(E):   현재 객체 축척(O):   1,0000
☑ 축척을 위해 도면 공간 단위 사용(U)   ISO 펜 폭(P):   1,0 mm ▼

확인   취소   도움말(H)

④ [선 종류 로드 또는 다시 로드] 창 ▶ 스크롤 바 이동 ▶ 선 종류 선택

▶ [　확인　] 버튼 클릭

[TIP]
임의 선종류 하나를 선택 후 'H'를 입력하면 H로 시작하는 선종류가 쉽게 탐색됨

A 선종류 로드 또는 다시 로드   ×

[파일(F)...]   acadiso.lin

사용 가능한 선종류

선종류   설명
BORDER   Border __ __ . __ __ . __ __ . __ __ . __ __ .
BORDER2   Border (.5x) __.__.__.__.__.__.__.__.
BORDERX2   Border (2x) ____ ____ . ____ ____ . ___
CENTER   Center ____ _ ____ _ ____ _ ____ _ ____ _
CENTER2   Center (.5x) __ _ __ _ __ _ __ _ __ _ __ _
CENTERX2   Center (2x) _____ __ _____ __ __
DASHDOT   Dash dot

확인   취소   도움말(H)

[TIP]
선가중치 화면 표시 시스템 변수(Lwdisplay) 명령 입력 후 'ON/OFF' 옵션을 통해 작업화면에서의 선가중치 표현을 제어할 수 있음

⑤ 선 종류 관리자(Linetype Manager) 창 ▶ 신규 [선종류] 등록 확인

A 선종류 관리자   ×

선종류 필터
전체 선종류 표시   ▼   □ 필터 반전(I)   로드(L)...   삭제
                                                   현재(C)   상세 정보 숨기기(D)
현재 선종류: ByLayer

선종류   모양   설명
ByLayer   ―――――
ByBlock   ―――――
Continuous   ―――――   Continuous

상세 정보
이름(N):   전역 축척 비율(G):   1,0000
설명(E):   현재 객체 축척(O):   1,0000
☑ 축척을 위해 도면 공간 단위 사용(U)   ISO 펜 폭(P):   1,0 mm ▼

확인   취소   도움말(H)

⑥ 작업 화면 ▶ 작성된 선 선택

⑦ 특성(properties) 패널 ▶ **[선종류]**(Linetype) ▶ 드롭다운 (▼) 버튼 클릭

⑧ 'CENTER' 클릭

[TIP]
도면 작성시 주로 사용되는 선 종류는 Center / Hidden / Dashdot 등임

⑨ 작업화면 ▶ 선 종류 변경 확인

⑩ Esc 입력

3) 선의 축적(Ltscale) 변경

① **[홈]** 탭 ▶ **[특성]** 패널 ▶  ▶ **[기타]** 클릭

[TIP]
선 축적 변경 옵션은 [선종류 관리자] 대화상자 우측 상단의 [자세히]버튼을 클릭하여 펼침

[TIP]
– 전역 축척 : 등록된 전체 선 종류에 적용
– 현재 객체 축척 : 선택된 객체에 대한 적용

② 선종류 관리자

선종류 필터

전체 선종류 표시   □ 필터 반전(I)   로드(L)...   삭제
                              현재(C)   상세 정보 숨기기(D)

현재 선종류: ByLayer

선종류	모양	설명
ByLayer		
ByBlock		
Continuous		Continuous

상세 정보
이름(N):   전역 축척 비율(G): 1.0000
설명(E):   현재 객체 축척(O): 1.0000
☑ 축척을 위해 도면 공간 단위 사용(U)   ISO 펜 폭(P): 1.0 mm

확인   취소   도움말(H)

▶ 전역 축척 비율(G): 1.0000 값 변경 ▶ **확인** 버튼 클릭

CHAPTER

04 도형 그리기

1 사각형 그리기(Rectang)

1) 개요

다양한 크기와 형태(모서리가 둥근, 모서리가 경사진)의 사각형을 즉시 작성할 수 있습니다. 객체 스냅 찾기 기능 즉 'Osnap'명령과 함께 활용하면 보다 편리하게 작성할 수 있습니다.

[TIP]

Rectang / Circle /
Ellipse / Polygon 등의 명
령으로 작성된 도형을 폴
리화 도형이라고 함

[홈] 탭 ▶ 선 폴리선 원 호 그리기 ▶ □ (단축키 Rec)

2) 사각형 그리기 작성법

(1) 상대좌표를 활용한 지정한 사각형 작성

① [홈] 탭 ▶ [그리기] 패널 ▶ □ 클릭

② 시작 구석점 지정

③ 사각형의 x방향 거리값과 y방향 거리값을 상대좌표(@x,y)로 입력 ▶ Enter↵

[TIP]
특정 부분의 모서리는
Fillet(단축키 : F) 명령으
로 둥글게 처리 가능

(2) 모서리가 둥근 사각형 작성

① [홈] 탭 ▶ [그리기] 패널 ▶ □ 클릭

② ⊠ ⊀ ᴰ RECTANG 첫 번째 구석점 지정 또는 [모따기(C) 고도(E) 모깎기(F) 두께(T) 폭(W)] :

   : 모깎기(F) 클릭

③ 반지름값 입력 Enter↵

④ 시작점 지정

⑤ 상대좌표(@x,y)값 입력 Enter↵

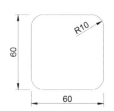

(3) 모서리가 경사진 사각형 작성

① **[홈]** 탭 ▶ **[그리기]** 패널 ▶ 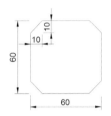 클릭

② `× ◀ ☰ RECTANG 첫 번째 구석점 지정 또는 [모따기(C) 고도(E) 모깎기(F) 두께(T) 폭(W)]:`

   : **모따기(C)** 클릭

③ 첫 번째 모따기 값 입력 `Enter↵`

④ 두 번째 모따기 값 입력 `Enter↵`

⑤ 시작점 지정

⑥ 상대좌표(@x,y)값 입력 `Enter↵`

[TIP]
특정 부분의 모서리는
Chamfer(단축키 : Cha) 명
령으로 경사지게 처리 가
능

2 원 그리기(Circle)

1) 개요

다양한 원형을 작성할 수 있습니다.

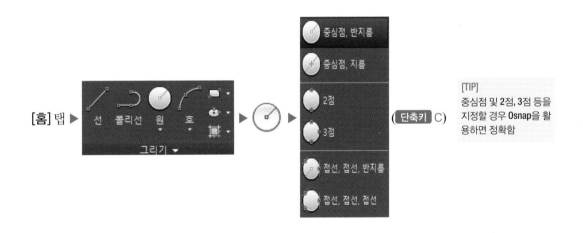

[TIP]
중심점 및 2점, 3점 등을
지정할 경우 Osnap을 활
용하면 정확함

2) 원형 그리기 작성법

(1) 중심점 지정 후 반지름 값을 활용한 원형 작성

① **[홈]** 탭 ▶ **[그리기]** 패널 ▶ ⬤ 중심점, 반지름 클릭

② 중심점 지정

③ 반지름 값 입력 `Enter↵`

(2) 중심점 지정 후 지름 값을 활용한 원형 작성

① [홈] 탭 ▶ [그리기] 패널 ▶ 클릭

② 중심점 지정

③ 지름 값 입력 [Enter↵]

(3) 2점을 활용한 원형 작성

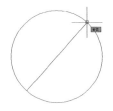

① [홈] 탭 ▶ [그리기] 패널 ▶ 클릭

② 원의 첫 번째 점 지정

③ 원의 두 번째 점 지정

(4) 3점을 활용한 원형 작성

① [홈] 탭 ▶ [그리기] 패널 ▶ 클릭

② 원의 첫 번째 점 지정

③ 원의 두 번째 점 지정

④ 원의 세 번재 점 지정

(5) 접점과 반지름을 활용한 원형 작성

[TIP]
Circle의 [접선, 접선, 반
지름] 옵션을 활용하면
각진 모서리를 둥글게 처
리할 수 있음

① [홈] 탭 ▶ [그리기] 패널 ▶ 클릭

② 원이 접할 첫 번째 접선 지정

③ 원이 접할 두 번째 접선 지정

④ 반지름 값 입력 [Enter↵]

(6) 세 개의 접점을 활용한 원형 작성

[TIP]
명령입력줄에 'C'를 입력
후 원 명령을 실행하면
[접선, 접선, 접선] 옵션
이 제시되지 않음

① [홈] 탭 ▶ [그리기] 패널 ▶ 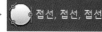 클릭

② 원이 접할 첫 번째 접선 지정

③ 원이 접할 두 번째 접선 지정

③ 원이 접할 세 번째 접선 지정

❸ 타원 그리기(Ellipse)

1) 개요

다양한 타원형을 작성할 수 있습니다.

[홈] 탭 ▶

(단축키 EL) ▶

[TIP]
Cad와 관련된 자격 시험 중 ATC 2급에서 경사지게 잘려진 원 또는 구의 형상을 타원(Ellipse)로 표현하여 자주 출제함

2) 타원 그리기 주요 작성법

(1) 중심점과 2개 축점을 활용한 타원형 작성

① [홈] 탭 ▶ [그리기] 패널 ▶ 중심점 클릭

② 중심점 지정
③ 축의 첫 번째 점 지정
④ 축의 두 번째 점 지정

[TIP]
축의 중심점 또는 첫 번째 점 지정 후 나머지 점은 좌표(상대좌표, 상대극좌표)값 입력 방법으로 지정 가능함

(2) 2개 축점과 1개 끝점을 활용한 타원형 작성

① [홈] 탭 ▶ [그리기] 패널 ▶ 축, 끝점 클릭

② 축의 첫 번째 점 지정
③ 축의 두 번째 점 지정
④ 축의 세 번째 점 지정

(3) 타원형 호 작성

타원형 호는 [축, 끝점] 방법으로 진행 후 연이어 호의 시작점과 끝점을 지정하며, 아래의 그림과 같은 순서로 포인팅하여 작성함

④ 호 그리기(Arc)

1) 개요

다양한 호를 작성합니다.

[TIP]
다양한 호 작성 방법이 있으나 '3점 / 시작점, 끝점, 반지름 / 시작점, 끝점, 방향' 방법을 많이 사용함

[홈] 탭 ▶ ... 선 폴리선 원 호 그리기 ▼ ... 호 (단축키 A)

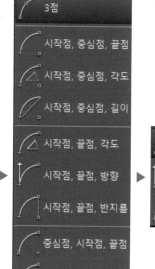

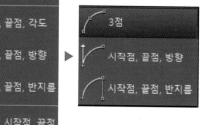

[TIP]
호는 원과 타원을 작성 후 일부분을 절단하여 표현할 수 있음

2) 호 그리기 주요 작성법

[TIP]
호(Arc)의 [3점] 옵션 사용 예)

(1) 세 점을 지정한 호 작성

① [홈] 탭 ▶ [그리기] 패널 ▶ 〔3점〕 클릭

② 호 첫 번째 점 지정

③ 호 두 번째 점 지정

④ 호 세 번째 점 지정

(2) 시작과 끝점 지정 후 반지름 값을 활용한 호 작성

① [홈] 탭 ▶ [그리기] 패널 ▶  시작점, 끝점, 반지름 클릭

② 호 시작점 지정

③ 호 끝점 지정

④ 호 반지름 값 입력 Enter↵

[TIP]
[시작점, 끝점, 반지름] 옵션을 활용할 경우 시계 반대 방향으로 호가 돌출됨으로 이를 염두하고 포인팅하여야 함

(3) 시작과 끝점 및 방향점을 지정한 호 작성

① [홈] 탭 ▶ [그리기] 패널 ▶ 시작점, 끝점, 방향 클릭

② 호 시작점 지정

③ 호 끝점 지정

④ 호 방향점 지정 (F8 기능키를 활용하여 자유로운 방향점 지정 가능)

5 다각형 그리기(Polygon)

1) 개요

3개의 이상의 면 수와 반지름 값 또는 모서리(Edge)의 길이를 지정하여 다양한 형태의 각진 도형을 작성하는 명령입니다.

[홈] 탭 ▶ 선 폴리선 원 호 그리기 ▶ 이동 직사각형 폴리곤 ▶ 폴리곤 (단축키 POL)

[TIP]
Polygon을 활용하면 정삼각형을 쉽게 작성할 수 있음

2) 다각형 작성 방법

(1) 반지름 값을 활용한 다각형 작성

① [홈] 탭 ▶ [그리기] 패널 ▶ 폴리곤 클릭

② 면 수 입력 Enter↵

③ 중심점 지정

④ POLYGON 옵션을 입력 [원에 내접(I) 원에 외접(C)] <I>: : **원에 내접(I)** 클릭

⑤ 반지름 값 입력 Enter↵

[TIP]
원에 외접(C)으로 설정할 경우 가상의 원의 외곽에 면에 다각형이 작성됨

(2) 모서리의 길이와 각도 값을 활용한 다각형 작성

① [홈] 탭 ▶ [그리기] 패널 ▶ ⬠ 폴리곤 클릭

② 면 수 입력 Enter↵

③ [모서리(E)] 클릭

④ 시작점 지정

⑤ 상대극좌표 활용하여 길이와 각도 값 입력(예 @1000<0) Enter↵

[TIP] 원의 내접과 외접의 이해와 활용

[TIP]
모서리의 길이와 각도 값을 활용하는 방법은 밑변 (모서리)의 길이와 각도에 관계됨. 예를 들어 면 수를 3으로 지정한 후 [모서리(E)] 옵션으로 @60,<0을 입력하면 세 면의 길이가 60인 정삼각형이 작성됨.

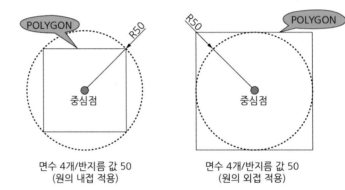

면수 4개/반지름 값 50
(원의 내접 적용)

면수 4개/반지름 값 50
(원의 외접 적용)

Polygon의 활용

MEMO

⑥ 도넛 그리기 (Donut)

1) 개요

내부 지름과 외부 지름 값을 입력하여 도넛 형상의 객체를 작성하는 명령입니다.

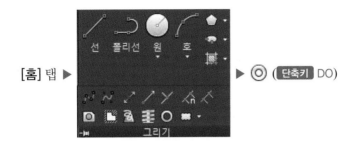

[홈] 탭 ▶ ◎ (단축키 DO)

2) 도넛 그리기 작성 방법

도넛의 작성 방법은 내부의 지름 값과 외부의 지름 값을 지정하는 방법과 내부의 지름 값을 0으로 두고 외부 지름 값만 지정하는 방법이 있습니다. 도넛의 지름은 음수의 값을 줄 수 없습니다.

내부 지름보다 외부 지름 값을 작게 입력하면 캐드에서는 자동으로 작은 값을 내부 지름으로, 큰 값을 외부 지름으로 인식하여 표현합니다.

[TIP]
내부 지름 값을 0으로 입력할 경우 토목제도에서 잘려진 철근 등의 단면을 작성할 수 있음

(1) 내부 지름 값과 외부 지름 값 지정

① [홈] 탭 ▶ [그리기] 패널 ▶ ◎ 클릭
② 내부 지름 값 입력 Enter↵
③ 외부 지름 값 입력 Enter↵
④ 도넛 중심점 지정

(2) 내부 지름 값을 0으로 두고 외부 지름 값 지정

① [홈] 탭 ▶ [그리기] 패널 ▶ ◎ 클릭
② 내부 지름 값 '0' 입력 Enter↵
③ 외부 지름 값 입력 Enter↵
④ 도넛 중심점 지정

[TIP]
명령 입력줄 ▶ '채움 (Fill)' 명령 입력 ▶ 'ON' 또는 'OFF' 옵션 클릭 ▶ 'Regen' 명령을 입력하면 Pline의 폭과 Donut의 색 채움의 표시 여부를 제어 할 수 있음

7 구름형 그리기(Revcloud)

1) 개요

호의 최소값과 최대값을 입력하여 범위 내의 연속된 호를 작성하여 **[구름형상]**을 작성하는 명령입니다.

[TIP]
Revcloud 명령은 도면 수정사항을 표시할 때 자주 사용됨

[홈] 탭 ▶

2) 구름형 그리기 작성 방법

구름형 그리기는 기본적으로 최소 및 최대의 호의 길이 값을 지정 후 먼저 작성하는 방법과 미리 작성되어진 객체를 지정하는 방법이 있습니다. 추가로 작성되어지는 호의 스타일을 재지정하여 작성할 수 있습니다.

(1) 사각형 형태의 구름형 작성

[TIP]
폴리선(Polyline) 등으로 다양한 형상의 폴리화 도형 작성함

① [홈] 탭 ▶ [그리기] 패널 ▶ 🌸 직사각형 클릭

② [호 길이(A)] 클릭

③ 호 최소 길이 값 입력 Enter↵

④ 호 최대 길이 값 입력 Enter↵ (최소 길이의 3배 초과 금지)

⑤ 시작점과 대각선 반대점 지정

(2) 폴리화 된 도형을 활용한 작성

① [홈] 탭 ▶ [그리기] 패널 ▶ 🌸 폴리곤 클릭

② [호 길이(A)] 옵션 클릭

③ 호 최소 길이 값 입력 Enter↵

④ 호 최대 길이 값 입력 [Enter↵] (최소 길이의 3배 초과 금지)

⑤ 객체(O) 클릭

⑥ 미리 작성된 객체 선택

⑦ 호 방향 반전 [예(Y) 아니오(N)] 중 옵션 클릭

(3) 스케치를 활용한 작성

① [홈] 탭 ▶ [그리기] 패널 ▶ 프리핸드 클릭

② [호 길이(A) 옵션 클릭

③ 호 최소 길이 값 입력 [Enter↵]

④ 호 최대 길이 값 입력 [Enter↵] (최소 길이의 3배 초과 금지)

⑤ 마우스 좌측 버튼을 누른 채 이동(시작점 근접 시 자동 닫힘)

[TIP]
구름형 그리기(Revcloud)
명령은 조경 설계에서 다
양한 조경수(나무, 수풀)
등을 표현할 수 있음

(4) 작성되어지는 호의 스타일을 재지정하는 방법

① [홈] 탭 ▶ [그리기] 패널 ▶ 직사각형 클릭

② 스타일(S) 클릭

③ [일반(N) 컬리그래피(C)] ▶ 컬리그래피(C) 클릭

④ 시작점과 대각선 반대 방향점 지정

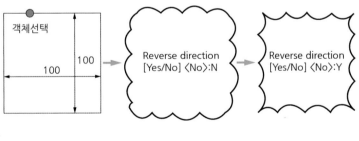

Revcloud의 방향전환

[TIP]
[컬리그래피(C)] 옵션으
로 시작과 끝의 폭을 가
진 구름형을 작성할 수
있음

[주의] 호의 최소 길이가 객체 선분의 길이보다 크면 구름형 그리기(Revcloud)가 작성되지 않음

8 포인트 그리기와 유형 변경 (Point & Ddptype)

1) 개요

점 객체를 작성합니다. 점 작성 전/후 Ddptype 명령으로 점의 스타일과 크기를 지정합니다.(**단축키** Point(PO) / Ddptype(PTYPE))

2) 포인트 그리기 작성 방법

[TIP]
Point와 Ddptype 명령을 활용하면 전산응용건축제도에서 온수 파이프 형상을 작성할 수 있음

포인트 그리기는 사전에 Ddptype 명령을 실행하여 포인트 객체의 스타일과 크기를 지정한 후, 점(Point) 명령을 실행하여 화면상에 위치를 상대적인 크기 또는 절대 단위로서 지정하여 작성하는 방법과 이미 작성되어진 포인트 객체를 재수정하는 방법으로 작성됩니다.

(1) 신규 포인트를 화면상에 상대적인 크기로 설정 후 작성
① Ddptype(**단축키** Ptype) 입력 [Enter↵]
② [점 스타일] 창 확인

[TIP]
원(Circle) 작성 후 중심표식(Centermark) 명령을 수행하여 원과 십자형 마크를 작성할 수도 있음

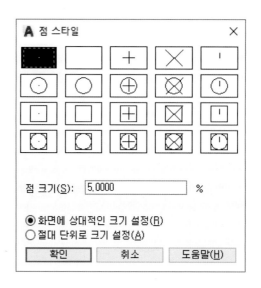

■ **[상대적인 크기]**란 도면 작업 공간의 확대/축소 범위에 따라 상대적으로 크기가 조정되는 것을 의미함

③ 사용자가 원하는 점 스타일 선택

명령 입력줄에 점 스타일 표시 모드(Pdmode) 명령을 입력한 후 변수값을 입력함으로 점 스타일을 선택할 수 있음

[TIP]
점 스타일 표시 모드 (Pdmode) 명령에서 변수값은 1은 아무것도 표현하지 않음

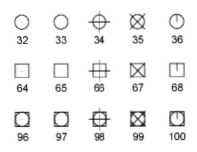

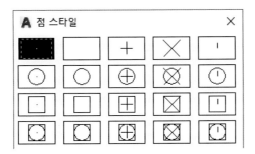

[TIP]
Pont와 Ddptype 명령은 건축 및 토목에서 좌표점 등을 표현할 경우 자주 사용됨

④ 점 크기(S): `5,0000` % ▶ 점 크기(S) 입력

◉ 화면에 상대적인 크기 설정(R)

▶ [화면에 상대적인 크기설정(R)] 선택 ▶ 확인 클릭

[TIP]
명령 입력줄에 점 크기 (Pdsize) 명령을 입력한 후 크기 값을 입력하여 작성된 점의 크기를 변경할 수 있음

⑤ Point(단축키 PO) 입력 Enter↵

⑥ 포인트 위치점 지정

⑦ 화면 확대 또는 축소

⑧ Regen(단축키 RE) 입력 Enter↵ (작업 공간의 확대/축소에 상대적으로 관계하여 점의 크기가 변화됨)

(2) 신규 포인트를 절대 단위 크기로 설정 후 작성하는 방법

① Ddptype(단축키 Ptype) 입력 Enter↵

② [점 스타일] 창 확인

③ [점 스타일] 창에서 사용자가 원하는 특정 포인트 지정

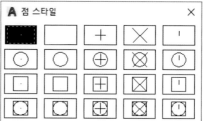

④ ▶ 점 크기(S) 입력

▶ [절대 단위로 크기 설정(A)] 선택 ▶ 확인 클릭

⑤ Point(단축키 PO) 입력 Enter↵

⑥ 포인트 위치점 지정

⑦ 화면 확대 또는 축소

⑧ Regen(단축키 RE) 입력 Enter↵ (작업 공간의 확대/축소에 관계 없이 점의 크기가 변화되지 않음)

CHAPTER

05 객체의 다양한 복사

1 이동과 복사(Move & Copy)

1) 개요

Move(이동)과 Copy(복사) 명령은 수행 과정이 동일한 명령입니다. 상대극좌표를 이용하거나 'Osnap' 명령과 F8 기능키를 활용하면 더욱 편리합니다.

[홈] 탭 ▶ ... ▶ 🔹 이동 (단축키 M), 🔹 복사 (단축키 CO)

[TIP]
복사(Copy) 명령은 일반적으로 다중 복사 기능이 활성되어 마우스로 포인팅 할수록 다중 복사됨

2) 객체 이동 및 복사 방법

(1) 객체 이동

① [홈] 탭 ▶ [수정] 패널 ▶ 🔹 이동 클릭

② 이동 대상 객체 선택 [Enter↵]

③ 기준점 지정

④ 상대극좌표를 활용하여 이동할 거리 값과 방향 값 입력 [Enter↵]
(Osnap으로 특정 객체의 점을 지정 또는 F8 기능으로 수평 또는 수직 방향 지시 후 이동 거리값 입력으로 이동 가능)

[TIP]
반드시 상대극좌표 방법만을 사용하는 것이 아니며 상대 및 절대 좌표 뿐만아니라 객체 스냅 점을 활용함

(2) 객체 복사

① [홈] 탭 ▶ [수정] 패널 ▶ 🔹 복사 클릭

② 복사 대상 객체 선택 [Enter↵]

③ 기준점 지정

④ 상대극좌표를 활용하여 이동할 거리 값과 방향 값 입력 [Enter↵]

(Osnap으로 특정 객체의 점을 지정 또는 F8 기능으로 수평 또는 수직 방향 지시 후 이동 거리값 입력으로 이동 가능)

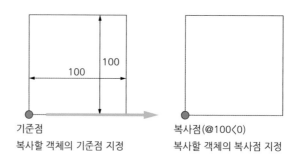

기준점
복사할 객체의 기준점 지정

복사점(@100〈0)
복사할 객체의 복사점 지정

Copy의 활용

❷ 배열 복사(Array)

1) 개요

선택된 객체를 등 간격으로 다중 복사해 주는 명령입니다. 배열 복사는 직사각형, 원형, 경로 방식으로 구분됩니다.

[TIP]
배열 복사(Array)를 활용하면 다수의 반복된 형상을 신속하게 편리하게 작성할 수 있음

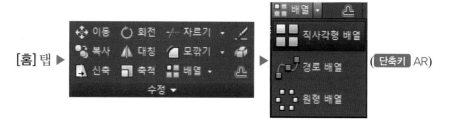

[홈] 탭 ▶   ▶ (단축키 AR)

2) 배열 복사 방법

(1) 직사각형의 배열 다중 복사

① [홈] 탭 ▶ [수정] 패널 ▶ 직사각형 배열 클릭

② 객체 선택 Enter↵

③

[배열 작성] 탭 ▶ 열(X축을 의미) 패널 ▶ 열 : 복사 개수 입력 / 사이 : 개별
거리값 입력

[배열 작성] 탭 ▶ 행(Y축을 의미) 패널 ▶ 행 : 복사 개수 입력 / 사이 : 개별
거리값 입력

[배열 작성] 탭 ▶ 레벨(Z축을 의미) 패널 ▶ 레벨 : 복사 개수 입력 / 사이 :
개별 거리값 입력

④ [배열 작성] 탭 ▶ [닫기] 패널 ▶ 클릭

[TIP]

결과물이 하나로 묶인
(연관) 상태로 선택됨(배
열 개수 및 거리 등 재수
정 가능)

(2) 원형 배열 복사

① [홈] 탭 ▶ [수정] 패널 ▶ 원형 배열 클릭

② 객체 선택 Enter↵

③ 중심점 지정

④

[배열 작성] 탭 ▶ [항목] 패널 ▶ 항목 : 복사 개수 입력 / 사이(개별 사이 간격
각도) : 각도값 입력

[배열 작성] 탭 ▶ [항목] 패널 ▶ 행 : 복사 개수 입력 / 사이 : 개별 거리값 입력

[배열 작성] 탭 ▶ [항목] 패널 ▶ 레벨 : 복사 개수 입력 / 사이 : 개별 거리값
입력

⑤ [배열 작성] 탭 ▶ [닫기] 패널 ▶ 클릭

[TIP]

항목 회전

결과물이 중심점을 기준
으로 함께 회전됨

[TIP]
중심점을 지정할 경우
Osnap을 활용하여 정확
하게 포인팅하는 것이 중
요함. 가구 테이블 세트
등 원형 배열을 이용하여
중심을 기준으로 한 다양
한 객체를 편리하게 작성
할 수 있음

(3) 경로 배열 복사

① [홈] 탭 ▶ 수정 패널 ▶ 경로 배열 클릭

② 객체 선택 Enter↵

③ 경로 선택 [Enter↵]

④

[배열 작성] 탭 ▶ **[항목]** 패널 ▶ 항목 : 복사 개수 입력 / 사이(개별 사이 간격 각도) : 각도값 입력

[배열 작성] 탭 ▶ **[항목]** 패널 ▶ 행 : 복사 개수 입력 / 사이 : 개별 거리값 입력

[배열 작성] 탭 ▶ **[항목]** 패널 ▶ 레벨 : 복사 개수 입력 / 사이 : 개별 거리값 입력

⑤ [배열 작성] 탭 ▶ [닫기] 패널 ▶  클릭

[TIP]

결과물이 경로에 따라 회전됨

등분할(항목 값으로 배열) / 길이 분할(사이 값으로 배열)

❸ 간격 띄우기(Offset)

1) 개요

선택된 객체를 입력된 거리 값에 의하여 등간격 또는 통과점 방법으로 복사하는 명령입니다. 간격 띄우기는 폴리선(Polyline)으로 작성된 객체와 폴리화 된 도형 (Rectang, Circle, Ellipse, Polygon 등)에서 더욱 유효합니다.

[TIP]

간격 띄우기(Offset) 명령은 폴리화된 선이나 도형을 전체적으로 간격 복사함으로 더욱 편리함

[홈] 탭 ▶  ▶ (단축키 O)

2) 간격 띄우기 방법

(1) 간격 값을 활용한 등 간격 복사

① [홈] 탭 ▶ [수정] 패널 ▶ 🔲 클릭

② 간격 값 입력 [Enter↵]

③ 객체 선택

④ 간격 띄우기 방향점 지정 (③④ 과정을 반복 수행하여 다중 복사)

⑤ [Enter↵]

(2) 통과점을 활용한 간격 복사

① [홈] 탭 ▶ [수정] 패널 ▶ 🔂 클릭

② 통과점(T) 옵션 클릭

③ 객체 선택

④ 간격 띄우기 방향점 지정 (③④ 과정을 반복 수행하여 다중 복사)

⑤ Enter ↵

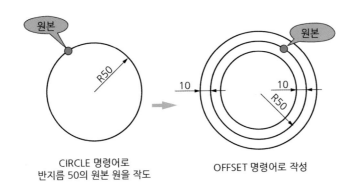

[TIP]
통과점을 활용할 경우 간격 값을 지정할 필요가 없음

Offset의 활용

---

4 대칭 복사(Mirror)

1) 개요

선택된 객체를 지정한 축을 중심으로 대칭 복사하는 명령입니다.

(1) 리본 메뉴

[홈] 탭 ▶  ▶ ▲ 대칭 (단축키 MI)

[TIP]
대칭 복사(Mirror)를 활용하면 대칭된 형상을 보다 신속히 작성할 수 있음

2) 대칭 복사 방법

① [홈] 탭 ▶ [수정] 패널 ▶ △ 대칭 클릭

② 객체 선택 Enter↵

④ 대칭 복사 기준축 첫 번째 점 지정

⑤ 대칭 복사 기준축 두 번째 점 지정

[TIP]
[예(Y)]를 클릭하면 원본
객체가 삭제됨

⑥ 원본 객체를 지우시겠습니까? [예(Y) 아니오(N)] 옵션 중 선택

⑦ Enter↵

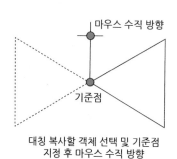
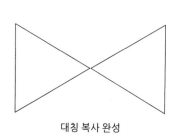

대칭 복사할 객체 선택 및 기준점   대칭 복사 완성
지정 후 마우스 수직 방향

Mirror의 활용

MEMO

CHAPTER

06 객체 관리하기

1 색상(Color)

1) 개요

선의 색상을 부여 또는 변경합니다. 도면 작성자는 선의 종류 또는 유사한 성격의 도면 요소 등을 색상으로 구분하게 됩니다. 예를 들어 중심선은 빨간색, 외형선은 노란색, 숨은선은 녹색 등으로 표현합니다.

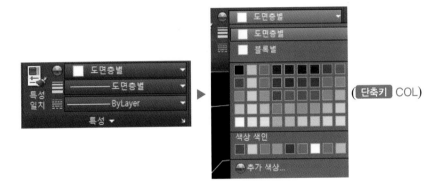

[TIP]
Ctrl + 1(특성창)을 활용하여 선택된 객체의 색상을 변경할 수 있음

2) 색상으로 객체 관리 방법

(1) 색상 지정 후 객체 작성

① [홈] 탭 ▶ [수정] 패널 ▶ ● ■ 도면층별 클릭

② 색상 선택

③ 객체 작성

[TIP]
AutoCAD 색상 색인(ACI)에서 세 개의 탭에 있는 255개의 색상, 트루컬러, 색상표 중에서 선택할 수 있음

(2) 작성된 객체의 색상 변경

① 작업 화면상에 작성된 객체 선택

② [홈] 탭 ▶ [수정] 패널 ▶ ● ■ 도면층별 클릭

③ 색상 선택

[TIP]
Ctrl +1(특성창)을 활용
하여 선택된 객체의 도면
층을 변경할 수 있음

② 도면층(Layer)

1) 개요

도면층을 생성하고 이름, 선 종류, 선 색상, 출력 여부, 선의 가중치 등을 종합적으로 관리하는 명령입니다.

(1) 리본 메뉴

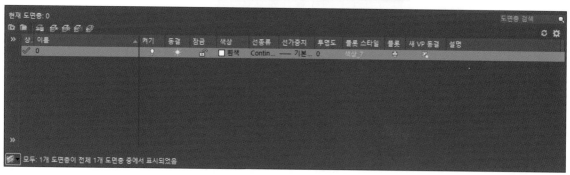

2) 도면층으로 객체 관리 방법

(1) 신규 도면층 작성

① [홈] 탭 ▶ [도면층] 패널 ▶ (도면층 특성) 클릭

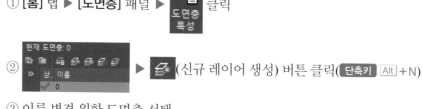

② ▶ (신규 레이어 생성) 버튼 클릭(단축키 Alt +N)

③ 이름 변경 위한 도면층 선택

④ F2 기능키 입력 ▶ 이름 변경

■ 전산응용건축제도기능사 자격 시험에서는 주로 '단면선 / 중심선 / 입면선 / 해칭선 / 마감선 / 치수 및 문자'로 도면층의 이름을 설정함. 이 외 CAD와 관련한 다양한 자격증 시험에서도 해당 시험에 맞는 도면층 설정을 요구함.

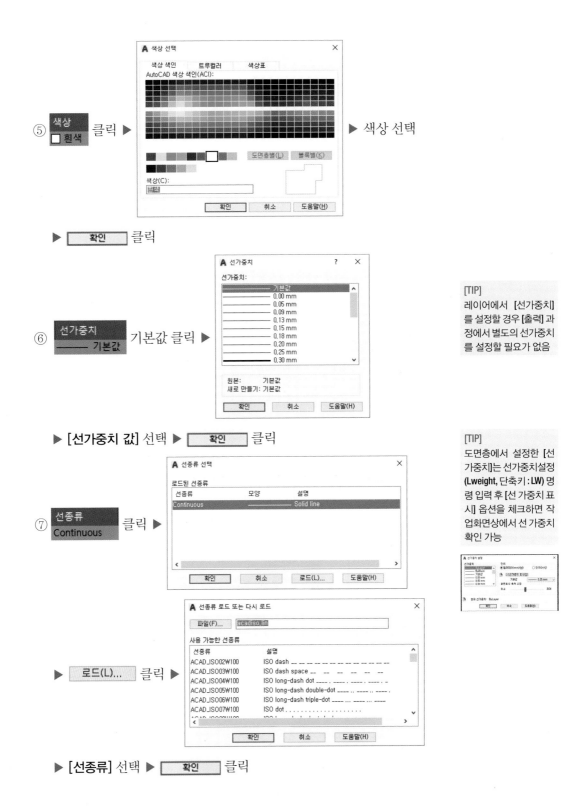

⑤ 색상
□ 흰색 **클릭** ▶

▶ 색상 선택

▶ **확인** 클릭

⑥ 선가중치
―― 기본값 **기본값 클릭** ▶

[TIP]
레이어에서 [선가중치]
를 설정할 경우 [출력] 과
정에서 별도의 선가중치
를 설정할 필요가 없음

▶ [선가중치 값] 선택 ▶ **확인** 클릭

[TIP]
도면층에서 설정한 [선
가중치]는 선가중치설정
(Lweight, 단축키 : LW) 명
령 입력 후 [선 가중치 표
시] 옵션을 체크하면 작
업화면상에서 선 가중치
확인 가능

⑦ 선종류
Continuous **클릭** ▶

▶ 로드(L)... **클릭** ▶

▶ [선종류] 선택 ▶ **확인** 클릭

⑧ [**로드**]된 선종류 중 선택

▶ | **확인** | 클릭

(2) 도면층의 출력 금지 및 해제

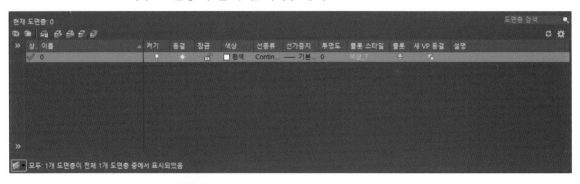

▶  : (출력가능상태) / (출력금지상태) 중 선택

(3) 기존 객체의 도면층 변경

① 객체 선택 ▶ 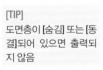 펼친 레이어 중 선택

② Esc 입력 후 종료

(4) 도면층의 숨김과 동결, 잠금

① 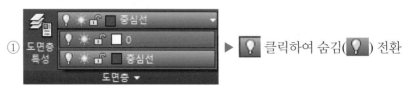 ▶ 클릭하여 숨김( ) 전환

(해당 레이어가 적용된 객체를 숨김)

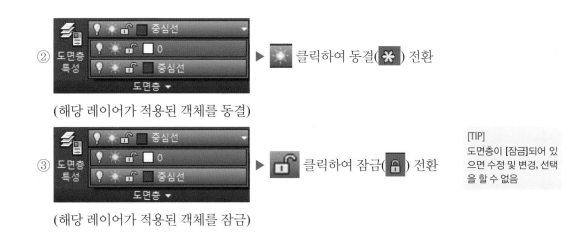

② 도면층 특성 ▶ 클릭하여 동결(✳) 전환

(해당 레이어가 적용된 객체를 동결)

③ 도면층 특성 ▶ 클릭하여 잠금(🔒) 전환

[TIP]
도면층이 [잠금]되어 있
으면 수정 및 변경, 선택
을 할 수 없음

(해당 레이어가 적용된 객체를 잠금)

3 블록(Block & Wblock)

1) 개요

Block과 Wblock 명령은 반복적으로 사용될 객체를 블록화 하는 명령어입니다. 블록화한 객체는 'Insert' 명령으로 삽입시킬 수 있습니다.

[홈] 탭 ▶ 삽입 작성 편집 속성 편집 블록 ▶ 작성 (단축키 Block(B), Wblock(W))

[TIP]
Wblock화 할 경우 Dwg 파
일 형식으로 별도 저장이
가능함. 반복적으로 사
용하기에 편리함

MEMO

---

2) 블록으로 객체 관리 방법

(1) 블록 생성

① [홈] 탭 ▶ [블록] 패널 ▶ 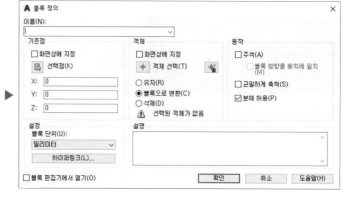 작성

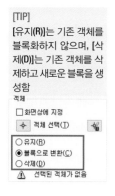

② 이름(N): 블록명 작성

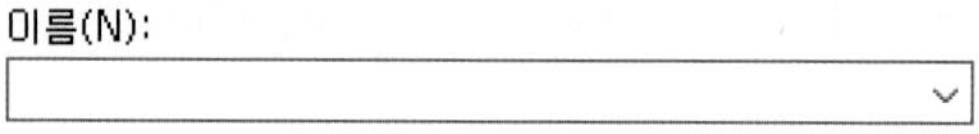

③ ✛ 객체 선택(T) 클릭 ▶ 블록화 객체 선택 [Enter↵]

④ ▣ 선택점(K) 버튼 클릭 ▶ 블록 기준점 지정

(2) 파일(쓰기) 블록 생성

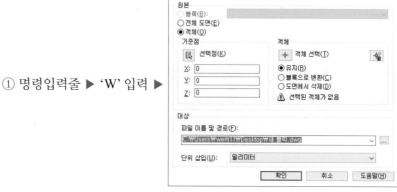

① 명령입력줄 ▶ 'W' 입력 ▶

② […] 클릭 ▶ 파일 저장 위치 및 파일명 입력

③ ✛ 객체 선택 클릭 ▶ 블록화 할 객체 선택 [Enter↵]

④ ▣ 선택점 클릭 ▶ 블록 기준점 지정

⑤ [확인] 클릭

(3) 블록 삽입

① 삽입 ▶ 삽입 (단축키 Insert(I))

[TIP]
객체스냅모드의 [삽입점]을 체크하면 삽입된 블록의 삽입점을 정확하게 포인팅할 수 있음

② [찾아보기(B)...] 클릭 ▶ 파일 탐색

③ [확인] 클릭

④ 기준점 지정 ▶ 블록 삽입

4 그룹(Group)

1) 개요

객체들을 그룹화 하는 명령입니다.

다수의 객체를 그룹한 후에도 그룹에 객체를 추가 및 제거할 수 있는 기능을 제공합니다.

(1) 리본 메뉴

[홈] 탭 ▶  ▶ 그룹

[TIP]
그룹(Group) 명령은 블록 명령들과 같이 임시나 별도로 객체를 저장하고 생성시키는 것이 아님. 작업화면 내에서 작업의 편의성을 위해 특정 객체들을 지정하여 묶거나 해제하여 사용함

2) 그룹으로 객체 관리 방법

(1) 객체 그룹

① [홈] 탭 ▶ [그룹] 패널 ▶  클릭

② 이름(N) 옵션 클릭

③ 그룹 명칭 입력 [Enter↵]

③ 그룹화 할 객체 선택 [Enter↵]

[TIP]
명령 입력줄에 그룹해제
(Ungroup) 명령을 입력
후 작업화면 내 그룹을
선택하면 해당 그룹이 해
제됨

(2) 그룹 추가 및 제거

① [홈] 탭 ▶ [그룹] 패널 ▶

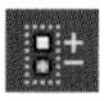

② 기존 그룹 선택

③ [객체 추가(A) 객체 제거(R) 이름바꾸기(REN)] : [객체 추가] 또는 [객체 제거] 옵션 클릭

④ 추가 또는 제거 객체 선택 [Enter↵]

MEMO

07 객체 편집하기

1 선 분할(Divide & Measure)

1) 개요

Divide 명령은 세그먼트 개수를 지정하여 일정 간격의 점을 배치하는 명령어입니다. Measure 명령은 세그먼트 길이 값을 활용해 일정 간격의 점을 배치하는 명령어입니다. 분할된 위치의 점은 Ddptype 명령을 실행 후 점 유형과 크기를 변경하면 표시됩니다.

분할된 점의 위치를 정확히 포인팅하기 위해 Osnap 중 Node(절점)을 설정합니다.

[TIP]
여기서 분할은 잘라내어 절단해내는 의미가 아니라 단순히 위치를 분할해 주는 의미임

[홈] 탭 ▶  ▶

(Divide : DIV) 또는 (Measure : ME) 선택

2) 객체의 등분할 방법

(1) 세그먼트 등분할

① [홈] 탭 ▶ [그리기] 패널 ▶ 클릭

② 등분할 표시 객체 선택 Enter↵

③ 세그먼트 분할 수 입력 Enter↵

[TIP]
Divide 명령을 활용하여 계단과 같이 등간격으로 표현될 형상을 편리하게 작성할 수 있음

[TIP]
Divide와 **Measure** 명령
으로 분할된 위치는
Ddptype 또는 **Pdsize** 명
령을 활용한 점크기 변경
을 통해 확인 가능하며,
Osnap 모드 중 **Node**를 활
용하여 해당 위치를 포인
팅할 수 있음

(2) 길이 등분할

① [**홈**] 탭 ▶ [**그리기**] 패널 ▶ 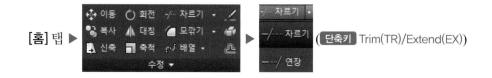 클릭

② 분할 객체 선택 [Enter↵]

③ 분할 길이 값 입력 [Enter↵]

2 자르기와 연장(TRIM & EXTEND)

1) 개요

Trim 명령은 객체가 서로 교차되어 있을 경우 기준(경계)선을 이용하여 교차된 선을
잘라주는 명령입니다. Extend 명령은 기준(경계)선을 이용하여 해당 기준선에 객체
를 연장하는 명령어입니다.

[TIP] 옵션 설명
울타리(**F**)는 울타리를 교
차하는 모든 객체를 잘라
냄 / 걸치기(**C**)는 직사각
형 범위에 걸쳐진 객체를
잘라냄 / 모서리(**E**)는 기
준선에 대한 인식 범위의
연장 유무를 제어하며, '
연장(**E**)' 옵션을 선택할
경우 기준선에 교차하지
않은 객체도 잘라냄

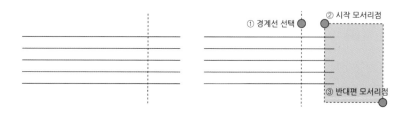

2) 자르기와 연장 방법

(1) 선 자르기

① [**홈**] 탭 ▶ [**수정**] 패널 ▶ **자르기** 클릭

② 교차된 선 중 기준선 [Enter↵] (기준선 선택 없이 [Enter↵]를 입력하면 전체 선을
기준선으로 인식함)

③ 기준선과 교차된 선 중 자르고자 하는 특정 부분 클릭

Trim의 [걸침] 방법 활용

(2) 선 연장

[TIP]
명령 실행 중 Shift 키를 입력하여 **Tim**과 **Extend** 명령을 전환하여 적용할 수 있음

① [홈] 탭 ▶ [수정] 패널 ▶  연장 클릭

② 기준선 Enter↵ (기준선 선택 없이 Enter↵를 입력하면 전체 선을 기준선으로 인식함)

③ 연장하고자 하는 선의 끝 클릭

② 시작 모서리점

① 경계선 선택

③ 반대편 모서리점

Extend의 [걸침] 방법 활용

③ 끊기와 결합(Break & Join)

1) 개요

Break 명령은 두 점 또는 한 점을 지정하여 선분을 끊어내는 명령입니다.
Join 명령은 끊어져 있는 선분을 하나로 결합하는 명령입니다.

[TIP]
원이나 타원의 특정 일부분을 잘라내어 표현해야 할 경우 **Break** 명령을 자주 사용함

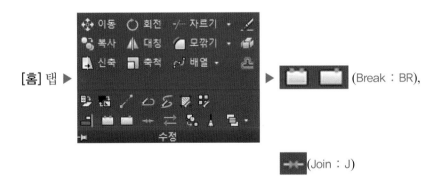

[홈] 탭 ▶ ... ▶ (Break : BR),

(Join : J)

- 결합(Join) 명령을 활용하여 연결된 선분을 단일로 이어진 선분으로 작성 가능함. 동일 선상에서 떨어진 선분일 경우도 연결하여 붙임)

2) 선 끊기와 결합

(1) 한 점 지정 [선 끊기]

[TIP]
선끊기(1)를 적용할 경우
간격을 두지 않고 하나의
선을 분할할 수 있음

① [홈] 탭 ▶ [수정] 패널 ▶ 🖼 클릭

② 끊기 명령을 수행할 선 선택

③ 끊기 점 지정

(2) 두 점 지정 [선 끊기]

[TIP]
선끊기(2)를 적용할 경우
첫 번째 선택점과 두 번
째 지정점에 의해 간격을
두고 하나의 선을 분할할
수 있음

① [홈] 탭 ▶ [수정] 패널 ▶ 🖼 클릭

② 끊기 명령을 수행할 선 선택 (선택점이 끊기 첫 번째 점이 됨)

③ 두 번째 끊기 점 지정

(3) 끊어진 선의 [결합]

① [홈] 탭 ▶ [수정] 패널 ▶ ➡️⬅️ 클릭

② 결합할 첫 번째 선 선택 Enter↵

③ 결합할 두 번째 선 선택 Enter↵

④ Enter↵

■ Break와 Join의 활용

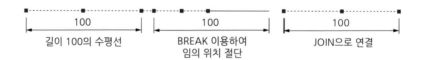

100	100	100
길이 100의 수평선	BREAK 이용하여 임의 위치 절단	JOIN으로 연결

Break와 Join의 활용

MEMO

❹ 해치 작성과 편집(Hatch & Hatchedit)

1) 개요

Hatch 명령은 반복되는 형태의 무늬(패턴)를 닫힌 공간 안에 채워주는 명령입니다.
Hatchedit 명령(해당 Hatch 더블 클릭)을 활용하여 재수정이 가능합니다.

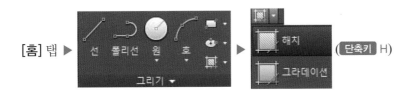

[홈] 탭 ▶ (단축키 H)

[TIP]
해치(Hatch)는 도면의 평면, 입면, 단면 상의 재표 표현을 위해 사용됨

2) 닫힌 공간 내 해칭 및 수정 방법

(1) 닫힌 공간 내 해칭

① [홈] 탭 ▶ [그리기] 패널 ▶ 해치 클릭

②

[TIP]
선으로 구성된 패턴뿐만 아니라 다양한 그라데이션(Gradient)을 표현할 수 있음

 클릭

③ 닫힌 도형의 내부 공간 지정

④ 패턴 선택

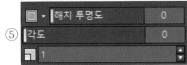

⑤ 패턴 각도 값과 축척( ) 값 입력 Enter⏎를

입력하면 작업 화면에 미리보기 가능

⑥ 버튼 클릭

(2) 작성된 해치의 재수정 방법

[TIP]
명령입력줄 ▶
hatchedit 입력 ▶ 작성된
해치를 선택해도 수정 가
능함

① 작성된 해치 더블 클릭

②

▶ 패턴, 각도, 축척 값 재수정

③  버튼 클릭

5 경계와 분해(Boundary & Explode)

1) 개요

Boundary(Bpoly) 명령은 닫힌 공간으로부터 경계화 된 영역 또는 폴리선을 작성합니다.

폴리화 된 도형이나 선, 그리고 블록, 치수선, 해칭 등의 다수의 요소가 하나로 묶인 객체들은 Explode 명령을 활용하여 개별 요소로 분해할 수 있습니다.

① Boundary

[TIP]
경계(Bpoly) 명령은 기존
객체를 그대로 유지하고
닫혀진 공간의 경계를 기
준으로 새로운 폴리화된
객체를 생성함

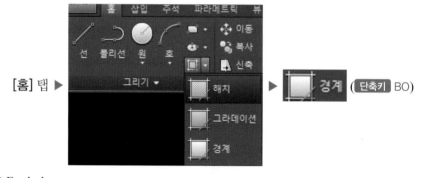

② Explode

[TIP]
분해(Explode) 명령을 활
용하여 폴리화된 도형,
블록 및 연관된 배열
(Array), 해칭, 치수선 등
의 객체를 분해할 수 있음

2) 닫힌 공간의 폴리화와 분해 방법

(1) 닫힌 공간의 폴리화

① [홈] 탭 ▶ [그리기] 패널▶ 경계 클릭

[TIP]
Bpoly 명령은 내부 영역에 대한 면적 등을 계산할 경우 유용하게 활용됨

② 점 선택(P) 버튼 클릭 ▶ 닫힌 공간 내부 지정 Enter↵

(폴리화 영역이 점선으로 표현됨)

(2) 객체 분해

① [홈] 탭 ▶ [수정] 패널 ▶ 클릭

② 분해 대상 객체 선택 Enter↵

■ 폴리화된 도형의 분해 과정

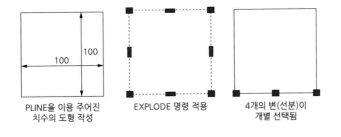

| PLINE을 이용 주어진
치수의 도형 작성 | EXPLODE 명령 적용 | 4개의 변(선분)이
개별 선택됨 |

Explode 명령의 활용

[TIP]
분해(Explode) 명령은 폴리화된 객체 분해 뿐만아니라 해치, 치수선, 그룹, 블록 등 하나로 묶인 객체들을 분해함

MEMO

6 폴리선(Pedit)

1) 개요

폴리선을 편집하는 명령입니다.

기존의 폴리화 된 선을 다시 편집하거나 폴리화 되어 있지 않은 선들을 폴리화하거나 선의 폭 값 및 직선을 곡선으로 변경하는 기능을 가지고 있습니다.

2) 폴리선의 재수정 방법

(1) 선의 폭 재지정

[TIP]
재지정된 폭은 **Explode** 명령을 적용하면 다시 초기화 됨

① **[홈]** 탭 ▶ 수정 메뉴 ▶ 클릭

② 기존 작성된 선 선택

③ 작업 화면에 제시된 옵션

　　✕ ◣ ✎ · PEDIT 전환하기를 원하십니까? <Y> : Y 입력 Enter ⏎

(폴리선을 선택할 경우 해당 지시 내용은 제시되지 않음)

④ ✕ ◣ ✎ · PEDIT 옵션 입력 [닫기(C) 결합(J) 폭(W) 정점 편집(E) 맞춤(F) 스플라인(S) 비곡선화(D) 선종류생성(L) 반전(R) 명령 취소(U)]:

　　: **폭(W)** 클릭

⑤ 폭 값 입력 Enter ⏎

(2) 각진 폴리선의 곡선화

① **[홈]** 탭 ▶ 수정 메뉴 ▶ 클릭

② 작성된 직선 폴리선 선택

③ ✕ ◣ ✎ · PEDIT 옵션 입력 [닫기(C) 결합(J) 폭(W) 정점 편집(E) 맞춤(F) 스플라인(S) 비곡선화(D) 선종류생성(L) 반전(R) 명령 취소(U)]:

: **맞춤(F)** 클릭 (Spline 옵션을 선택할 경우 선분의 점을 통과하지 않는 자유

곡선이 작성됨)

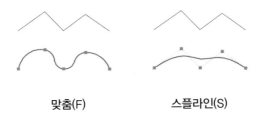

맞춤(F)   **스플라인(S)**

[TIP]
건축 및 토목 분야에서
등고선 등의 지형을 작성
할 경우 우선 직선 유형
으로 작성 후 **[맞춤(F)]** 옵
션을 활용하여 부드럽게
변경할 수 있음

(3) 곡선화 된 폴리선의 직선화

① **[홈]** 탭 ▶ 수정 메뉴 ▶ 🔲 클릭

② 작성된 곡선 폴리선 선택

③ PEDIT 옵션 입력 [닫기(C) 결합(J) 폭(W) 정점 편집(E) 맞춤(F) 스플라인(S) 비곡선화(D) 선종류생성(L) 반전(R) 명령 취소(U)] :

: **비곡선화(D)** 클릭

⑦ 모서리 정리(Fillet & Chamfer)

1) 개요

Fillet 명령은 두 개의 객체 사이에 반지름 값을 이용하여 호로 연결하는 명령입니다.
Chamfer 명령은 두 개의 객체 사이에 거리 값 등을 활용하여 모서리를 경사지게 연
결하는 명령입니다.

[홈] 탭 ▶

(**단축키** Fillet(F) / Chamfer (cha))

[TIP]
모깎기**(Fillet)** 명령에서
반지름 값을 '0'으로 설정
한 후 다른 방향의 두 선
을 선택하면 각진 모서리
를 작성할 수 있음

[TIP]
도면에 대한 주석 표현
중 '4-C5'에서 C5는 모따
기 거리값이 5임을 의미
하며, 4는 4군데에서 적
용된 것을 의미함

2) 모서리 정리 방법

(1) 모깎기

① [홈] 탭 ▶ [수정] 패널 ▶ 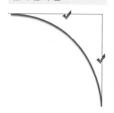 모깎기 클릭

② ❘×❘ ⟍ ⟍ FILLET 첫 번째 객체 선택 또는 [명령 취소(U) 폴리선(P) 반지름(R) 자르기(T) 다중(M)]:

: <u>반지름(R)</u> 클릭

③ 반지름 값 입력 [Enter↵]

④ 둥글게 처리하고자 하는 모서리 선분을 순차적으로 지정

[TIP]
[모따기], [모깎기] 옵션
중 [자르기(T)]에서 [자르
지 않기]로 설정하면 명
령 실행 후에도 기존 선
들이 남게 됨

(2) 모따기

① [홈] 탭 ▶ [수정] 패널 ▶ 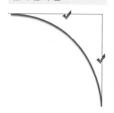 모따기 클릭

② ❘×❘ ⟍ ⟍ CHAMFER 첫 번째 선 선택 또는 [명령 취소(U) 폴리선(P) 거리(D) 각도(A) 자르기(T) 메서드(E) 다중(M)]: :

거리(D) 클릭

③ 첫 번째 거리 값 입력 [Enter↵]

④ 두 번째 거리 값 입력 [Enter↵]

⑤ 경사지게 처리하고자 하는 모서리 선분을 순차적으로 지정

8 회전과 축척(Rotate & Scale)

1) 개요

Rotate 명령은 지정한 기준점을 중심으로 객체를 회전시키는 명령입니다.
Scale 명령은 선택한 객체의 크기를 확대 또는 축소시키는 명령입니다.

① Rotate

[TIP]
회전(Rotate)과 축척
(Scale) 명령의 수행 방법
은 유사함

[홈] 탭 ▶  ▶ ◯ 회전 (단축키 RO)

② Scale

[홈] 탭 ▶

2) 객체의 회전 및 축척 변경 방법

(1) 회전

① [홈] 탭 ▶ [수정] 패널 ▶ ◯ 회전 클릭

② 회전할 객체 선택 [Enter↵]

③ 기준점 지정 (=회전 고정점)

④ 회전 각도 값 입력 [Enter↵]

[TIP]
회전과 축척 명령을 실행할 경우 [복사(C)] 옵션을 미리 선택하고 진행하면 기존 객체를 남겨두고 회전되거나 크기 변경된 새로운 객체를 작성할 수 있음

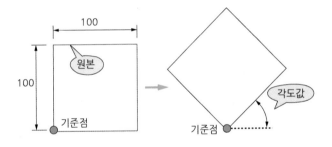

Rotate의 활용

(2) 축척

① [홈] 탭 ▶ [수정] 패널 ▶ 축척 클릭

② 축척 변경 객체 선택 [Enter↵]

③ 기준점 지정 (=축척 고정점)

④ 축척 값 입력 [Enter↵]

[TIP]
축척값은 배율값을 의미함. 0.5, 2 등으로 입력함

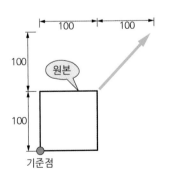

Scale의 활용

⑨ 정렬(Align)

1) 개요

Align 명령은 근원 객체를 대상 객체 선의 각도에 맞춰 정렬시키는 명령입니다.

[TIP]
정렬(Align) 명령은
Rotate와 Sclae 명령의 기
능을 모두 담고 있음

[홈] 탭 ▶ ___ ▶ ___ (단축키 AL)

[TIP]
정렬(Align) 명령은 건축
도면에서 창문이나 문,
가구 등을 배치할 경우
유용하게 사용됨

2) 객체의 정렬 방법

① [홈] 탭 ▶ [수정] 패널 ▶ ___ 클릭

② 정렬 근원 객체 선택 [Enter↵]

③ 첫 번째 근원점 지정

④ 첫 번째 대상점 지정 (③ ④번 점을 이음)

⑤ 두 번째 근원점 지정

⑥ 두 번째 대상점 지정 (⑤ ⑥번 점을 이음)

⑦ 추가 연결 근원점과 대상점이 없을 경우 [Enter↵]

⑧ ☒ ✕ ⚙ ▭ ▾ **ALIGN** 정렬점을 기준으로 객체에 축척을 적용합니까 ? [예(Y) 아니오(N)] <N>:

: **아니오(N)** 클릭 (예(Y) 클릭 할 경우 객체 축척이 변경됨)

[TIP]
정렬(Align) 명령은 2차
원 뿐만아니라 3차원 객
체 간의 정렬에서도 자주
사용됨

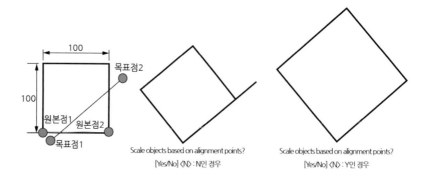

Align 명령의 활용

⑩ 신축(Stretch & Lengthen)

1) 개요

Stretch 명령은 대상 객체의 일부분을 영역으로 지정하여 크기를 변경하는 명령입니다. 객체 선택 방법 중 걸침(Crossing)법을 사용합니다. 걸침 영역에 포함된 객체는 이동되지만 걸침 영역에 걸쳐진 객체는 신축됩니다.

Lengthen 명령은 선의 길이를 지정한 값을 기준으로 신축하는 명령입니다.

① Stretch

[홈] 탭 ▶

[TIP]
Stretch 명령 실행 중 걸침 영역을 지정하였을 경우 영역에 완전히 포함된 객체는 이동, 걸친 객체는 신축이 됨

② Lengthen

[홈] 탭 ▶

[TIP]
작성된 객체를 선택 후 나타나는 **Grip** 점을 활용하여 신축(**Stretch** 및 **Lengthen**)을 적용할 수 있음

2) 객체 신축 방법

① [홈] 탭 ▶ [수정] 패널 ▶ 🔛 신축 클릭

② 걸침 선택 방법으로 대상 선택 Enter↵

③ 기준점 지정

④ 신축 위치점 지정(정확한 위치점을 지정하기 위해 좌표값 또는 객체 스냅점 활용 가능)

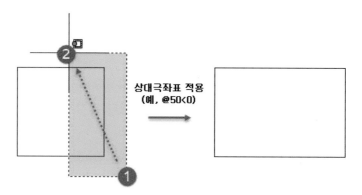

상대극좌표 적용
(예, @50<0)

Stretch 명령의 활용

[TIP]
[합계(T)] 옵션을 활용하면 지정한 길이 값에 의해 선의 길이가 재조정됨

3) 선 신축 방법

① [홈] 탭 ▶ [수정] 패널 ▶  클릭

② `LENGTHEN 측정할 객체 또는 [ 증분(DE) 퍼센트(P) 합계(T) 동적(DY) ] 선택 <합계(T)>:`

: 증분(DE) 클릭

④ 신축 값 지정 (양수 값과 음수 값 사용 가능) Enter↵

⑤ 신축하고자 하는 선 끝 부분 클릭

⑥ Enter↵

클릭

100 → 100 → 150

Lengthen 명령의 활용

MEMO

CHAPTER

08 객체 정보 조회 및 활용

1 측정(Id & Measuregeom)

1) 개요

ID 명령은 객체 특정 점의 절대 좌표 정보를 조회하는 명령입니다.

Measuregeom 명령은 객체의 거리, 각도, 반지름, 면적, 체적의 대한 정보를 조회하는 명령입니다.

① Id

[홈] 탭 ▶ [ID 점]

[TIP]
지정된 점의 X, Y 및 Z 값을 나열하며 지정된 점의 좌표를 최종점으로 저장함

② Measuregeom

[홈] 탭 ▶ (단축키 MEA)

[TIP]
List(단축키 : LI) 명령을 활용해도 선택된 객체의 기본적인 정보를 확인할 수 있음

2) 측정 방법

(1) 특정점의 절대좌표 조회

① [홈] 탭 ▶ [유틸리티] 패널 ▶ 🔲 ID 점 클릭

② 해당 점 지정

(2) 거리 측정

[TIP]
Dist(단축키 : DI) 명령을 활용하여 객체의 시작과 끝점을 지정하면 해당 객체의 길이와 각도 등의 정보를 확인할 수 있음

① [홈] 탭 ▶ [유틸리티] 패널 ▶ 🔲 거리 클릭

② 측정하고자 하는 거리의 두 점을 순차적으로 지정

(3) 반지름 또는 지름 측정

① [홈] 탭 ▶ [유틸리티] 패널 ▶ 🔲 반지름 클릭

② 측정하고자 하는 원이나 호를 클릭

(4) 각도 값 측정

① [홈] 탭 ▶ [유틸리티] 패널 ▶ 🔲 각도 클릭

② 각도 값을 측정하고자 하는 교차되거나 직교된 두 개의 선을 클릭

(5) 면적 측정

[TIP]
면적(Area, 단축키 : AA) 명령을 활용하여 객체 또는 정의된 영역의 면적과 둘레를 확인할 수 있음

① [홈] 탭 ▶ [유틸리티] 패널 ▶ 🔲 면적 클릭

② 면적 조회를 위해 순차적으로 구석점 지정 Enter↵

- [객체(O)] 옵션 : 닫힌 폴리화 도형 선택
- [면적 추가(A)] 옵션 : 영역을 지정할 때 마다 면적 합계 추가
- [면적 빼기(S)] 옵션 : 총 면적의 합에서 지정한 면적 제거

(6) 체적 측정

① [홈] 탭 ▶ [유틸리티] 패널 ▶ 🔲 체적 클릭

② 객체 조회를 위해 순차적으로 구석점 지정

③ 높이값 지정 Enter↵

[TIP]
체적 측정은 3차원 솔리드 객체에 활용됨

- [객체(O)] 옵션 : 닫힌 폴리화 도형 선택
- [체적 추가(A)] 옵션 : 영역을 지정할 때 마다 체적 합계 추가
- [체적 빼기(S)] 옵션 : 총 체적의 합에서 지정한 체적 제거

② 계산기(Quickcalc)

1) 개요

다양한 공학적인 계산 등을 수행할 수 있는 명령입니다.

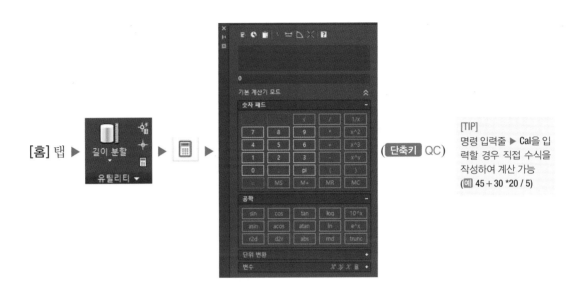

[홈] 탭 ▶ 길이 분할 ▼ 유틸리티 ▼ ▶ 🖩 ▶ (단축키 QC)

[TIP]
명령 입력줄 ▶ Cal을 입력할 경우 직접 수식을 작성하여 계산 가능
(예 45 + 30 *20 / 5)

③ 특성 편집과 일치(Chprop & Matchprop)

1) 개요

Chprop 명령은 선택된 객체의 색상, 선의 종류, 선의 축척, hatch의 무늬 및 축척 등의 다양한 정보들을 제공하며, 또한 재수정을 가능토록 합니다. 실무에서 가장 많이 사용되어지는 명령어 중의 하나입니다.

Matchprop 명령은 객체의 특성을 다른 객체에 부여하고자 사용되는 명령입니다.

① Chprop (단축키 CH, Ctrl + 1)

② Matchprop

[홈] 탭 ▶ 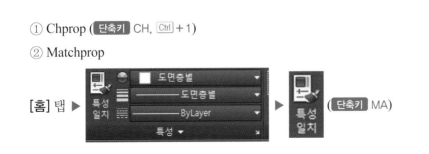 ▶ 특성 일치 (단축키 MA)

[TIP]
선택된 객체의 대표적인 특성을 편집할 수 있음. '빠른 특성'를 **ON/OFF** 할 수 있는 아이콘을 상태막대에 등록하기 위해서는 상태막대 우측의 '사용자화' 버튼을 클릭 후 '빠른 특성' 항목을 체크함

2) 객체 특성 변경 및 복사 방법

(1) 객체의 특성 변경

[TIP]
객체 선택 후 마우스 우측버튼을 누르면 신속 접근 메뉴가 펼쳐지며 맨 아래에 '빠른 특성' 항목을 선택할 수 있음

① Ctrl + 1 입력 ▶

② 특성 변경 객체 선택

③ 색상 / 도면층 / 선 종류 / 선 종류 추척 / 선 가중치 등의 특성값 변경

▶ 우측 상단 ✖ 버튼 클릭 후 완료

(2) 특성 복사

[TIP]
Matchprop 명령은 레이어 뿐만 아니라 선 종류, 선축척, 해치, 문자 및 치수 스타일, 색상 등 다양한 특성을 복사 및 부여할 수 있음

① [홈] 탭 ▶ [특성] 패널 ▶ 특성 일치

② 특성 복사 객체 선택

③ 특성 부여 객체 선택

④ Enter↵

CHAPTER
09 정보의 입력 방법과 활용

1 표 그리기(Table)

1) 개요

표를 작성할 수 있는 명령입니다.
엑셀처럼 수식을 이용하여 총합 등을 자동 계산할 수 있습니다.

[홈] 탭 ▶ 문자 치수 선형 · 지시선 · 테이블 주석 ▶ 📗 테이블 (단축키 TB)

[TIP]
외부객체삽입(Interobj)
명령을 활용하여 외부
Excel 파일을 캐드 작업
화면에 삽입하고 링크
(연결)할 수 있음

2) 표 작성 방법

(1) 행과 열의 수를 활용한 표 작성

① [홈] 탭 ▶ [주석] 패널 ▶ 📗 테이블 ▶

② [열] 개수 및 [열 폭] 입력

③ [데이터 행] 개수 및 [행 높이] 입력

④ **확인** 클릭

⑤ 작업 화면의 표가 위치될 삽입점 지정 ▶ 표 배치

⑥ Esc 2회 입력 후 종료

(2) 표 내부의 문자 삽입

[TIP]
문자 삽입 후 작업화면의 빈 공간을 클릭히여도 표 편집을 종료할 수 있음

① 문자 입력 셀 더블 클릭

② 문자 입력 Enter↵

③ 다른 셀 더블 클릭

④ 문자 입력

⑤ Esc를 두 번 입력 후 종료

(3) 표 내부의 문자 스타일 및 크기, 위치 조정

[TIP]
문자 스타일은 미리 **Style** (단축키 : **ST**) 명령을 활용하여 정의해 둘 수 있음

① 표 내부의 변경 문자 더블 클릭

② 문자 변경 범위 지정(마우스 드래그)

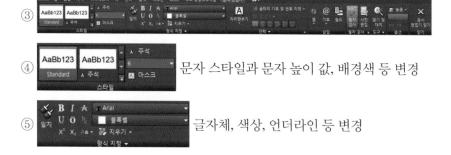

④ 문자 스타일과 문자 높이 값, 배경색 등 변경

⑤ 글자체, 색상, 언더라인 등 변경

⑥ 자리맞추기 ▶ 글자의 정렬 위치 지정

⑦ 삽입 기호 ▶ 삽입할 특수기호 지정

⑧ 표 외부 클릭 후 종료

[TIP] 기타 특수 문자 입력 방법

기타... 클릭 ▶ ▶ 글꼴 별 특수 기호 선택

▶ 선택(S) 클릭 ▶ 복사(C) 클릭 ▶ Ctrl + V 입력

(4) 표 및 셀의 크기 변경

① 작업 화면에 작성된 표를 선택

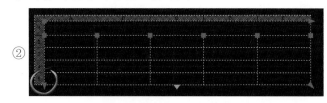

표시된 그립점을 클릭 후 드래그 하여 세로 크기 변경

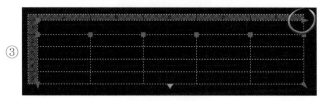

표시된 그립점을 클릭 후 드래그 하여 가로 크기 변경

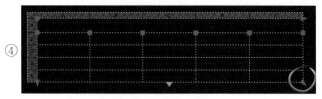

표시된 그립점을 클릭 후 드래그 하여 가로 및 세로의 크기 동시 변경

[TIP]
그립점을 활용하여 열과 행의 크기를 조절할 수 있음

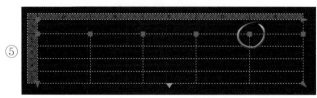

표시된 그립점을 클릭 후 드래그 하여 내부 셀의 너비 개별 변경

[TIP]
작성된 테이블을 선택 후 마우스 우측버튼 입력 ▶ '내보내기' 항목을 클릭 하면 Excel에서 읽을 수 있는 파일 형식(*.CSV)으로 변환 가능함

파일 이름(N): Table1.csv

파일 유형(T): 콤마로 구분됨 (*.csv)

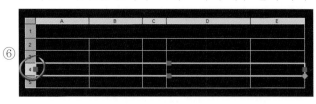

좌측면 행 번호 클릭

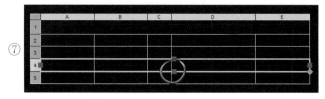

표시된 그립점을 클릭 후 드래그 하여 행의 개별 높이 변경

(5) 함수를 활용한 계산

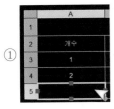 ① 결과 값이 위치할 셀 클릭

[TIP]
캐드에서 사용되는 산술
방법은 엑셀에서 사용되
는 산술 방법과 유사함

 ②  ▶ 산술 방법 선택(합계 선택)

[TIP]
제곱 표현 방법의 예)

123\U+00B2 → 123²

 ③

합계 값이 표현될 셀을 선택 후 대상 값들이 있는 셀 위를 그림과 같이 시작점
지정 후 대각선 방향으로 드래그하여 다음점 지정

④ Enter↵ 입력 후 종료

[공식 수동 입력 방법]

① 셀 내부 클릭

② 테이블 셀 상황별 리본에서 공식, 방정식을 차례로 선택

ex) 다음 예제를 참고하여 산술식 입력 가능함

=sum(a1:a25,b1). 열 a의 처음 25행의 값과 열 b의 첫 행의 값을 합산함

=average(a100:d100). 행 100의 처음 4열의 값 평균을 계산함

=count(a1:m500). 행 1부터 행 100까지의 열 a부터 열 m까지의 셀의 전체
숫자를 표시함

=(a6+d6)/e1. a6과 d6의 값을 합한 다음 그 합을 e1의 값으로 나눔

☑ 외부 데이터의 활용(Insertobj)

1) 개요

엑셀 및 한글에서 작성된 데이터와 표를 캐드 작업 화면에 삽입시켜 줍니다.
캐드 작업 화면에 삽입된 외부 데이터를 더블 클릭하면 해당 데이터를 작성한 프로
그램이 실행됩니다. 데이터 수정 후 저장하면 캐드에 삽입된 데이터가 자동 수정됩
니다.

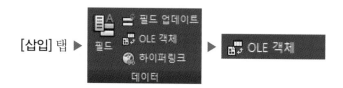

2) 엑셀 데이터 삽입 후 수정 방법

(1) 엑셀 데이터 삽입

[TIP]
엑셀 데이터뿐만 아니라
아래한글 문서도 삽입하
여 링크할 수 있음

① [삽입] 탭 ▶ [데이터] 패널 ▶ ░░ OLE 객체 클릭

② [파일로부터 만들기] 항목 체크

[TIP]
[연결(L)] 옵션을 체크하
지 않으면 캐드와 삽입된
외부 데이터 상호간의 편
집 내용이 반영되지 않음

③ [연결] 항목 체크 ▶ [찾아보기] 항목 클릭

④ 엑셀 파일 선택 ▶ [**열기**] 클릭

[TIP]
저장되어 있지 않고 작업 중인 [엑셀] 데이터 내용을 삽입할 수 없음. 반드시 저장된 외부 데이터 파일을 선택하고 [열기] 하여야 함

⑤ [**확인**] 클릭

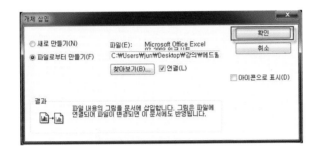

[TIP]
OLE 객체 삽입 대화창은 엑셀과 아래한글 프로그램의 [삽입] 또는 [입력] 탭에서도 동일하게 존재하고 수행 방법도 유사함. 즉, 엑셀과 아래한글에서도 캐드 도면 파일인 *.**Dwg** 파일을 삽입하고 링크할 수 있음. 아래의 그림은 엑셀 [삽입] 탭에서의 [개체] 대화창임

⑥ 엑셀 데이터 삽입 위치점 지정

⑦ 엑셀 데이터 삽입 확인

(2) 엑셀 데이터 수정

① 삽입된 엑셀 데이터 더블 클릭
② 엑셀 화면에 나타난 엑셀 데이터 수정

[TIP]
데이터 수정 후 저장을
하지 않으면 수정된 정보
가 연계되지 않음

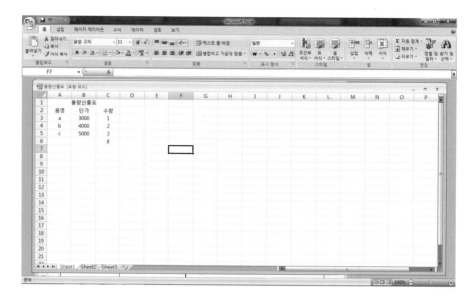

③ 데이터 수정 완료 후 반드시 저장

[TIP]
엑셀에 익숙한 사용자는
캐드 Table 명령 보다는
엑셀 데이터 객체를 삽입
하고 연결하는 것이 유리
함

④ 캐드 작업 화면에 엑셀 데이터 변화 확인

MEMO

❸ 하이퍼링크의 활용(Hyperlink)

1) 개요

선택된 객체와 관련된 정보(그림, 웹페이지, 기타 파일) 등을 공유하기 위한 명령입니다. 보다 전문적이고 실무적인 캐드 활용에 적합한 명령입니다.

[삽입] 탭 ▶ (필드, 필드 업데이트, OLE 객체, 하이퍼링크 / 데이터) ▶ 하이퍼링크 (단축키 Ctrl +K)

2) 하이퍼링크 부여 및 연결 방법

(1) 하이퍼링크 부여

① 하이퍼링크 부여 객체 선택

② [삽입] 탭 ▶ 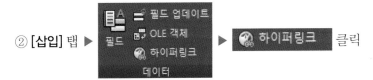 ▶ 하이퍼링크 클릭

③ 객체 선택

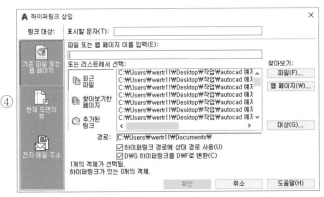

④

⑤ **파일(F)...** 클릭 ▶ 연결 파일 선택

(Webpage 버튼을 눌러 연결하고자 할 경우 Web 주소 입력 후 '확인' 버튼 누름)

⑥ **확인** 클릭

(2) 하이퍼링크 연결

① 하이퍼링크가 부여된 객체를 Ctrl 버튼을 누른 상태로 클릭

② 하이퍼링크가 연결됨(링크된 웹 주소, 이미지 등이 화면에 나타남)

[TIP]
하이퍼링크 기능을 활용하여 다양한 이미지, 동영상, 웹 주소 등과 연계할 수 있어 도면 해석에 도움을 줌

[TIP]
하이퍼링크를 제거하려면 Ctrl +K 입력 ▶ 하이퍼링크된 객체 선택 ▶ 하이퍼링크 대화창 좌측 하단의 [링크 제거(R)] 클릭

❹ 외부 이미지 및 데이터 부착(Attach)

1) 개요

Attach 명령은 외부 이미지와 외부 데이터를 캐드 작업 화면에 부착합니다.
Imageclip 명령을 활용하여 다양하게 이미지를 절단할 수 있으며, Imageadjust 명령을 이용하여 이미지의 밝기 등을 조정할 수 있습니다.

2) 외부 이미지 부착 및 수정 방법

(1) 외부 이미지 부착

[TIP]
[윈도우 파일 탐색기]에서 이미지 파일 선택 ▶
Ctrl+C 입력 ▶ 캐드 작업 화면에서 Ctrl+V를 입력하여 부착 가능함

[TIP]
Image(단축키 : IM) 명령을 활용하여 이미지 뿐만 아니라 다양한 파일 형식을 부탁할 수 있음

[TIP]
삽입된 이미지 외곽선 클릭 후 그립점을 활용하여 크기 조정 가능

▶ 확인 클릭

④ 그림 위치 기준점 지정

⑤ 축척 값 입력 Enter↵

(2) 삽입 이미지 잘라내기

① 삽입된 이미지 외곽선 선택

②  자르기 경계 작성 클릭

③ ◻ × ◣ 🔧 🗐▾ IMAGECLIP [폴리선 선택(S) 폴리곤(P) 직사각형(R) 반전 자르기(I)] <직사각형(R)>:

: 폴리곤(P) 클릭

④ 이미지 위에 닫힌 자르기 형상 작성

⑤ Enter↵

[TIP]
[폴리선 선택(S)] 옵션을 활용할 경우 미리 작성된 폴리화된 도형으로 자르기할 수 있음. 단, Circle과 Ellipse와 같은 객체는 선택되지 않음. Pellipse 명령 입력 후 변수 값을 1로 조정한 다음 작성된 타원 (Ellipse)은 자르기 객체로 사용 가능함. 원형의 형상으로 잘라내기 하고자 한다면 24면 이상의 다각형 (Polygon) 객체를 활용하면 됨

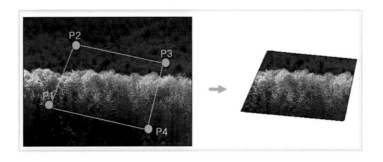

Imageclip의 활용

[TIP]
이미지 조정
(Imageadjust) 명령 입력
후 이미지 외곽선을 클릭
하면 아래의 대화창을 활
용하여 이미지 밝기 등을
제어할 수 있음. [재설정
(R)] 버튼으로 조정값을
초기화 할 수 있음

(3) 삽입 이미지 밝기 및 대조 조정

① 삽입된 이미지 외곽선 선택

③ 밝기(Brightness), 대조(Contrast), 사라짐(Fade) 값 조정 바를 이용하여 이미지 조정

MEMO

CHAPTER

10 문자 및 지시선 표현

1 문자의 작성 및 편집(Style, Mtext, Text)

1) 개요

Style 명령은 다양한 문자 스타일을 생성할 수 있습니다. 문자의 작성은 여러 줄 문자행을 작성할 수 있는 Mtext와 단일 문자행을 작성할 수 있는 Text 명령어로 구분하여 작성 할 수 있습니다. 작성된 문자는 더블 클릭하거나 특성창(Ctrl+1)을 활용하여 오타 및 높이, 색상 등의 특성을 수정할 수 있습니다.

(1) Style

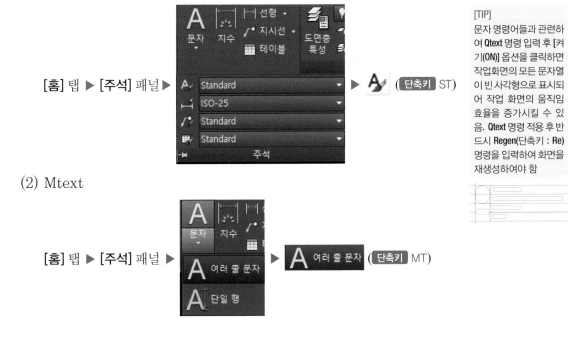

[홈] 탭 ▶ [주석] 패널▶

[TIP]
문자 명령어들과 관련하여 Qtext 명령 입력 후 [켜기(ON)] 옵션을 클릭하면 작업화면의 모든 문자열이 빈 사각형으로 표시되어 작업 화면의 움직임 효율을 증가시킬 수 있음. Qtext 명령 적용 후 반드시 Regen(단축키 : Re) 명령을 입력하여 화면을 재생성하여야 함

(2) Mtext

[홈] 탭 ▶ [주석] 패널 ▶

(3) Text

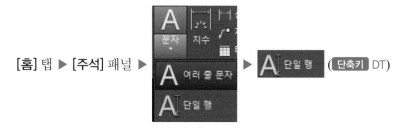

[홈] 탭 ▶ [주석] 패널 ▶ ... ▶ 단일 행 (단축키 DT)

2) 문자 스타일 생성 및 문자 작성 방법

(1) 문자 스타일 생성

[TIP]
지름 표시와 같은 특수 기호는 한글 글꼴로 설정된 경우 ㅁ(사각형) 표시로 나타날 경우가 있음. 이에 전산응용건축제도 및 토목제도에서는 'Lucida sanse unicode'란 글꼴로 설정할 필요가 있음

[TIP]
@가 붙은 글꼴을 선택할 경우 문자가 90도 기울어져 작성됨. @가 없는 글꼴 선택을 권장함

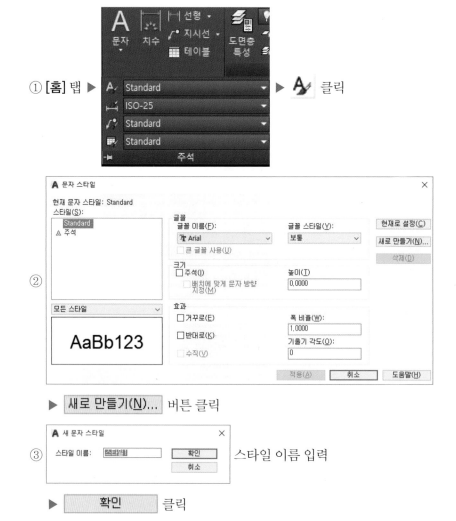

① [홈] 탭 ▶ Standard / ISO-25 / Standard / Standard ▶ 클릭

② ▶ 새로 만들기(N)... 버튼 클릭

③ ▶ 확인 클릭 / 스타일 이름 입력

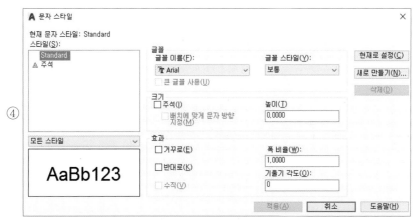

▶ 글꼴 이름 / 글꼴 스타일 / 높이 / 폭 비율 / 기울기 각도 등 입력

▶ 　적용(A)　 클릭

[TIP] 문자 스타일 확인

[홈] 탭 ▶ [주석] 패널 ▶

(2) 문자 스타일 선택 후 [여러 줄 문자] 작성

① [홈] 탭 ▶ [주석] 패널 ▶ A╱ Standard ▼ 문자 스타일 선택

[TIP]
여러 줄 문자열은 마치 편지지와 같은 영역을 설정 후 여러 줄의 문장을 작성할 수 있음

② [홈] 탭 ▶ [주석] 패널 ▶  ▶ A 여러 줄 문자 클릭

③ 여러 줄 문자열 범위 시작점과 반대편 범위 끝점 지정

[TIP]
작성된 '여러줄 문자'를
수정하고자할 경우 해당
문장을 더블 클릭하거나
'Mtedit' 명령을 입력 후
해당 문장을 클릭함

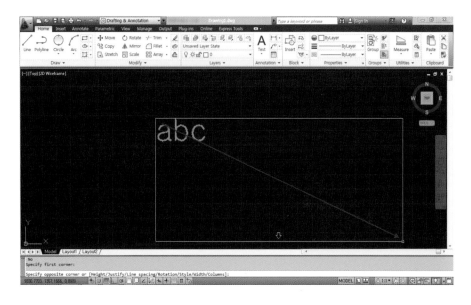

④ 여러 줄 문자 작성

[TIP]
주요 특수 기호는 다음의
문자열을 입력하여 표현
함
① DEGREES - %%D : 도
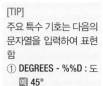 45°
② PLUS / MINUS -
%%P : 양수 / 음수 예
±45
③ DIAMETER - %%C
: 지름 예 Ø45

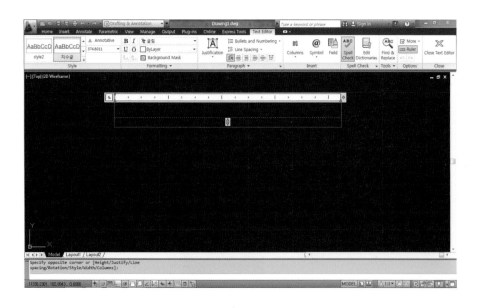

⑤ 작업 화면의 빈 곳 클릭 ▶ 문자열 작성 완료

(3) 문자 스타일 선택 후 단일 문자 작성

① [홈] 탭 ▶ [주석] 패널 ▶ 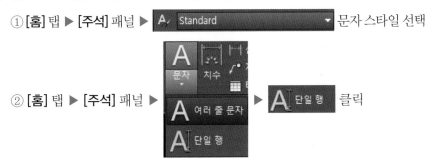 문자 스타일 선택

② [홈] 탭 ▶ [주석] 패널 ▶ ▶ 클릭

③ 단일행 문자의 시작점 지정

④ 문자 높이 값 입력 [Enter↵]

⑤ 문자 각도 입력 [Enter↵]

⑥ 문자 입력

⑦ [Enter↵] 1회 입력 후 줄 바꾸기

⑧ 문자 입력

⑨ [Enter↵] 2회 입력 후 종료

[TIP]
[단일 행 문자]의 수정은 해당 문자열을 더블클릭하거나 Ddedit 명령을 입력 후 문자열을 클릭함

[TIP]
명령 입력줄 ▶ 'Txt2mtxt'
명령 입력 ▶ 단일행 문자를 클릭하면 다중행 문자로 변경할 수 있음

(4) 문자 특성 수정

① [Ctrl] + 1 ▶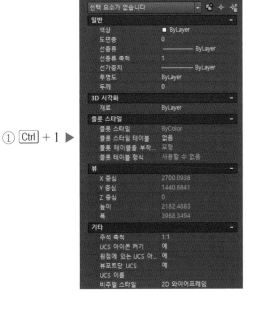

[TIP]
문자열의 색상 / 도면층 및 [문자] 항목을 통해 문자높이 / 내용 / 스타일 등을 종합적으로 수정 가능함

② 특성 변경 문자 선택

[TIP]
[문자] 항목 ▶ [기울기]
값을 활용하여 입력된 각
도 만큼의 기울어진 문자
를 표현할 수 있음

③ 특성 창 ▶ 항목 값 변경

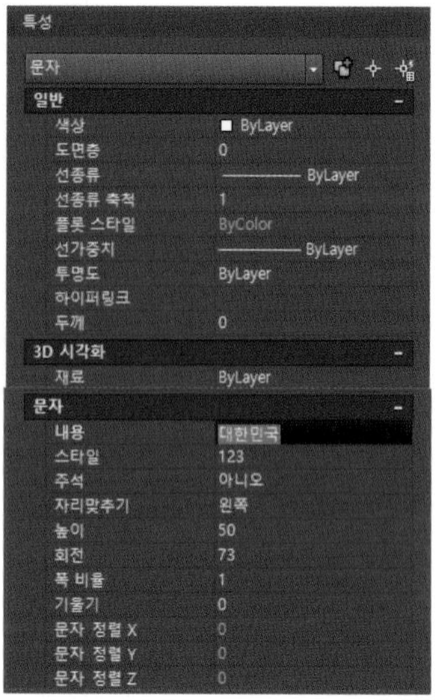

▶[색상, 도면층, 내용, 스타일, 자리맞추기, 높이, 회전, 폭 비율] 변경

④ ▶ 우측 상단 ✖ 버튼 클릭 후 완료

(5) 위 첨자 표현 방법

위 첨자 표현하고자 할 경우 '문자^' 입력 후 해당 문자열을 드래그하면 '스택
(Stack)' 기능이 활성화됨

MEMO

② 지시선의 작성 및 편집(Mleaderstyle & Mleader)

1) 개요

Mleaderstyle 명령은 다양한 지시선의 스타일을 작성합니다.

Mleader 명령은 다중 지시선을 작성합니다.

작성된 지시선은 특성창(Chprop(Ctrl+1))에서 재수정할 수 있습니다.

① Mleaderstyle

[홈] 탭 ▶  (단축키 MLS)

[TIP]
지시선(Leader, 단축키 :
LEA) 명령을 활용하여 기
본 스타일의 지시선과 문
자를 작성할 수 있음

② Mleader

[홈] 탭 ▶  (단축키 MLD)

[TIP]
특성창(Ctrl+1)을 활용
하여 지시선의 구성 요소
와 문자의 특성을 수정할
수 있음

2) 다중 지시선 스타일 생성 및 지시선 작성 방법

(1) 다중 지지선 스타일 생성

① [홈] 탭 ▶  클릭

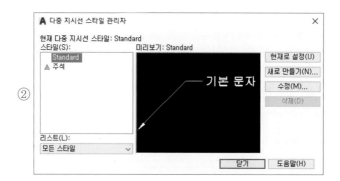

▶ 새로 만들기(N)... 클릭

[TIP]
다중 지시선의 구성

여러 줄 문자 컨텐츠
④
연결선
③ 문자

② 지시선

① 화살촉

▶ [새 스타일 이름] 입력

▶ 계속(O) 클릭

[TIP]
다중 지시선은 직선 또는
유연한 스플라인 고선으
로 작성할 수 있음

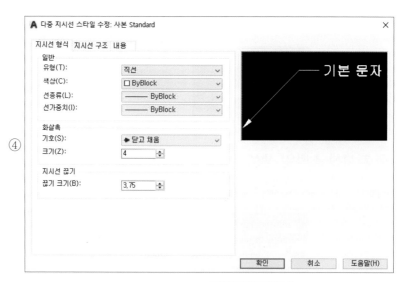

▶ [유형 / 색상 / 크기] 등 변경 ▶ 확인 클릭

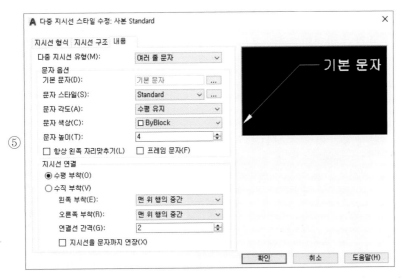

[TIP]
[지시선 구조] 탭에서는
세그먼트 각도, 연결선
설정, 다중 지시선의 축
척 등을 설정할 수 있음

▶ [문자 스타일 / 문자 색상 / 문자 각도 / 문자 색상 / 문자 높이] 등 변경

▶ 확인 클릭

(2) 다중 지시선 스타일 선택 후 다중 지시선 작성

[TIP]
다중 지시선의 연결선은
여러 줄 문자와 연결되어
있어 연결선의 위치가 변
경되면 문자 및 지시선도
따라 이동됨

① [홈] 탭 ▶ ▶ 신규 지시선 스타일 선택

② [홈] 탭 ▶ ▶ 지시선 ▾ 클릭

③ 다중 지시선 시작점 지정 (화살촉 위치)

④ 문자 작성 위치점 지정

⑤ 문자 입력

⑥ 작업 화면의 빈 곳 클릭 후 [종료]

(3) 다중 지시선의 특성 변경

① Ctrl +1 입력

② 작성된 다중 지시선 선택

[TIP]
[지시선] 항목에서 [지시선 유형]을 스플라인으로 변경하면 지시선이 곡선으로 변경됨

문자

③

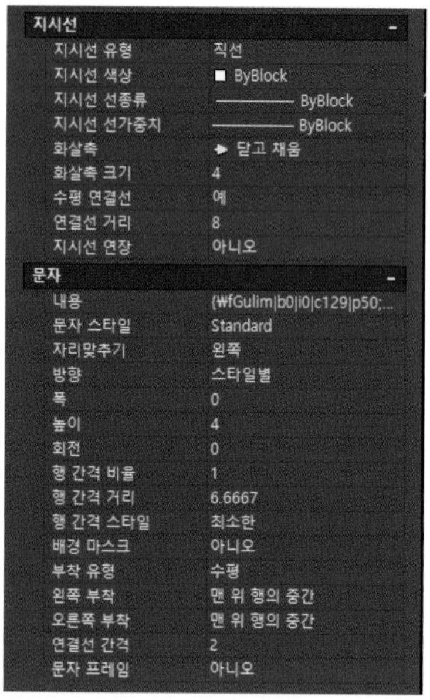

[TIP]
[지시선] 항목에서 [연결선 거리] 값을 증가시키면 연결선이 길어짐. [문자] 항목에서 [연결선 간격] 값을 증가시키면 연결선과 문자 사이 간격이 넓어짐

▶ (지시선 유형 / 지시선 색상 / 화살촉 / 화살촉 크기 / 문자 내용 / 문자 높이)
등 특성 변경

④  ▶ 우측 상단 ✕ 클릭

MEMO

11 치수선의 표현

1 치수 스타일(Dimstyle)

1) 개요

다양한 치수 스타일을 생성 및 변경하는 명령입니다.
개별 치수선의 변경은 특성창([Ctrl]+1)을 이용합니다.

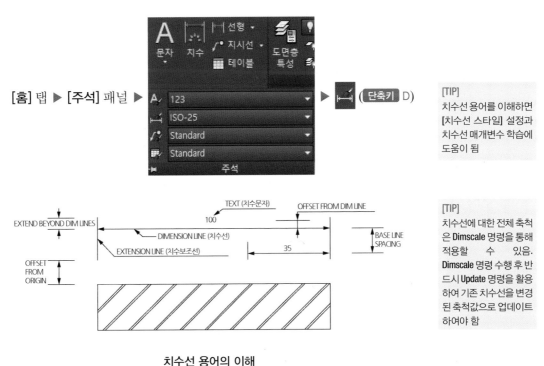

[홈] 탭 ▶ [주석] 패널 ▶ (단축키 D)

[TIP]
치수선 용어를 이해하면
[치수선 스타일] 설정과
치수선 매개변수 학습에
도움이 됨

[TIP]
치수선에 대한 전체 축척
은 **Dimscale** 명령을 통해
적용할 수 있음.
Dimscale 명령 수행 후 반
드시 **Update** 명령을 활용
하여 기존 치수선을 변경
된 축척값으로 업데이트
하여야 함

치수선 용어의 이해

기본적인 치수기입 유형으로는 선형(수평, 수직, 정렬, 회전, 기준선 및 연속(체인)
치수), 지름(반지름, 지름 및 꺾기), 각도, 세로좌표, 호 길이가 있습니다.

2) 치수 스타일 생성 방법

(1) 치수 스타일 생성

[TIP]
명령 입력줄에 'D'를 입력하여도 '치수 스타일 관리자'가 실행됨

① [홈] 탭 ▶

[TIP]
치수스타일 관리자의 항목은 Dimhor, Dimscale 등 다양한 개별 치수 관련 명령들로 제어할 수 있음

②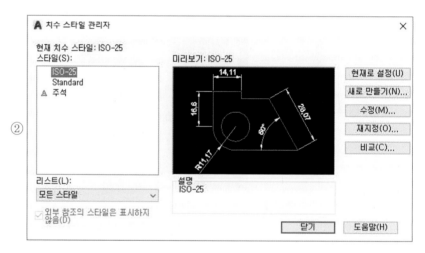

▶ 새로 만들기(N)... 클릭

③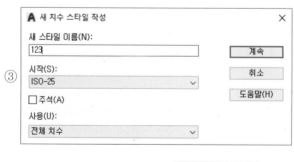

▶ [새 스타일 이름] 입력 ▶ 계속 클릭

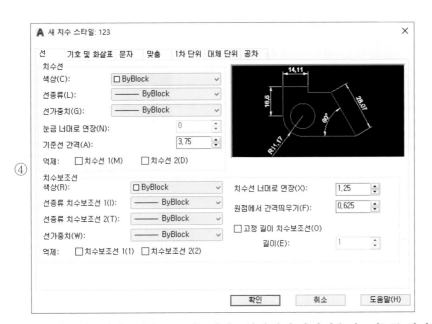

[TIP]
치수보조선의 억제 기능
은 치수보조선의 화면 숨
김 여부를 제어함

④

▶ [치수선 : 색상 / 치수보조선 : 색상 / 원점에서 간격띄우기 : 값] 등 변경

⑤

[TIP]
중심표식(Centermark)
명력 입력 후 원이나 호
를 클릭하면 원과 호의
크기에 맞춰 자동으로 중
심표식을 표현함

▶ [화살촉 : 유형, 크기 / 중심 표식] 등 변경

[TIP]
[문자 정렬(A)] 항목에서
[수평]으로 지정하면 치
수 문자가 모두 수평으로
정렬되어 작성됨

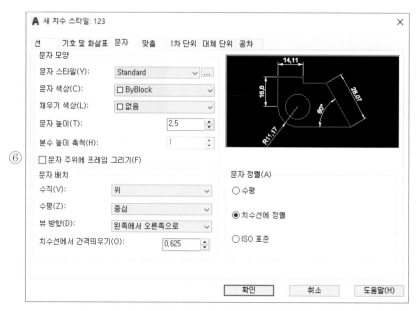

⑥

▶ [문자 모양 : 문자 스타일, 문자 색상, 문자 높이 / 문자 배치 : 수평, 수직,
치수선에서 간격띄우기 / 문자 정렬] 등 변경

[TIP]
전체 축척 사용(S) : 치수
문자 및 화살촉의 전체적
인 축척을 변경함

[TIP]
전체축척사용(S)은
Dimscale 명령으로도
실행할 수 있음

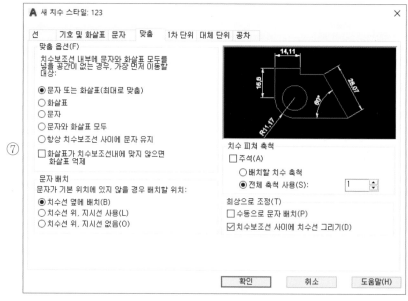

⑦

▶ [치수 피쳐 축척 : 전체 축척 사용] 등 변경

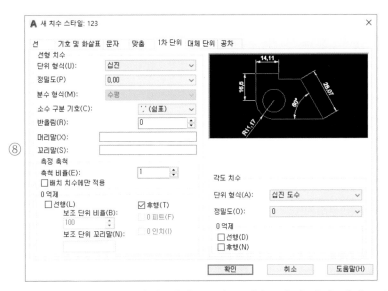

[TIP]
[선형 치수] 및 [각도 치수] 항목에서 [정밀도]를 활용하여 소수점 자리수를 제어할 수 있음

⑧

▶ [선형 치수 : 단위 형식, 정밀도 / 각도 치수 : 단위 형식, 정밀도] 등 변경

⑨ **확인** 클릭

(2) 특성창을 활용한 치수 편집

① Ctrl + 1 입력

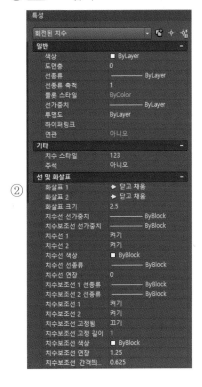

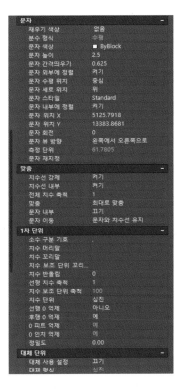

②

[TIP]
특성창을 활용하여 치수선을 편집할 경우 작업화면 내 해당 치수선만 편집됨. 이럴 경우 하나의 치수선을 편집하고 **Matchprop**(단축키 : **MA**) 명령을 활용하여 특성을 일치시킴

▶ [일반 / 기타 / 선 및 화살표 / 문자 / 맞춤 / 1차 단위 /대체 단위] 등 변경

③  ▶ 우측 상단 ✕ 클릭

2 주요 치수선(Dimlinear 등)

1) 개요

치수 표현은 선형치수, 정렬치수, 각도치수, 반지름·지름·호의 길이 치수로 구분됩니다.

[TIP]
스마트 치수(Dim) 명령을 입력 후 치수를 표현하고자하는 선에 마우스 포인터를 위치시키면 자동으로 적합한 치수 유형을 탐색하여 표현함

[홈] 탭 ▶ [주석] 패널 ▶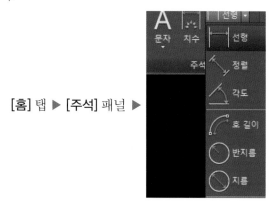

2) 주요 치수선의 작성 방법

(1) 선형 및 정렬 치수선

[TIP]
선형치수에 대한 개별 명령은 Dimlin(단축키 : DLI)이며, 정렬치수에 대한 개별 명령은 Dimali(단축키 : DAL) 임

① [홈] 탭 ▶ [주석] 패널 ▶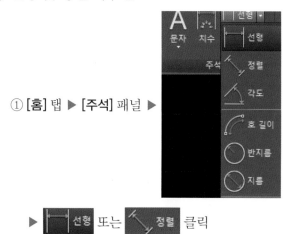

▶ 선형 또는 정렬 클릭

② 치수 보조선의 첫 번째 점 지정

③ 치수 보조선의 두 번째 점 지정

④ 치수선(치수문자)의 위치점 지정

(2) 각도 치수선

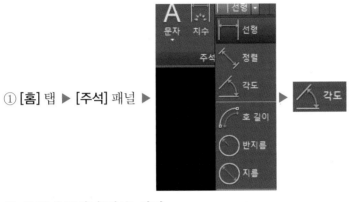

[TIP]
각도치수에 대한 개별 명령은 Dimang(단축키 : DAN)임

① [홈] 탭 ▶ [주석] 패널 ▶

② 첫 번째 모서리(선분) 선택

③ 두 번째 모서리(선분) 선택

④ 치수선(치수문자) 위치점 지정

(3) 호 길이 치수선

[TIP]
호 길이 치수에 대한 개별 명령은 Dimarc(단축키 : DAR)임

① [홈] 탭 ▶ [주석] 패널 ▶

② 작성된 호 선택

③ 치수선(치수문자) 위치점 지정

[TIP]
반지름 치수에 대한 개별
명령은 Dimrad(단축키 :
DRA)임

(4) 반지름과 지름 치수선

① [홈] 탭 ▶ [주석] 패널 ▶

[TIP]
지름 치수에 대한 개별
명령은 Dimdia(단축키 :
DDI)임

 반지름 또는 지름 클릭

[TIP]
4-R8에서 R은 반지름을
의미하며, 4는 원의 개수
가 4개임을 의미함

② 작성된 원 또는 호 선택

③ 치수선(치수문자) 위치점 지정

[TIP]
기준 치수선
(Dimbaseline, 단축키 :
DImbas) 명령을 입력 후
다음 점을 연속적으로 포
인팅하면 치수선 위로 하
나씩 쌓이듯 기준 치수선
이 표현됨

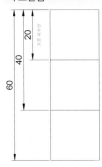

3 연속 및 빠른 작업 치수선 작성(Dimcontinue & Qdim)

1) 개요

Dimcontinue 명령은 작성된 선형치수(수평·수직치수)를 기준으로 연속된 치수선
을 작성합니다. Qdim 명령은 객체를 기준으로 보다 신속한 치수선을 작성합니다.

(1) 리본 메뉴

① Dimcontinue(연속 치수)

[주석] 탭 ▶  ▶ 연속

(단축키 DCO)

② Qdim(빠른 작업)

[주석] 탭 ▶  ▶ 빠른 작업

(단축키 QD)

2) 연속 및 빠른 작업 치수선 작성 방법

(1) 연속 치수선

① [주석] 탭 ▶  ▶ 연속

[TIP]
공간조정(Dimspace) 명령 입력 ▶ 기준이 될 치수선 선택 ▶ 연이어 간격을 둘 치수선 모두 선택 (엔터 표시) ▶ 간격값 '0' 입력(엔터표시)

②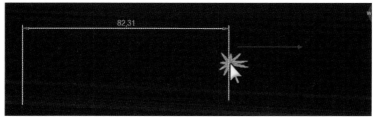

: 선택(S) 클릭

③ 선행 작성 되어진 수평 또는 수직 치수선에서 연속하고자 하는 방향의 치수보조선 선택

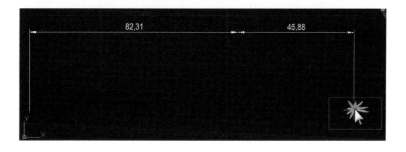

④ 연속되는 치수보조선의 다음 위치점 지정

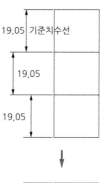

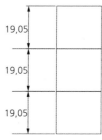

(2) 빠른 작업 치수선

① [주석] 탭 ▶  ▶ 빠른 작업

② 치수를 표현할 객체 선택 Enter↵

[TIP]
신속문자(Qtext) 명령을
입력 후 [켜기(ON)] 옵션
을 클릭하면 문자뿐만 아
니라 치수문자도 사각형
으로 처리됨

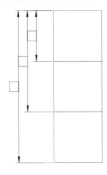

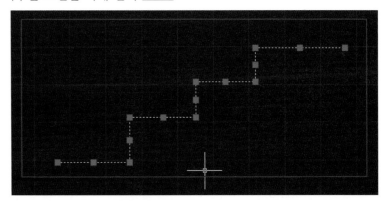

③ 치수선(치수 문자)의 위치점 지정

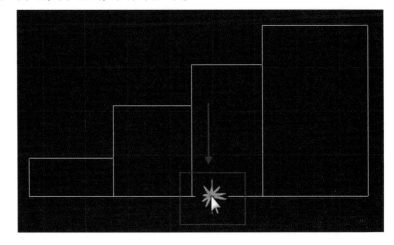

4 주요 치수 변수와 변경(Dimscale 및 Update 등)

1) 개요

[TIP]
주요 치수 변수 명령어들
을 기억하면 [치수 스타
일 관리자]를 사용하지
않고도 신속하게 치수 세
부 유형을 변경할 수 있
음

치수 변수란 치수에 대한 설정 변경이 필요할 경우 사용되는 명령입니다. 주요 치수
변수로서 Dimscale 명령은 전체적인 치수선의 크기를 변경합니다. Dimtoh·Dimtih 명
령은 수직 치수선으로 작성된 치수문자의 방향을 변경합니다. Dimexo 명령은 치수보
조선과 객체와의 간격을 변경합니다. Dimtofl 명령은 지름과 반지름 치수 표현에서의
내부 치수선 표현 유무를 변경합니다. 치수 변수의 변경은 기존에 작성된 치수선에는
적용되지 않으며 변경 이후의 치수선에 적용됩니다. 기존 치수선에 변경 사항을 적용
시키려면 반드시 'Update' 명령을 활용하여 기존 치수선을 갱신해주어야 합니다.

① Update

[주석] 탭 ▶  ▶

[TIP]
치수 변수를 조정 후 치수를 새롭게 기입하면 **Update**를 할 필요 없음

② 치수 변수 도구(아이콘) 없음

2) 치수 변수 및 치수 문자 수정 방법

(1) 치수 변수 활용

① Dimscale (치수선의 전반적인 축척 변경)

㉠ Dimscale [Enter↵]

㉡ 치수선의 전반적인 축척 값 입력 [Enter↵]

㉢ [주석] 탭 ▶  ▶ 클릭

㉣ 업데이트 할 치수선 선택 [Enter↵]

※ 업데이트 결과

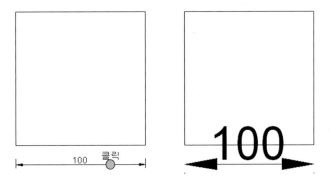

[TIP]
화살촉의 크기는 **Dimasz** 명령을 활용하여 조정할 수 있음

② Dimtih (수직 치수선 내부의 문자 방향을 수평으로 회전)

㉠ Dimtih 입력 [Enter↵]

㉡ **DIMTIH** DIMTIH에 대한 새 값 입력 <끄기(OFF)>:

: ON 입력 [Enter↵]

ㄷ [주석] 탭 ▶ ▶ 클릭

ㄹ 업데이트 할 치수선 선택 Enter↵

※ 업데이트 결과

[TIP]
치수 문자의 크기는
Dimtxt 명령을 활용하여
조정할 수 있음

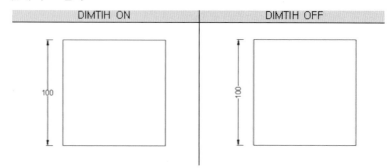

③ Dimtoh (수직 치수선 외부의 문자 방향을 수평으로 회전)

ㄱ Dimtoh 입력 Enter↵

ㄴ

: ON 입력 Enter↵

[TIP]
Dimtad 명령 입력 후 변수
값 '0(숫자)'을 입력하면
치수선에서의 치수문자
위치를 중간에 걸치게 표
현할 수 있음

ㄷ [주석] 탭 ▶ ▶ 클릭

ㄹ 업데이트 할 치수선 선택 Enter↵

■ 업데이트 결과

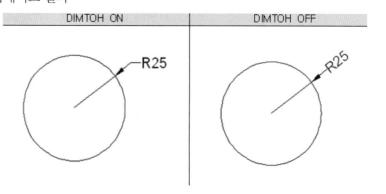

④ Dimexo (치수보조선과 객체와의 간격 조정)

　　㉠ Dimexo 입력 후 [Enter↵]

　　㉡ 간격 값 변경 [Enter↵]

[Enter↵]

⑤ Dimtofl (반지름·지름 치수 표현 시 내부의 치수선 표현 유무 설정)

　　㉠ Dimtofl 입력 후 [Enter↵]

　　㉡

　　　: OFF 입력 [Enter↵]

　　㉢ [주석] 탭 ▶ 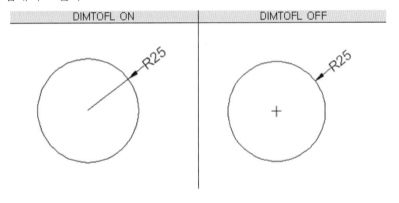 ▶ 클릭

　　㉣ 업데이트 할 치수선 선택 [Enter↵]

■ 업데이트 결과

DIMTOFL ON ｜ DIMTOFL OFF

(2) 치수문자의 수정

① 치수 문자 더블 클릭

　　작성된 치수 문자 더블 클릭 ▶ 61,78 ▶ 치수 수정

　　▶ 작업 화면 빈 공간 클릭

[TIP]
Dimexo 명령을 활용하여 간격값을 증가시키면 아래의 그림과 같이 표현할 수 있음

┌─────┐
│   │
│   │
│   │
└─────┘
|← 100 →|

[TIP]
Dimtofl 명령을 실행하면 원이나 호 내부에 치수선을 표현하지 않을 수 있지만 중심표식이 나타남. 이럴 경우 **Dimcen** 명령 ▶ '0(숫자)' 입력(엔터표시) 후 **Update**를 하면 중심표식이 점으로 표현됨

② 특성창 활용

[TIP]
Ddedit 명령 입력 후 해당
치수 문자를 클릭하여도
수정 가능함

Ctrl +1 ▶

▶

▶ 문자수정 ▶

▶ 우측 상단 ❌ 클릭

MEMO

CHAPTER

12 도면의 배치 및 출력

1 레이아웃(Layout)

1) 개요

도면 작업은 Model(모형) 공간에서 진행되며 출력을 배치는 Layout(배치) 공간에서 진행합니다.

Layout 공간에 Model 공간에서 작성된 객체를 삽입하려면 Mview 명령을 사용합니다.

(1) 모형과 배치 탭

도면 작업 공간 좌측 하단 ▶ [모형] [배치1] [배치2] [+]

2) 신규 배치 공간 생성 및 모형 뷰 삽입 방법

[TIP]
Layout 명령 실행 후 [새로 만들기(N)] 옵션을 클릭하여도 신규 배치 탭을 생성시킬 수 있음

(1) 신규 배치 공간 생성

① 도면 작업 공간 좌측 하단 ▶ **[배치 1]** 탭 위 ▶ 마우스 우측 버튼 클릭

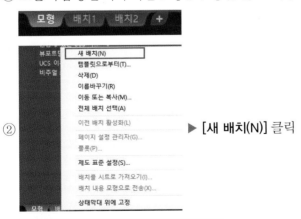

② ▶ [새 배치(N)] 클릭

③ 신규 생성된 배치 공간 확인

[TIP]
[배치] 탭 위에 마우스 포
인터를 놓고 마우스 우측
버튼을 클릭하면 '배치
내용 모형으로 전송' 옵
션으로 배치(Layout) 도
면을 별도의 Dwg 파일로
내보내기 가능함. 명령입
력줄에 'Exportlayout'을
입력하여도 됨

(2) 사각형 모형 뷰 삽입

① 기존 배치 탭 또는 신규 배치 탭 클릭

② 레이아웃 화면 확인

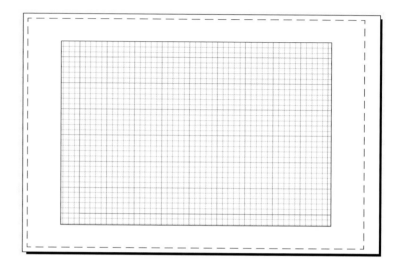

③ Mview 창 외곽선 선택 ▶ 삭제

[TIP]
뷰포트를 무제한으로 생
성시킬 수 없음.
Maxactvp 명령을 활용하
여 최소 2개에서 최대 64
개의 뷰포트를 생성시킬
수 있음

④ 배치 공간 외곽 점선(인쇄가능영역)을 삭제하기 위해 'Options(단축키 OP)'
명령 실행

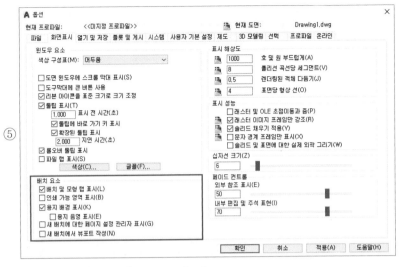

[TIP]
[배치 요소]에서 [배치 및
모형 탭 표시]의 체크를
해제하지 않도록 주의함

▶ **[화면표시]** 탭 ▶ **[배치 요소]** 중

배치 요소
☑ 배치 및 모형 탭 표시(L)
☐ 인쇄 가능 영역 표시(B)
▶ ☑ 용지 배경 표시(K)
    ☐ 용지 음영 표시(E)
☐ 새 배치에 대한 페이지 설정 관리자 표시(G)
☐ 새 배치에서 뷰포트 작성(N)

▶ [인쇄 가능 영역 표시] 체크 해제 ▶ **확인** 클릭

⑥ 배치 공간 확인

[TIP]
[배치 요소]에서 [용지 음
영 표시]를 체크하면 용
지 크기에 맞춰 아래에
그림자가 표시됨

⑦ [배치] 탭 ▶  클릭

⑧ 배치 공간 내부에 시작점과 대각선 반대편 점 지정

[TIP]
삽입된 뷰포트는 **Rotate** 명령이나 **Grip**을 활용하여 회전과 크기 조정을 할 수 있음

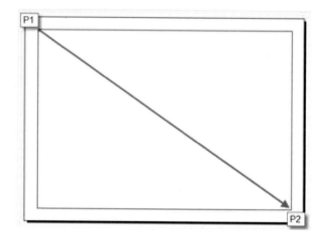

⑨ 작성된 모형 뷰(Mview) 창 확인 ▶ 내부 공간 더블 클릭

⑩ 마우스 휠을 이용하여 화면 확대 축소 및 화면 이동을 수행(객체가 이동되는 것이 아님)

[TIP]
'**Mspace**' 명령의 단축키는 **MS**이며 모형공간을 의미함

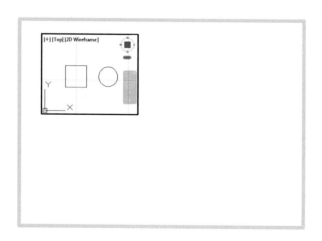

[TIP]
'**Pspace**' 명령의 단축키는 **PS**이며 종이공간을 의미함

⑪ Pspace 입력 [Enter↵]

(3) 다각형 모형 뷰 삽입

① 기존 배치 탭 또는 신규 배치 탭 클릭

② 배치 공간 확인

[TIP]
모형 공간의 선 축적은 배치 공간에서 제대로 표현되지 않는 경우가 많음. 이럴 경우 배치 공간에서 Psltscale 명령 실행하고 변수값을 '0(숫자)'을 입력 한 후 Regen(단축키 : RE) 명령을 실행함

③ [배치] 탭 ▶  폴리곤 클릭

[TIP]
MView(단축키 : MV) 명령을 실행 후 [폴리곤(P)] 옵션을 클릭하여 동일하게 사용할 수 있음

④ 배치 공간 내부 ▶ 시작점 지정

⑤ 순차적으로 다음점 지정

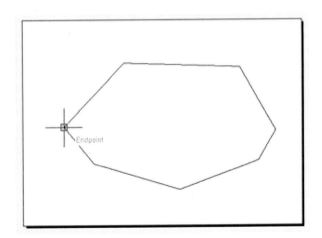

⑥ 작성된 모형 뷰(Mview)창 확인 ▶ 내부 공간 더블 클릭

⑦ 마우스의 휠을 이용하여 화면 확대 축소 및 화면 이동 수행

⑧ Pspace 입력 [Enter↵]

(4) 기존 폴리 도형을 이용한 모형 뷰 삽입

① 기존 배치 탭 또는 신규 배치 탭 클릭

② 배치 공간 확인

③ Pline 또는 Rectangle·Circle·Polygon 등의 명령을 활용하여 폴리화 도형 작성

[TIP]
미리 폴리화 도형을 작성한 후 이를 뷰포트로 활용하면 보다 다양한 도면 배치를 만들 수 있음

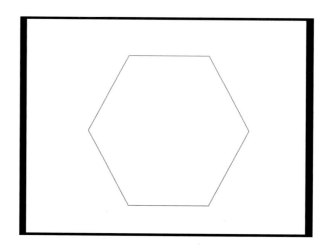

[TIP]
MView(단축키 : MV) 명령을 실행 후 [객체(O)] 옵션을 클릭하여 동일하게 사용할 수 있음

④ [배치] 탭 ▶

⑤ 배치 공간에 작성된 폴리화 도형 선택

⑥ 작성된 모형 뷰(Mview) 창 확인 ▶ 내부 공간 더블 클릭

⑦ 마우스 휠을 이용하여 화면 확대 축소 및 화면 이동 수행

⑧ Pspace 입력 [Enter↵]

② 도면의 출력(Plot)

1) 개요

작업된 내용을 실제 용지나 이미지 파일 형식 등으로 출력하는 명령입니다. 출력 결과물에 대한 선가중치(폭)는 Plot 창에서 설정할 수 있으나 미리 도면층(레이어)에서 지정 가능합니다.

(1) 신속 접근 메뉴

2) Plot 창의 구성 및 출력 순서

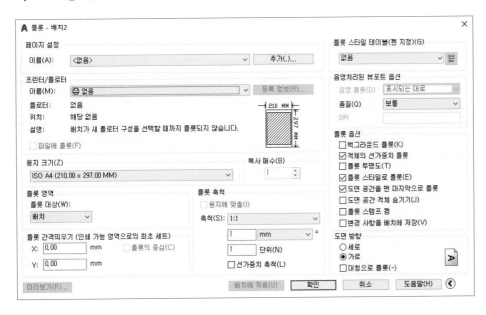

① 프린터/플로터 : [이름(M)]에서 사용자 컴퓨터와 연결된 프린터 선택

② 용지 크기 : 다양한 크기의 용지 선택

③ 플롯 영역 : [윈도우(사용자 범위 직접 지정 가능)]

[TIP]
[플롯 스타일 테이블] 및 [도면 방향] 등의 옵션이 보이지 않을 경우 [플롯] 대화창 우측 하단의 [더 많은 옵션] 버튼을 클릭함

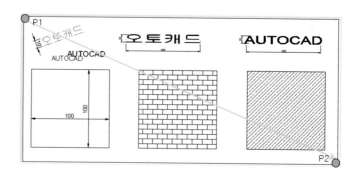

Window 옵션을 활용한 출력 영역 지정

④ 플롯 간격띄우기 : [플롯의 중심] 체크 (지정한 출력 영역을 용지 중앙에 자동 배치)

⑤ 플롯 축척 : 출력 축척 지정(1 : 2는 1/2 도면을 의미) / 용지에 맞춤(축척에 상관없이 지정한 용지 Size에 맞춤)

⑥ 도면 방향 : 가로 또는 세로 용지 방향 지정

⑦ 플롯 스타일 테이블 : 출력 시 선의 색상 및 가중치 지정

⑧ 미리보기 : 실제 용지에 출력 전 미리보기

[TIP]
반드시 [미리보기] 버튼을 클릭하여 출력 전 상태를 확인하는 것이 필요함

[TIP]
[플롯 스타일 테이블]에서 [monochrome.ctb]를 선택할 경우 객체 색상 항목 모두를 검정색으로 출력되도록 함

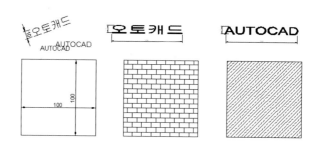

플롯 미리보기

⑨ [확인] 클릭 ▶ 출력

MEMO

❸ 다른 형식으로 내보내기와 가져오기(Export & Import)

1) 개요

Export 명령은 현재의 작업 도면을 다른 형식(Eps, Bmp, Dwf 등의 형식)로 변환하여 내보내는 명령입니다. 명령 입력줄에 직접 Bmpout, jpgout의 명령을 입력하여 이미지 파일로 변환하여 저장할 수 있습니다.

Import 명령은 캐드 파일이 아닌 다른 형식의 파일을 캐드에 가져오는 명령입니다.

내보내기

가져오기

[TIP]
Psout 명령을 입력하면 EPS 파일 형식의 이미지 파일로 내보내기 할 수 있음

2) 다른 형식 내보내기와 다른 형식 가져오기 방법

(1) 다른 형식 내보내기

① 기타 형식
도면을 다른 파일 형식으로 내보냅니다. 클릭

[TIP]
Epdf 명령을 입력하면 PDF 파일 형식으로 내보내기 할 수 있음.
Pdfimport 명령을 입력하면 PDF 파일을 가져오기 할 수 있음

[TIP]
3차원 모델링일 경우
*.stl 파일 형식으로 내보
내기를 하면 3차원 프린
터 출력용 파일로 활용할
수 있음

[TIP]
가져오기의 단축키는
IMP이며, 내보내기의 단
축키는 EXP임

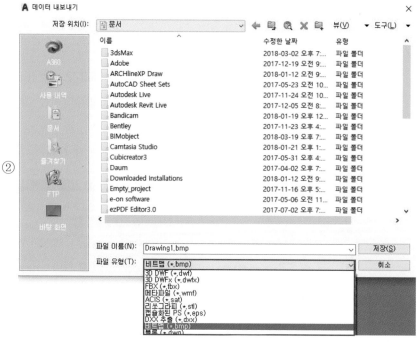

▶ [파일 유형] 선택 ▶ [파일 이름] 입력

③ [파일 저장 위치] 지정 ▶ 저장(S) 클릭

(2) 다른 형식 가져오기

[TIP]
'Pdfimport' 명령을 활용
하여 직접 PDF 파일 형식
의 문서를 가져올 수 있
음

▶ 기타 형식
다른 파일 형식의 데이터를 현재 도면으 클릭
로 가져옵니다.

▶[**파일 유형**] 선택 ▶ [**파일 이름**] 입력 또는 파일 찾기

③ **열기(O)** 클릭

MEMO

MEMO

02

2차원 드로잉
실습 예제

CONTENTS

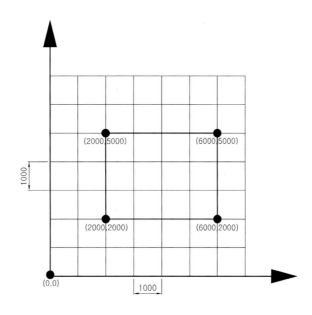

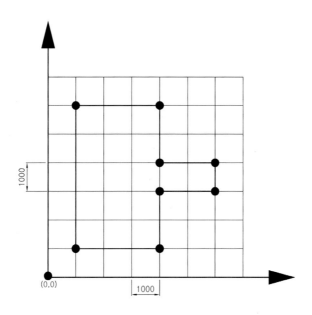

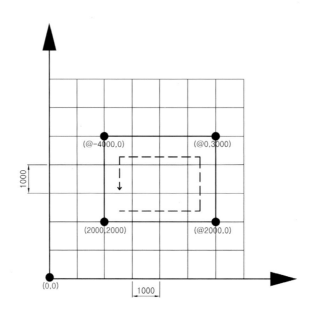

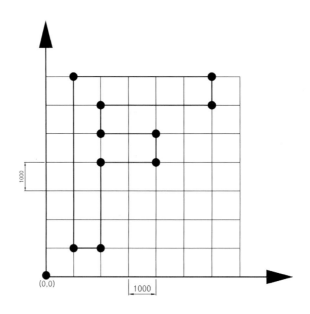

• Line 명령을 활용하여 작성합니다.
• 상대극좌표방식으로 작성합니다.

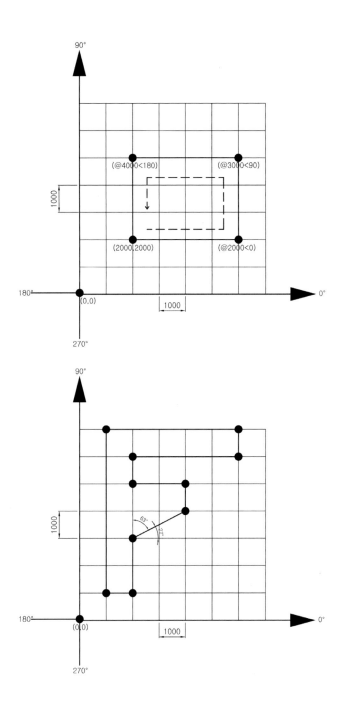

- Line 명령을 활용하여 작성합니다.
- 마우스로 방향을 지정한 후 거리값을 입력합니다.(F8 기능키 활용)

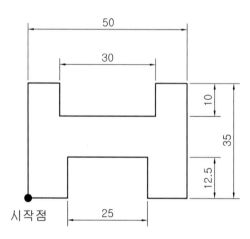

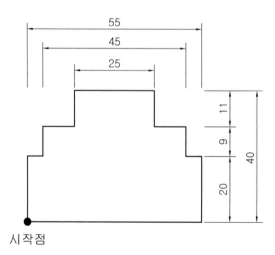

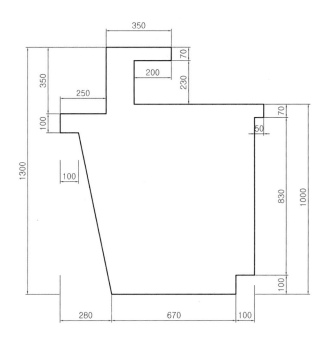

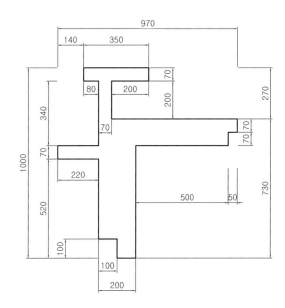

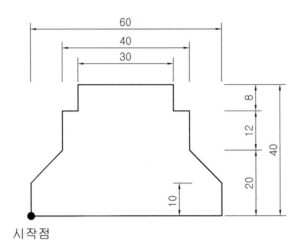

시작점

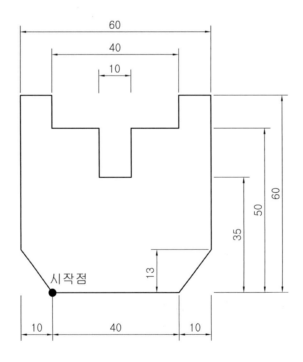

시작점

- Line 명령을 활용하여 작성합니다.
- 수평, 수직선은 마우스로 방향을 지정한 후 거리값을 입력합니다.
- 사선의 경우 상대좌표 방식을 이용하여 작성합니다.

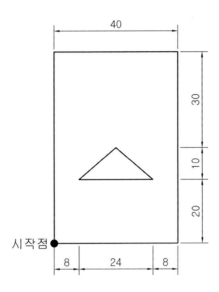

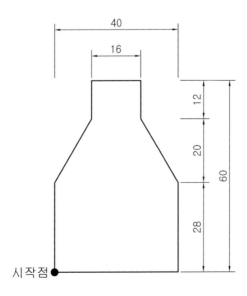

- Line 명령을 활용하여 작성합니다.
- 수평, 수직선은 마우스로 방향을 지정한 후 거리값을 입력합니다.
- 사선의 경우 상대극좌표 방식을 이용하여 작성합니다.

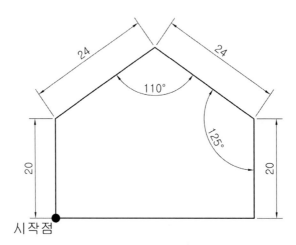

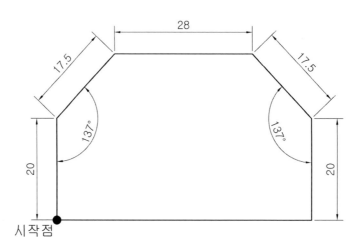

- Line 명령을 활용하여 작성합니다.
- 수평, 수직선은 마우스로 방향을 지정한 후 거리값을 입력합니다.
- 사선의 경우 상대극좌표 방식을 이용하여 작성합니다.

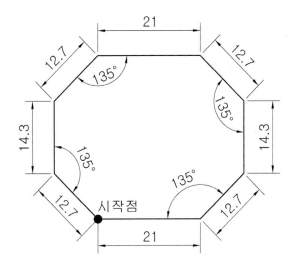

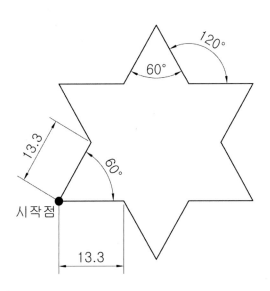

- Line 명령을 활용하여 작성합니다.
- 수평, 수직선은 마우스로 방향을 지정한 후 거리값을 입력합니다.
- 사선의 경우 상대극좌표 방식을 이용하여 작성합니다.

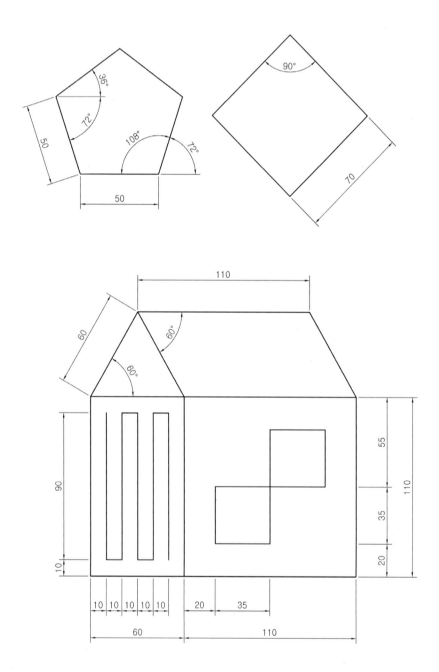

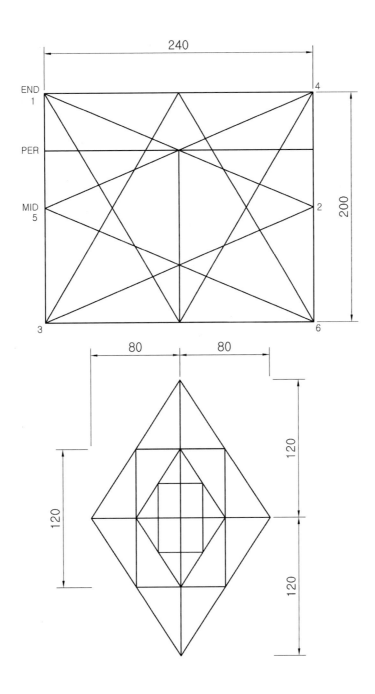

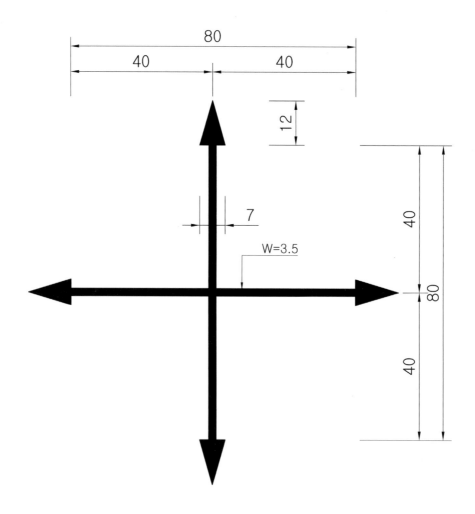

Hint
• Pline 명령을 활용하여 작성합니다.
• PL 옵션 W(폭)을 활용하여 Line/Arc를 작성합니다.

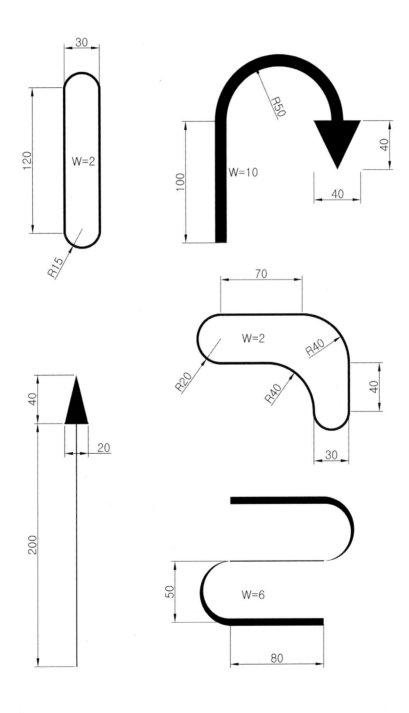

- 제시된 치수를 참고하여 도면을 작성합니다.
- Rectang 명령을 활용하여 작성합니다.

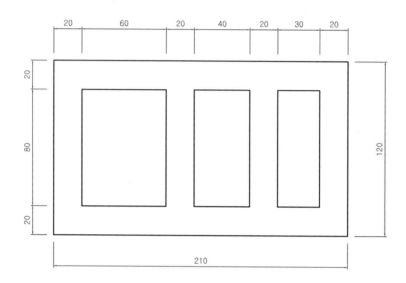

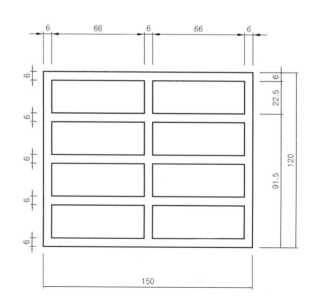

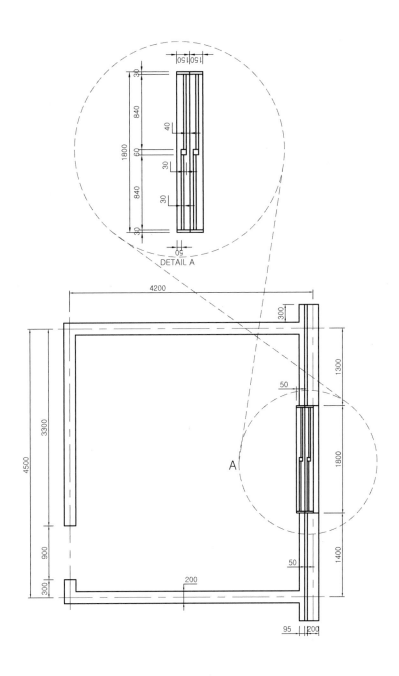

DETAIL A

• 제시된 치수를 참고하여 도면을 작성합니다.

• 중심선을 작성합니다.

• Circle / Line / Arc 명령을 활용하여 작성합니다.

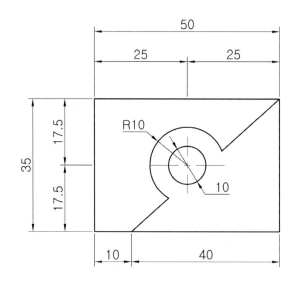

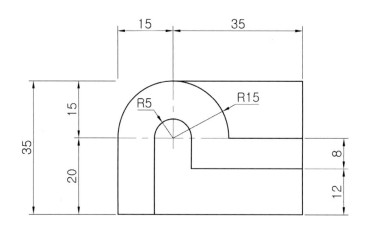

Hint

- 제시된 치수를 참고하여 도면을 작성합니다.
- 중심선을 작성합니다.
- Circle / Line / Arc 명령을 활용하여 작성합니다.

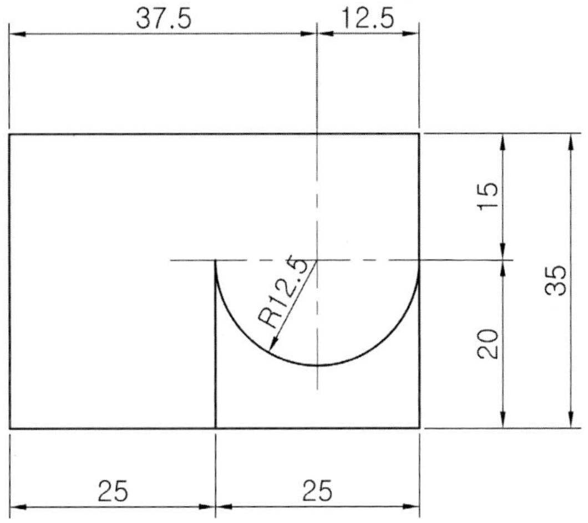

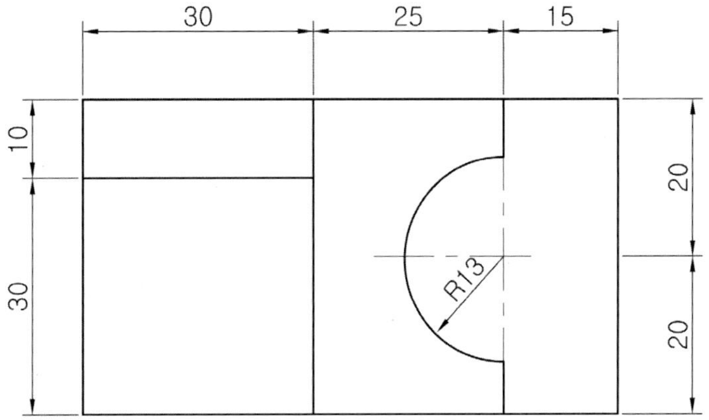

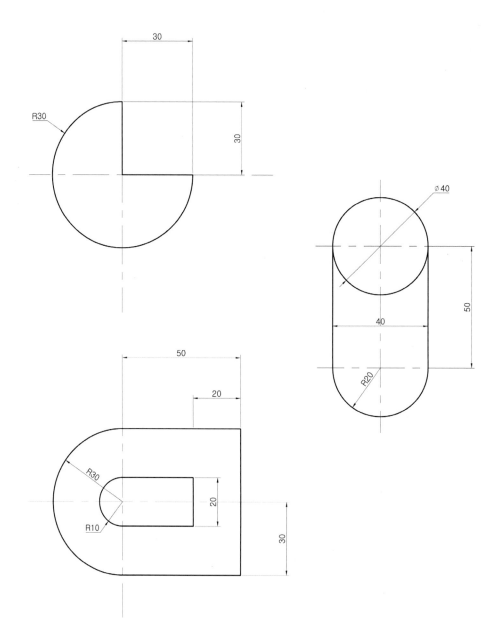

Hint

• 제시된 치수를 참고하여 도면을 작성합니다.

• 중심선을 작성합니다.

• Circle / Line / Arc / Copy 명령을 활용하여 작성합니다.

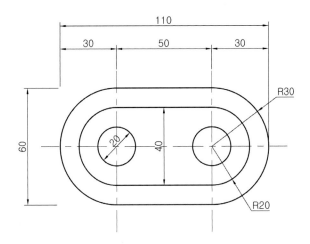

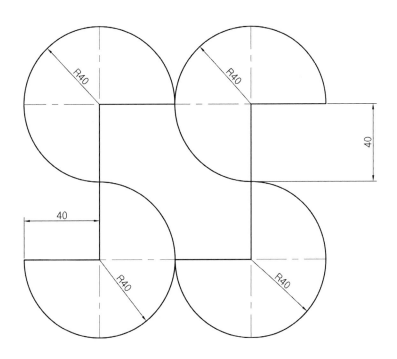

- 제시된 치수를 참고하여 도면을 작성합니다.
- 중심선을 작성합니다.
- Circle / Line / Copy 명령을 활용하여 작성합니다.

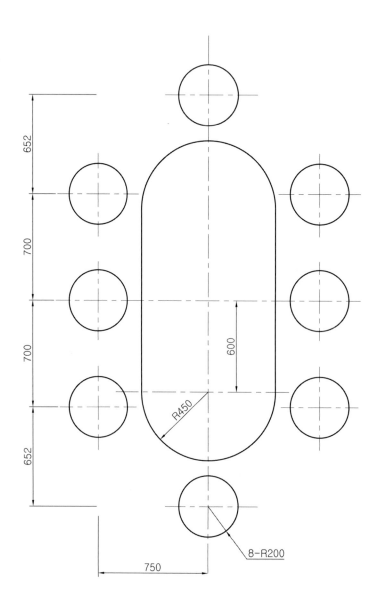

• 제시된 치수를 참고하여 도면을 작성합니다.

• Line / Circle / Copy / Trim 명령을 활용하여 작성합니다.

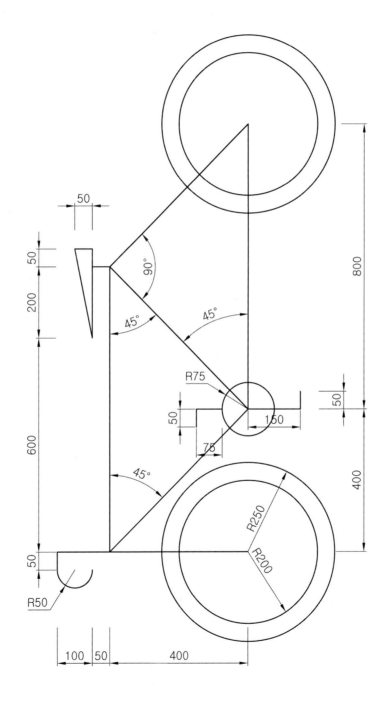

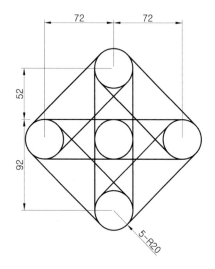

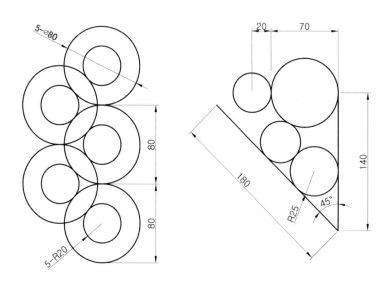

• 제시된 치수를 참고하여 도면을 작성합니다.
• Circle / Line 명령을 활용하여 작성합니다.

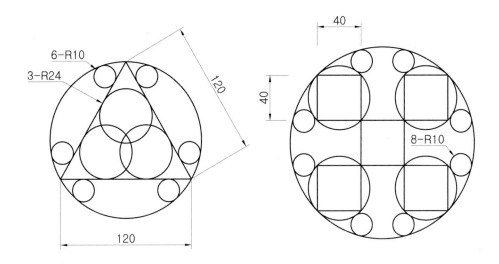

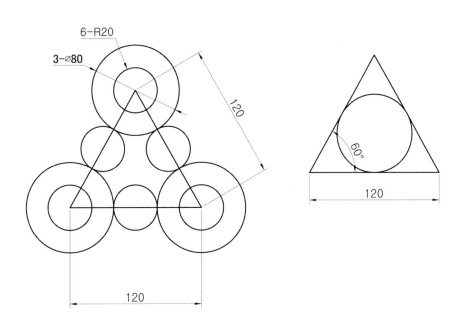

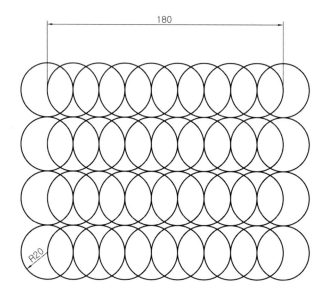

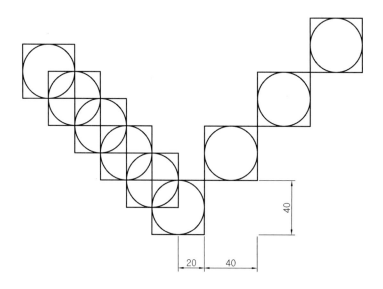

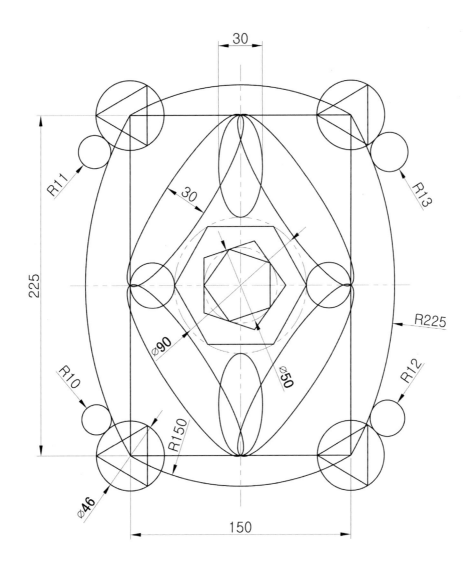

Hint

• 제시된 치수를 참고하여 도면을 작성합니다.

• 중심선을 작성합니다.

• Circle / Line 명령을 활용하여 작성합니다.

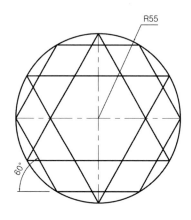

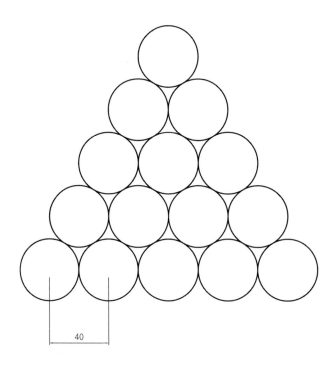

S.C.E

S.C.A(90)

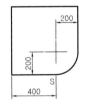

S.C.L

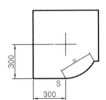

S.E.A(270)

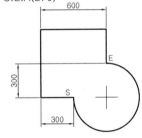

S.E.D(90)

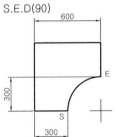

S.E.R

C.S.E

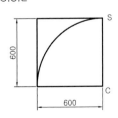

C.S.A(90)

C.S.L

• 제시된 치수를 참고하여 도면을 작성합니다.

• Line / Offset / Trim / Circle / Copy / Move / Arc 명령을 활용하여 작성합니다.

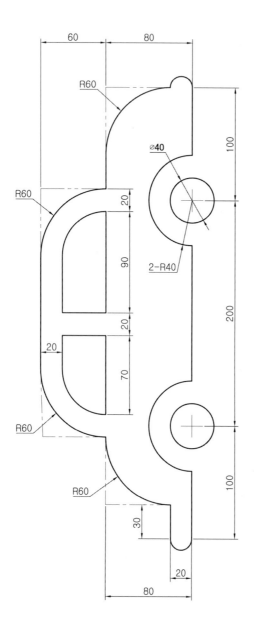

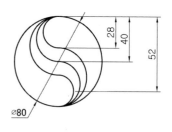

• 제시된 치수를 참고하여 도면을 작성합니다.
• Line 명령을 활용하여 중심선을 작성합니다.
• Offset / Trim / Circle / Arc 명령을 활용하여 작성합니다.

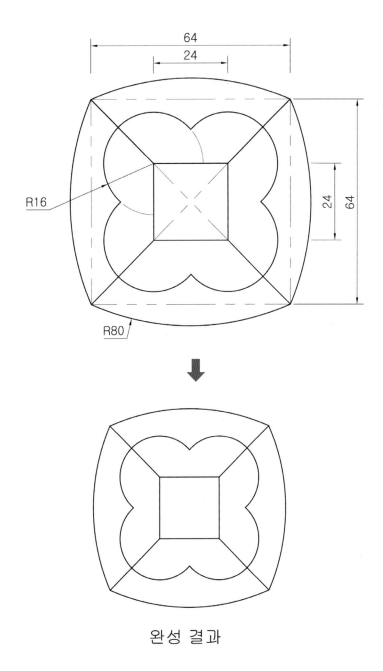

완 성 결 과

- Line / Offset / Trim 명령을 활용하여 작성합니다.
- Arc 명령의 S,E,R의 옵션을 활용하여 작성합니다.

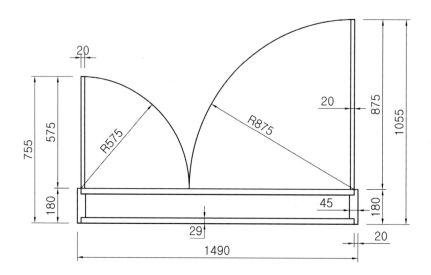

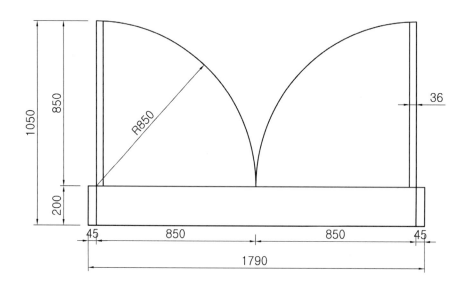

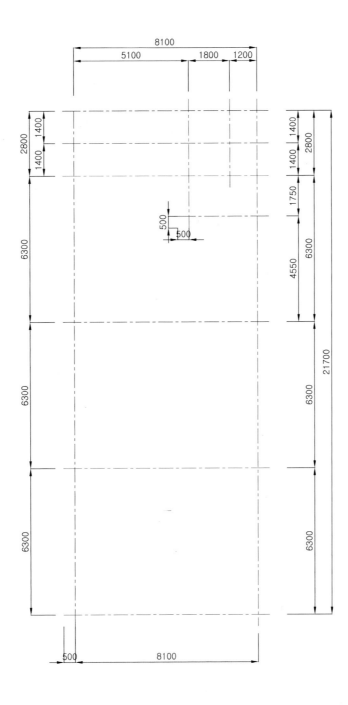

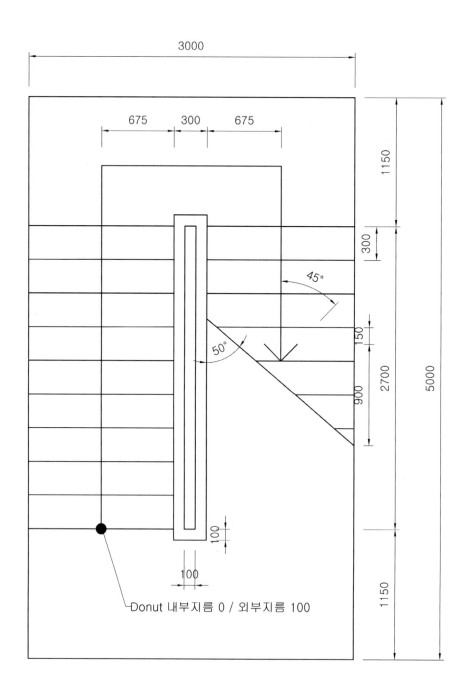

• Line / Offset / Trim 명령을 활용하여 작성합니다.
• Donut 명령의 내부지름을 0으로 맞추어 작성합니다.

3000

675 300 675

1150

300

45°

50°

150

900

2700

5000

100

100

Donut 내부지름 0 / 외부지름 100

1150

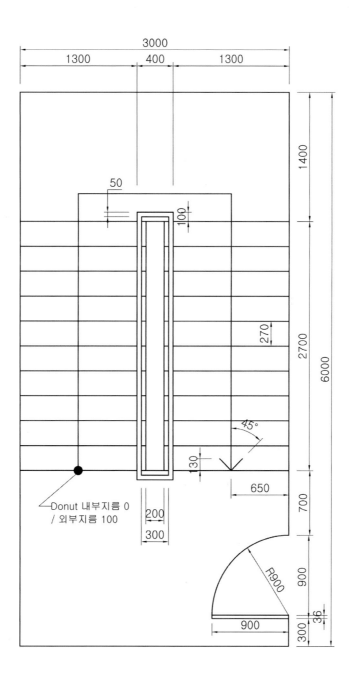

• 제시된 치수를 참고하여 도면을 작성합니다.
• Donut 명령을 활용하여 내부지름/외부지름을 입력하여 작성합니다.
• Line / Circle / Copy / Move 명령을 활용하여 작성합니다.

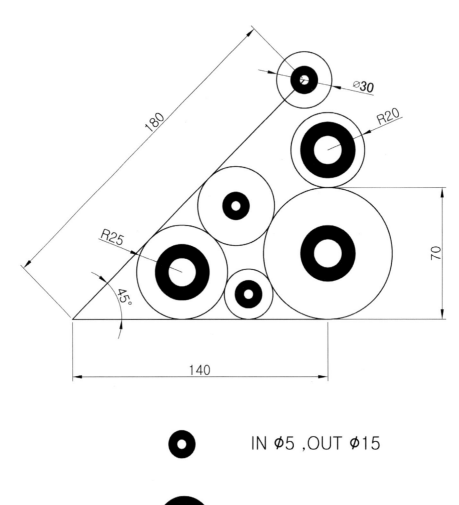

IN ∅5 ,OUT ∅15

IN ∅15 ,OUT ∅30

- 제시된 치수를 참고하여 도면을 작성합니다.
- Ptype 명령을 활용하여 점 유형을 선택합니다.
- Point 명령을 활용하여 위치에 맞게 작성합니다.

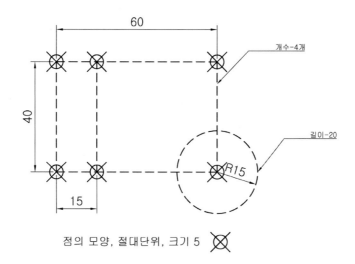

점의 모양, 절대단위, 크기 5

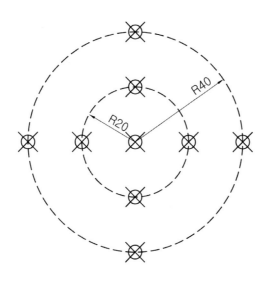

점의 모양, 절대단위, 크기 5

• 제시된 치수를 참고하여 도면을 작성합니다.

• Rectang / Trim / Offset 명령을 활용하여 여닫이문의 입면을 작성합니다.

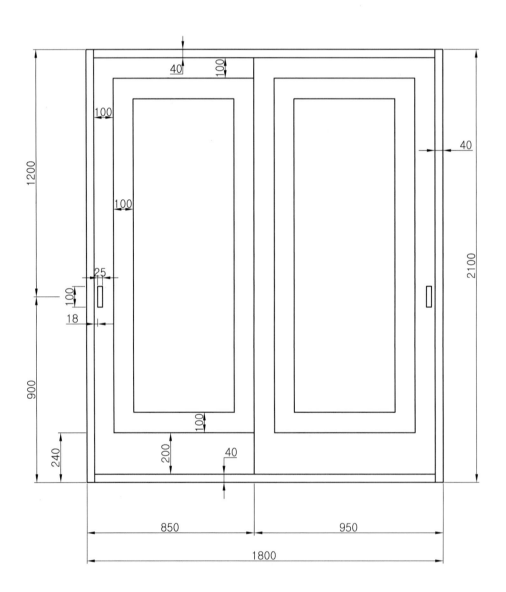

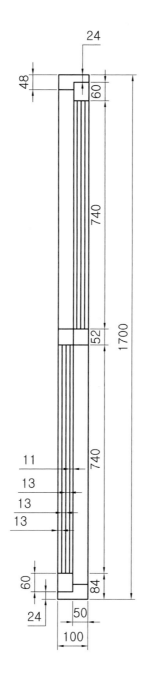

• 제시된 치수를 참고하여 도면을 작성합니다.
• Rectang / Trim / Offset 명령을 활용하여 거실창문의 입면을 작성합니다.

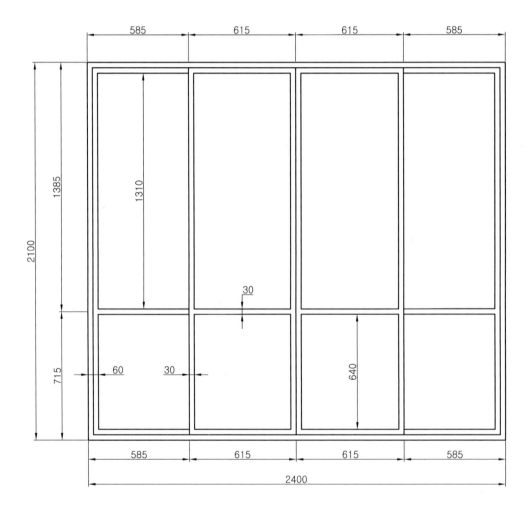

• 제시된 치수를 참고하여 도면을 작성합니다.
• Rectang / Circle / Copy /Move 명령을 활용하여 작성합니다.

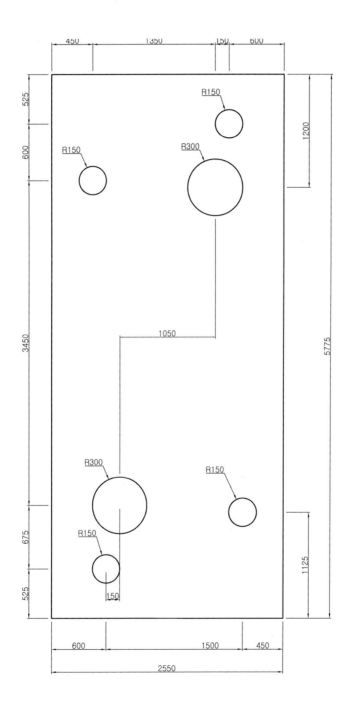

• 제시된 치수를 참고하여 도면을 작성합니다.
• Line / Offset / Trim / Fillet / Ellipse / Circle 명령을 활용하여 작성합니다.

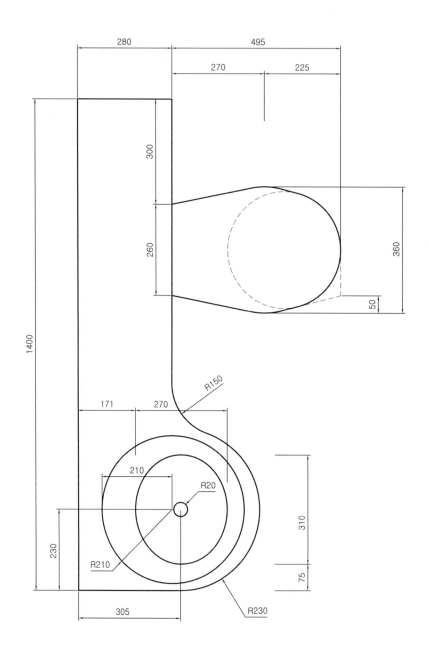

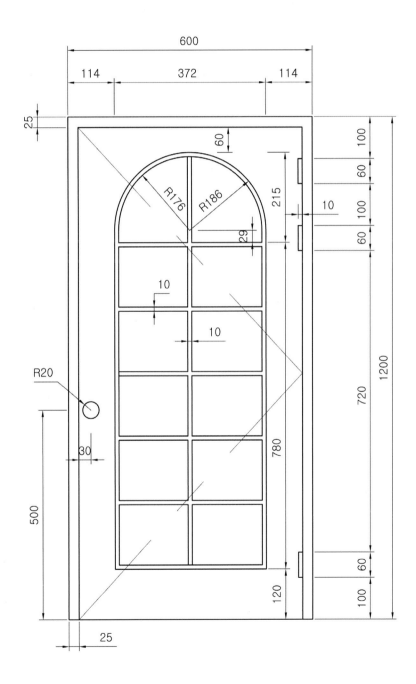

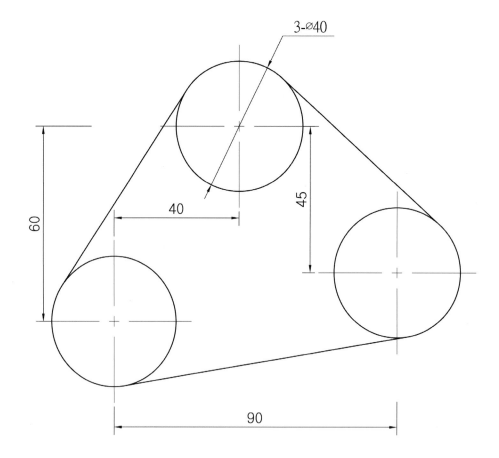

- 제시된 치수를 참고하여 도면을 작성합니다.
- 중심선을 작성합니다.
- Circle / Offset / Trim / Copy 명령을 활용하여 작성합니다.
- 3- 의 치수표현은 도면요소의 갯수를 나타냅니다.

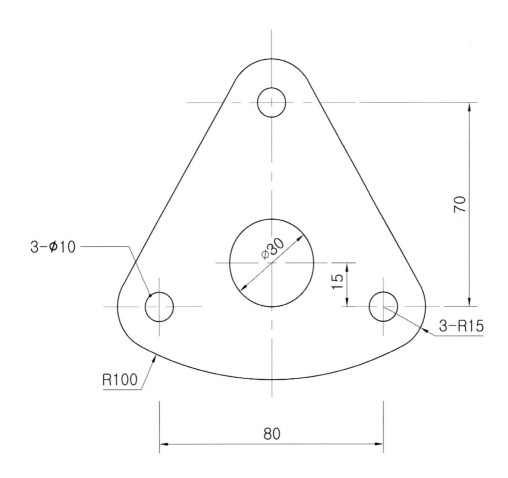

Hint

• 제시된 치수를 참고하여 도면을 작성합니다.

• 중심선을 작성합니다.

• Circle / Trim 명령을 활용하여 작성합니다.

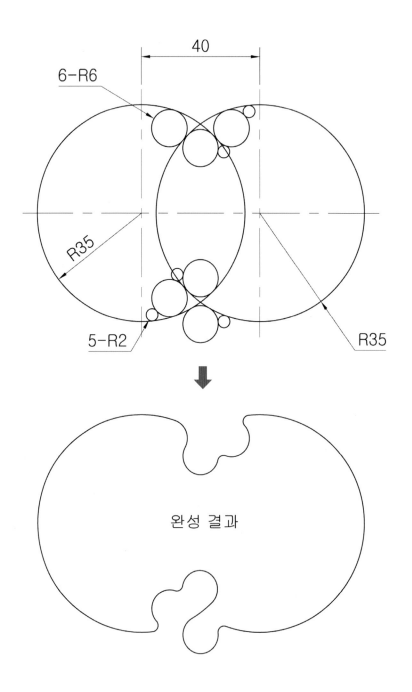

완 성 결 과

• 제시된 치수를 참고하여 도면을 작성합니다.
• 중심선을 작성합니다.
• Circle / Trim / Offset 명령을 활용하여 작성합니다.

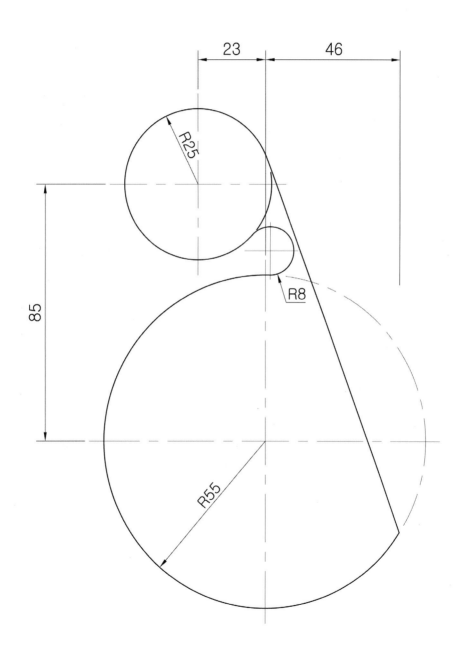

• 제시된 치수를 참고하여 도면을 작성합니다.
• 중심선을 작성합니다.
• Circle / Trim / Offset 명령을 활용하여 작성합니다.

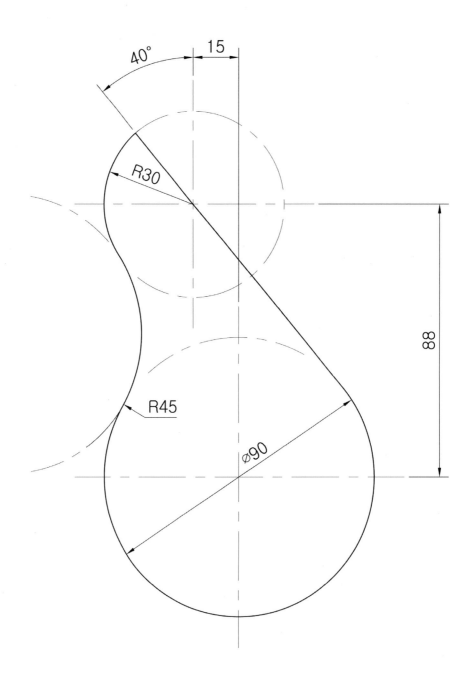

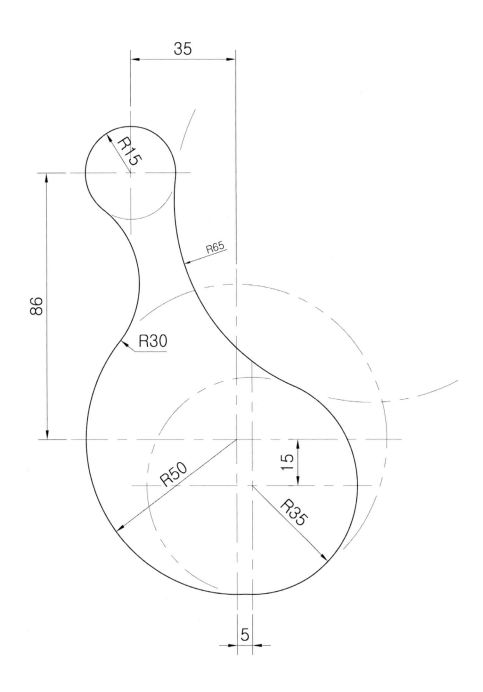

• 제시된 치수를 참고하여 도면을 작성합니다.

• 중심선을 작성합니다.

• Circle / Offset / Trim / Copy 명령을 활용하여 작성합니다.

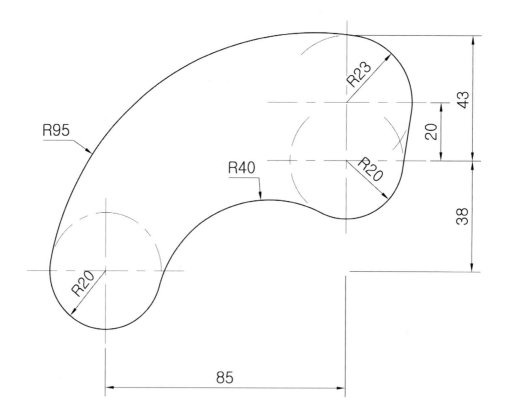

• 제시된 치수를 참고하여 도면을 작성합니다.

• 중심선을 기준으로 좌/우 한면을 작성합니다.

• Line / Circle / Trim 명령을 활용하여 작성합니다.

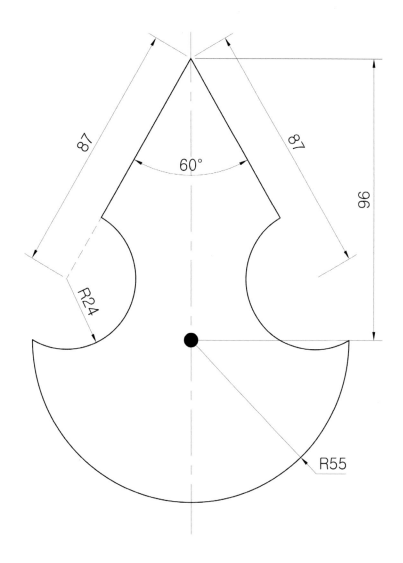

• 제시된 치수를 참고하여 도면을 작성합니다.

• 중심선을 작성합니다.

• Circle / Offset / Trim / Copy 명령을 활용하여 작성합니다.

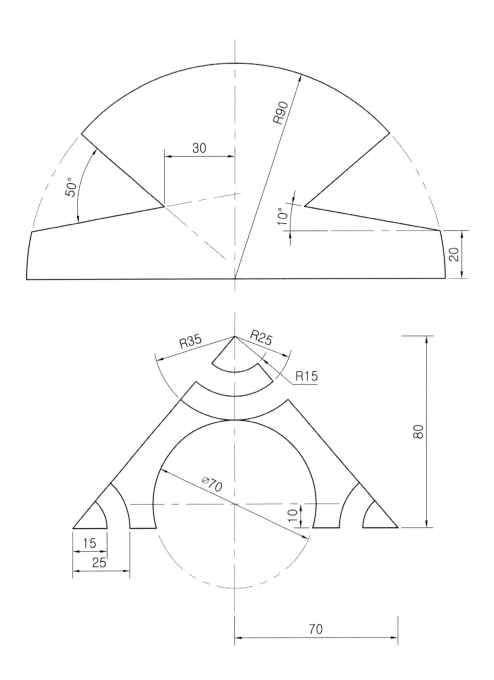

- 제시된 치수를 참고하여 도면을 작성합니다.
- Line / Circle / Trim / Offsest 명령을 활용하여 작성합니다.

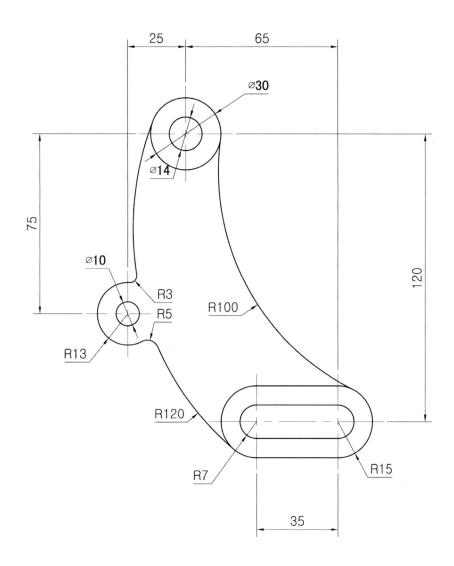

- 제시된 치수를 참고하여 도면을 작성합니다.
- 중심선을 기준으로 상/하 대칭된 도면을 작성합니다.
- Circle / Trim 명령을 활용하여 작성합니다.

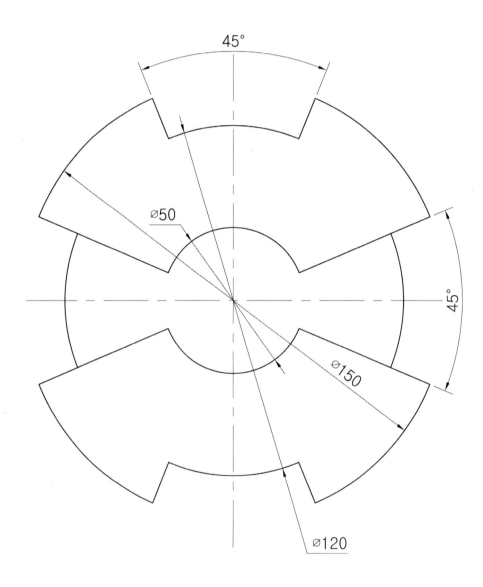

• 제시된 치수를 참고하여 도면을 작성합니다.

• 중심선을 작성합니다.

• Circle / Trim 명령을 활용하여 작성합니다.

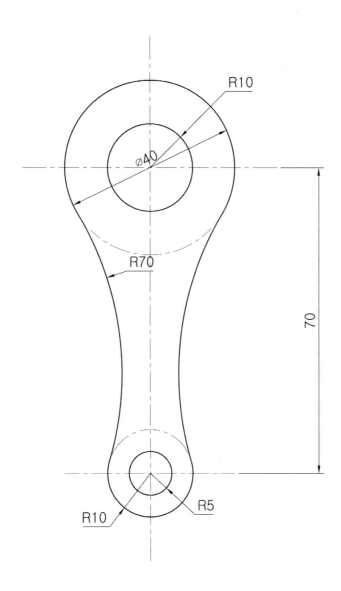

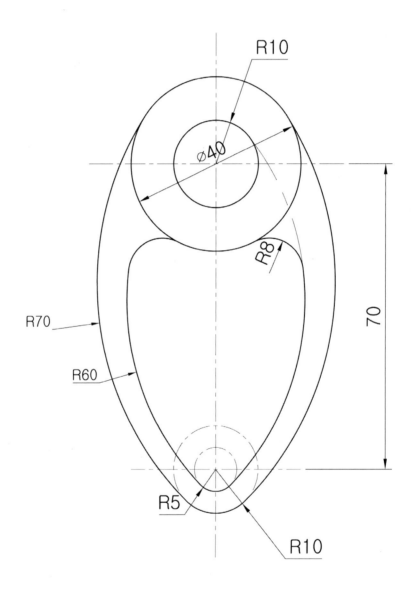

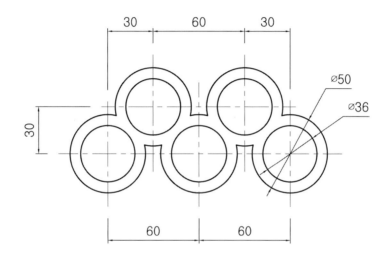

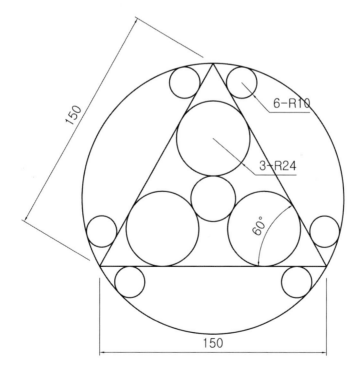

• 제시된 치수를 참고하여 도면을 작성합니다.

• Line / Circle/ Offset / Trim 명령을 활용하여 작성합니다.

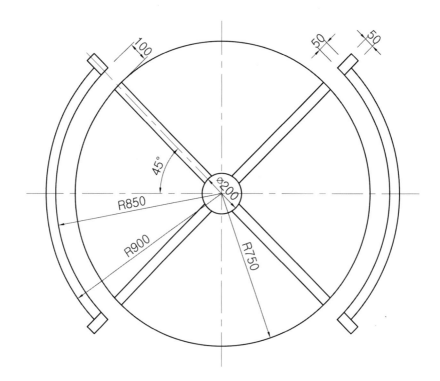

• 제시된 치수를 참고하여 도면을 작성합니다.

• Rectang / Offset / Trim / Move / Mirror 명령을 활용하여 작성합니다.

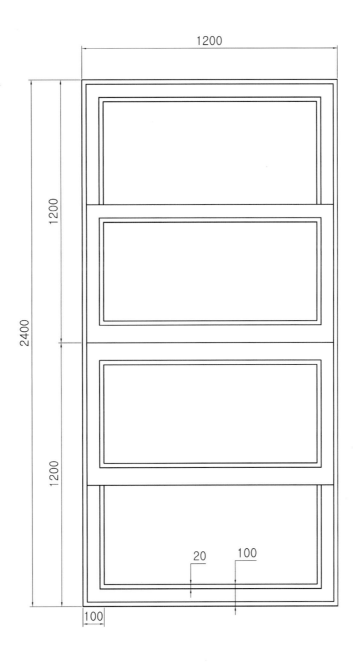

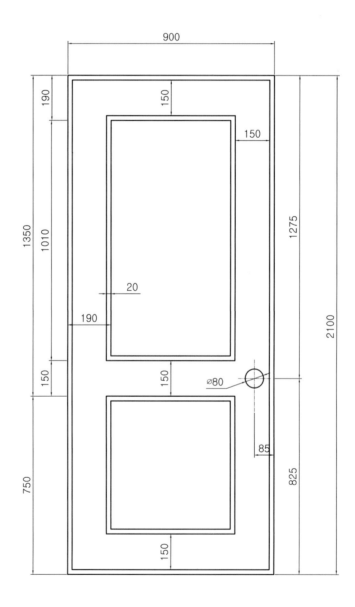

Hint

• 제시된 치수를 참고하여 도면을 작성합니다.
• Line / Offset / Trim / Circle / Copy 명령을 활용하여 작성합니다.

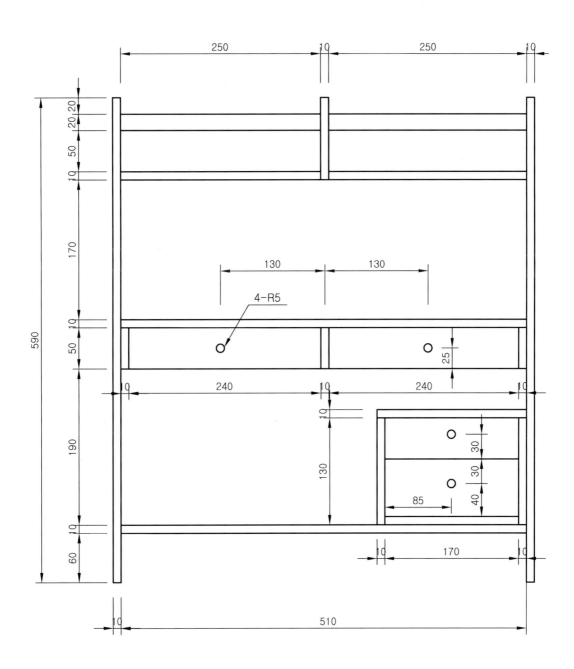

• 제시된 치수를 참고하여 도면을 작성합니다.

• Line / Offset / Trim / Circle / Fillet 명령을 활용하여 작성합니다.

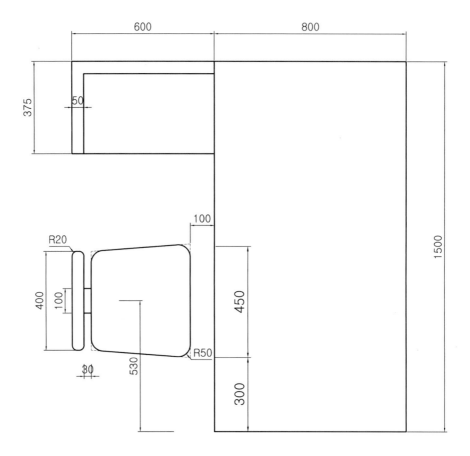

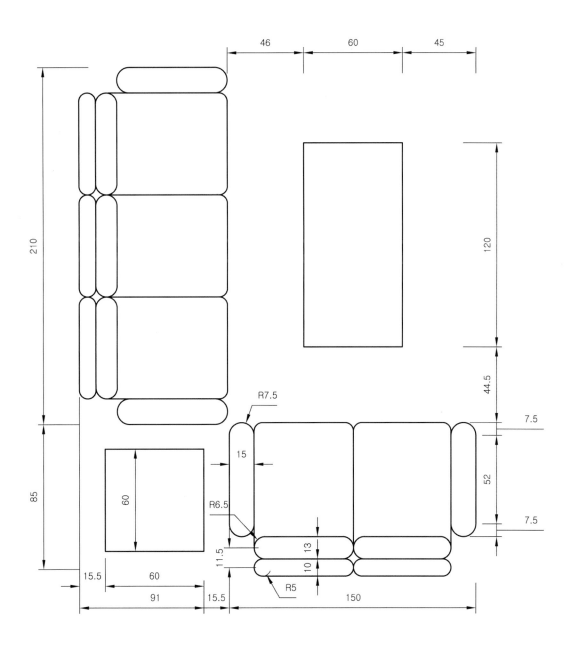

• 제시된 치수를 참고하여 도면을 작성합니다.
• Line / Offset / Trim / Circle / Mirror / Copy 명령을 활용하여 작성합니다.

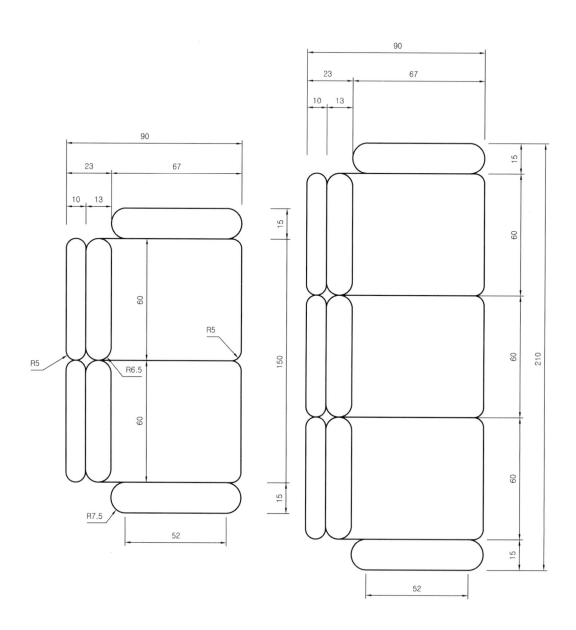

- 제시된 치수를 참고하여 도면을 작성합니다.
- 중심선을 작성합니다.
- Line / Circle / Trim / Copy 명령을 활용하여 작성합니다.

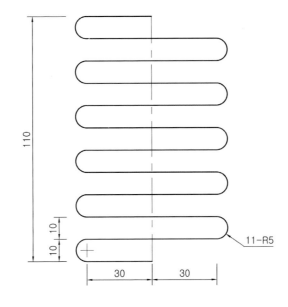

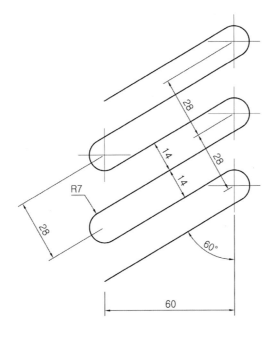

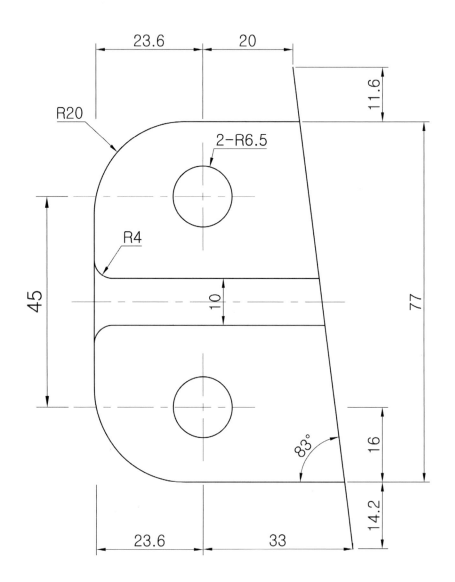

• 제시된 치수를 참고하여 도면을 작성합니다.

• 중심선을 작성합니다.

• Line / Trim / Offset 명령을 활용하여 작성합니다.

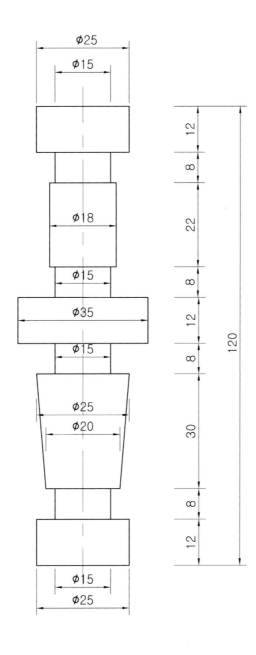

• 제시된 치수를 참고하여 도면을 작성합니다.
• Line / Offset / Trim 명령을 활용하여 작성합니다.

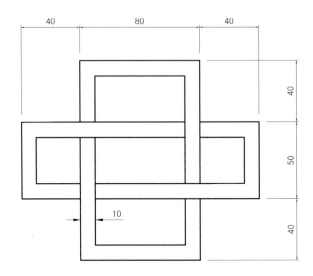

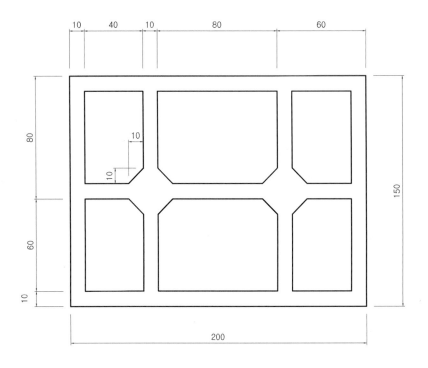

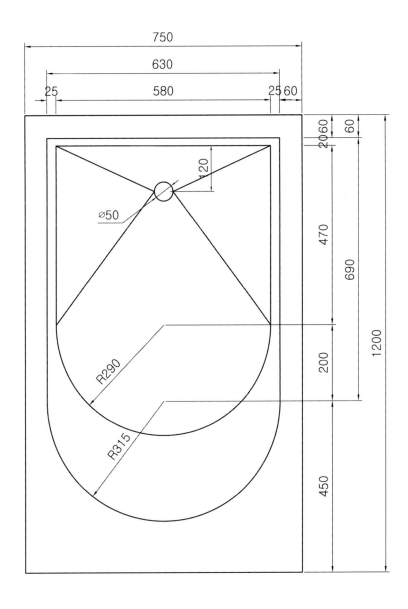

• 제시된 치수를 참고하여 도면을 작성합니다.
• Line / Trim / Offset / Circle / Copy 명령을 활용하여 작성합니다.

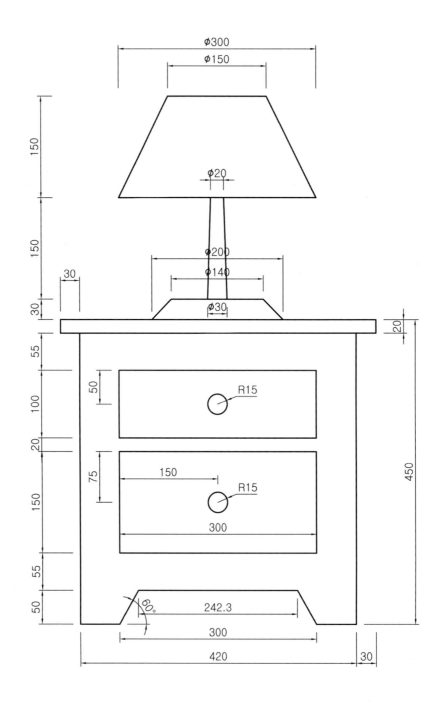

Hint
• 제시된 치수를 참고하여 도면을 작성합니다.
• 중심선을 작성합니다.
• Line / Trim / Offset 명령을 활용하여 작성합니다.

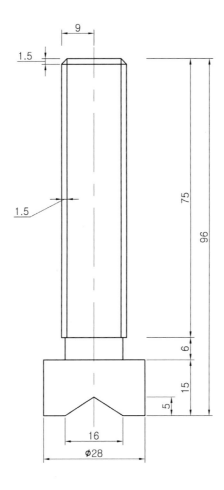

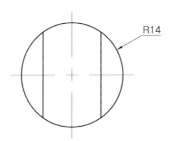

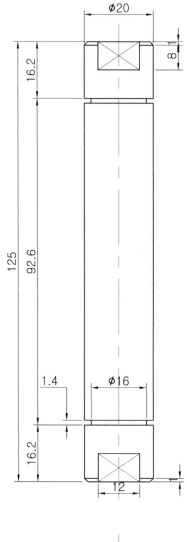

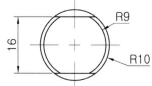

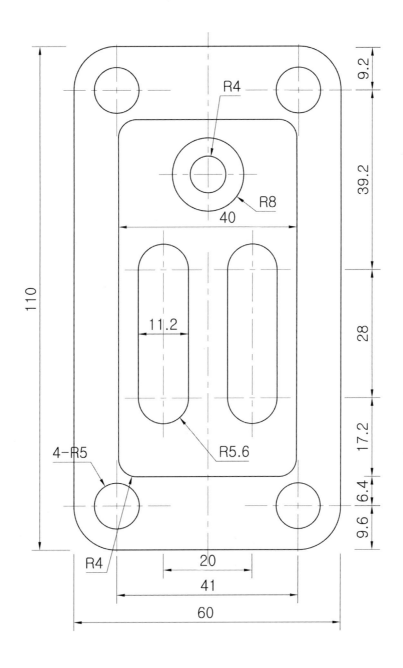

- 제시된 치수를 참고하여 도면을 작성합니다.
- Line / Offset / Trim / Arc / Mirror 명령을 활용하여 작성합니다.

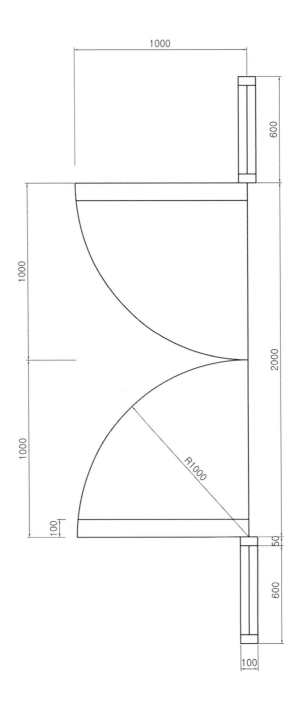

• 제시된 치수를 참고하여 도면을 작성합니다.
• Line / Offset / Trim / Arc / Mirror 명령을 활용하여 작성합니다.

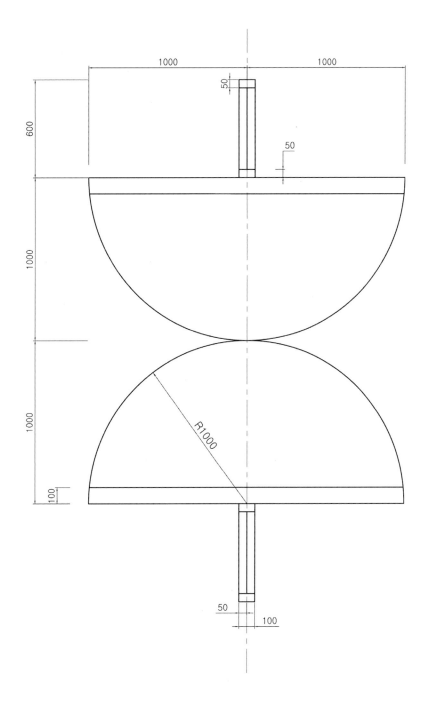

• 제시된 치수를 참고하여 도면을 작성합니다.
• Line / Arc / Offset / Trim 명령을 활용하여 작성합니다.

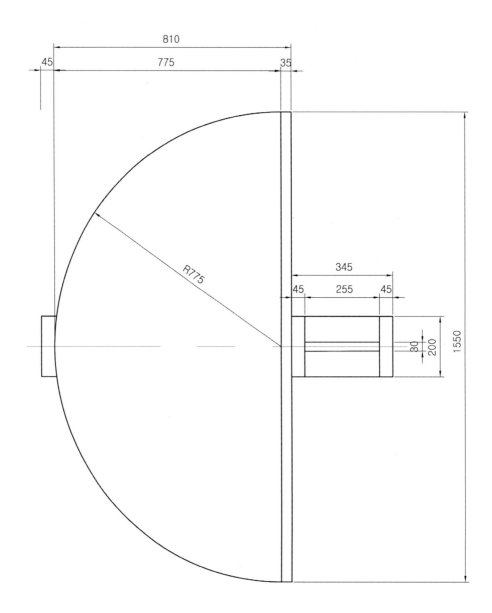

• 제시된 치수를 참고하여 도면을 작성합니다.

• Offset / Trim / Line / Copy / Move / Arc 명령을 활용하여 작성합니다.

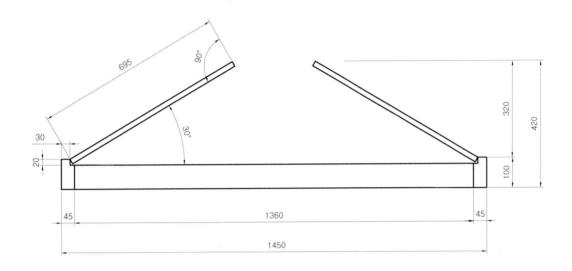

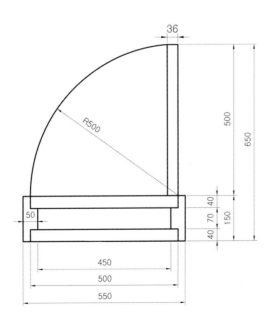

• 제시된 치수를 참고하여 도면을 작성합니다.
• Rectang / Offset / Trim / Circle / Line / Copy / Move / Fillet 명령을 활용하여 작성합니다.

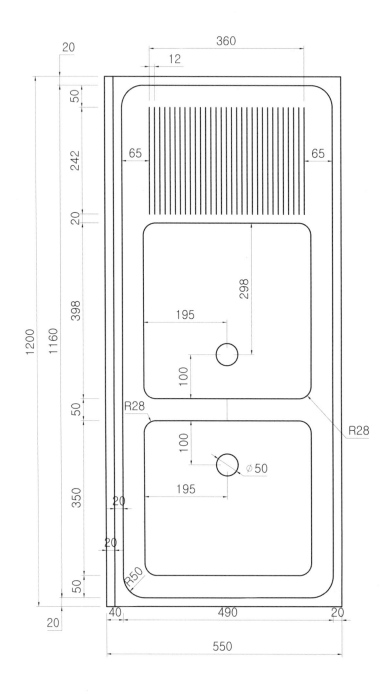

• 제시된 치수를 참고하여 도면을 작성합니다.

• Rectang / Offset / Trim / Circle / Line / Copy / Move / Fillet 명령을 활용하여 작성합니다.

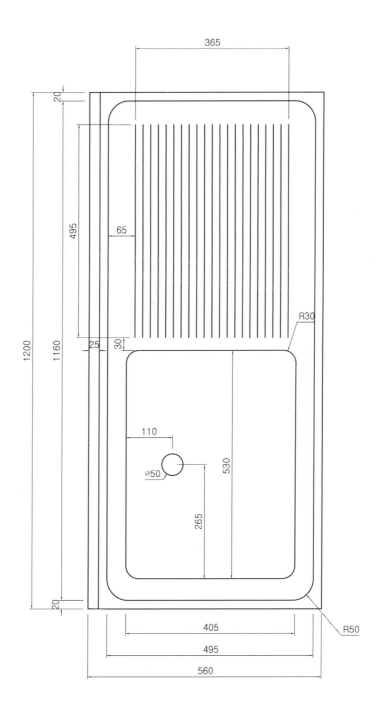

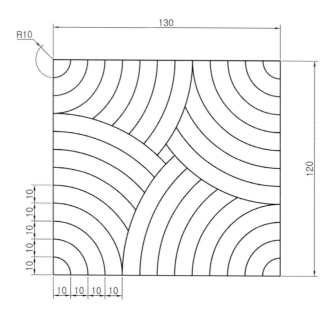

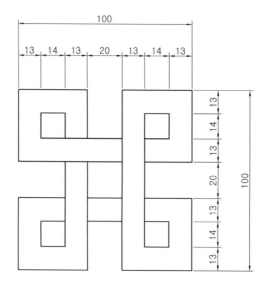

단 면 도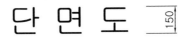

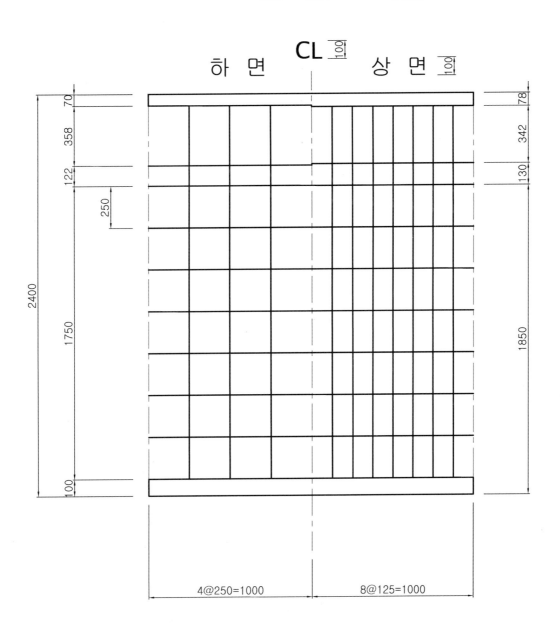

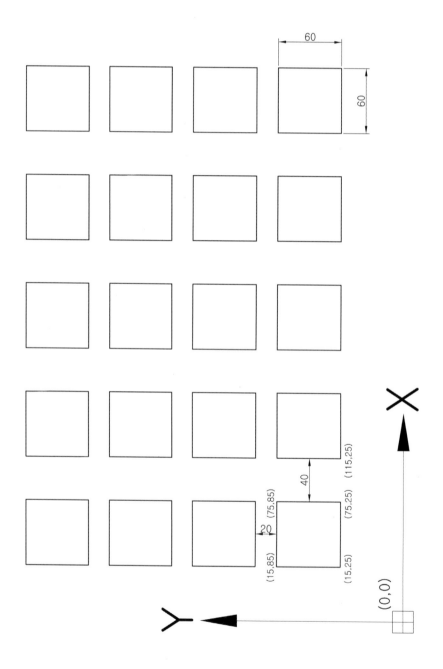

• 제시된 치수를 참고하여 도면을 작성합니다.

• Circle / Rectang / Polygon 명령을 활용하여 1개의 도면요소를 작성합니다.

• Array 명령의 R(사각배열) 옵션을 활용하여 작성합니다.

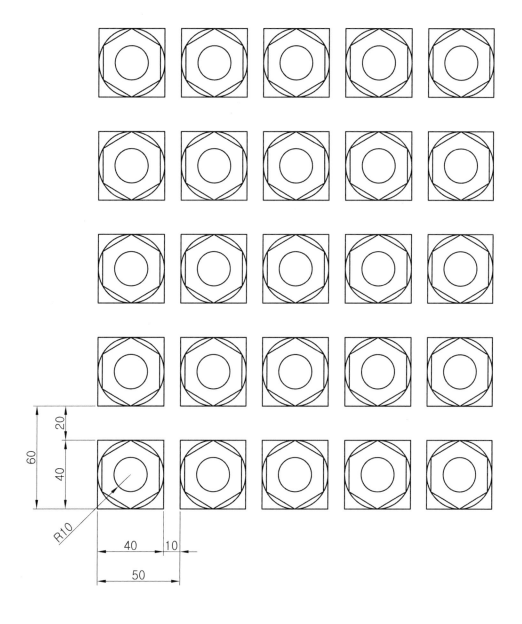

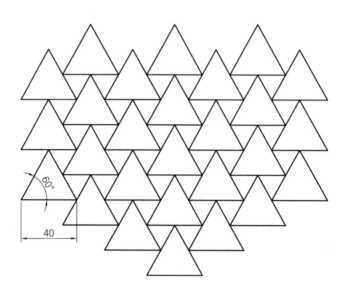

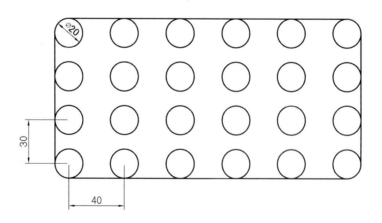

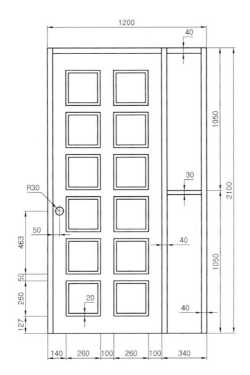

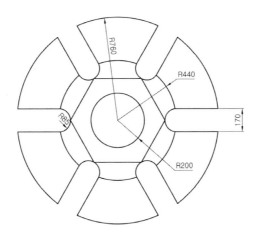

- 제시된 치수를 참고하여 도면을 작성합니다.
- 중심선을 작성합니다.
- Rectang 명령을 활용하여 1개의 도면요소를 작성합니다.
- Array 명령의 R(사각배열) 옵션을 활용하여 작성합니다.

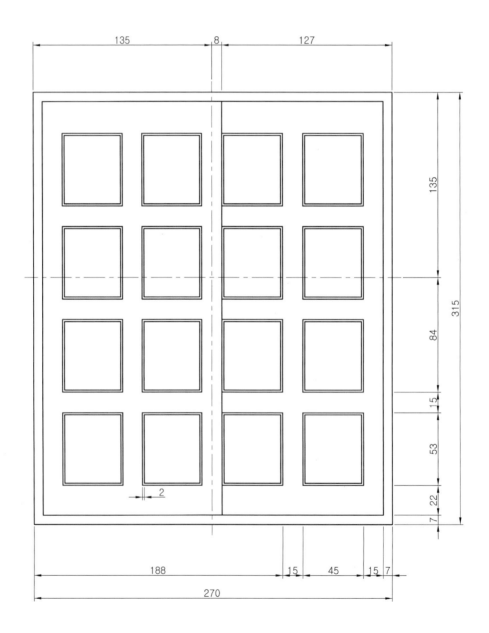

• 제시된 치수를 참고하여 도면을 작성합니다.

• 중심선을 작성합니다.

• Line / Circle / Offset / Trim / Arc / Array 명령을 활용하여 작성합니다.

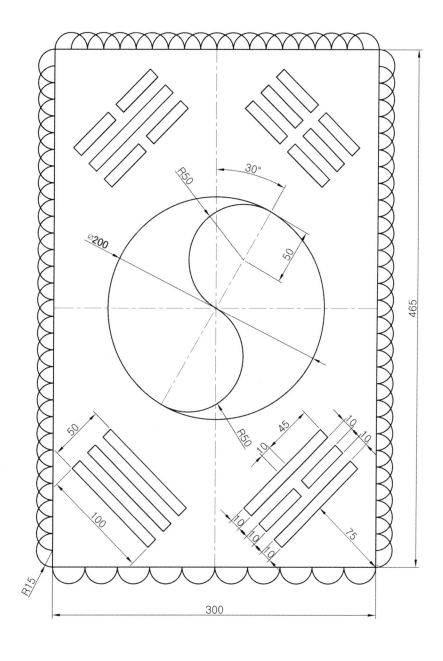

• 제시된 치수를 참고하여 도면을 작성합니다.

• Line / Circle / Offset / Trim / Copy / Array 명령을 활용하여 작성합니다.

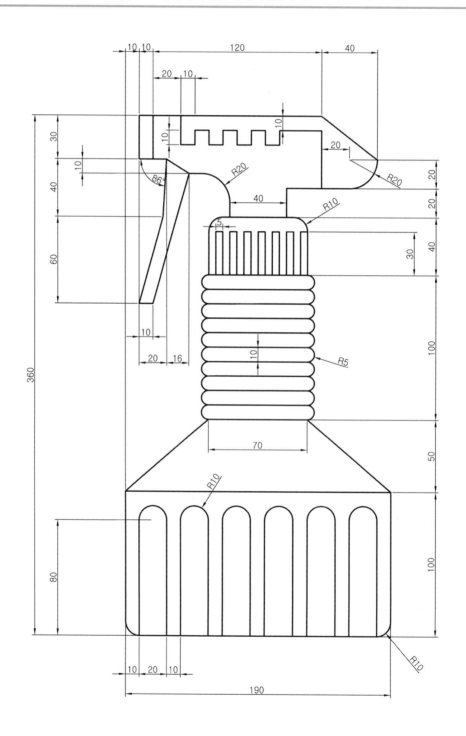

• 제시된 치수를 참고하여 도면을 작성합니다.

• Rectang / Fillet / Line / Circle / Copy를 활용하여 작성합니다.

• Array명령의 R(사각배열) 옵션을 활용하여 작성합니다.

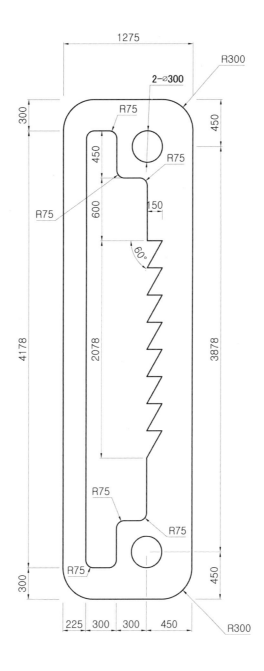

- 제시된 치수를 참고하여 도면을 작성합니다.
- 중심선을 작성합니다.
- Circle / Rectang / Polygon 명령을 활용하여 1개의 도면요소를 작성합니다.
- Array 명령의 PO(원형배열) 옵션을 활용하여 작성합니다.

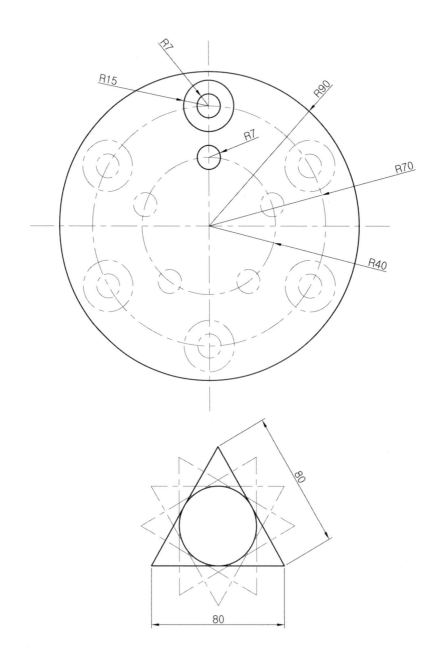

- 제시된 치수를 참고하여 도면을 작성합니다.
- 중심선을 작성합니다.
- Circle / Rectang 명령을 활용하여 1개의 도면요소를 작성합니다.
- Array 명령의 R(사각배열) 옵션을 활용하여 작성합니다.

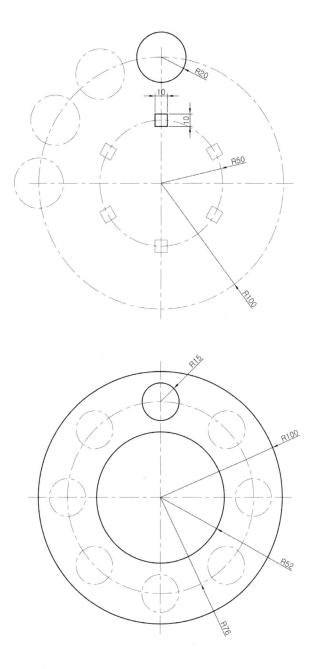

Hint

• 제시된 치수를 참고하여 도면을 작성합니다.

• 중심선을 작성합니다.

• 12시 방향의 도면요소를 작성합니다.

• Array 명령의 PO(원형배열) 옵션을 활용하여 작성합니다.

• 제시된 치수를 참고하여 도면을 작성합니다.

• 중심선을 작성합니다.

• Line / Circle / Offset / Trim /Fillet 명령을 활용하여 작성합니다.

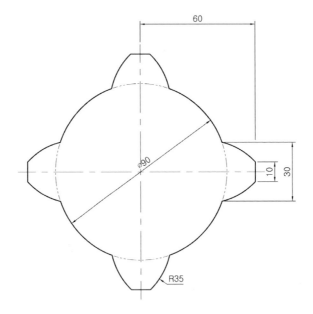

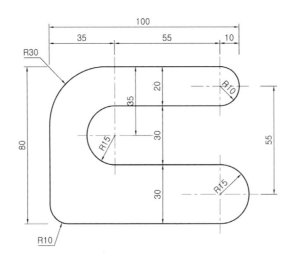

- 중심선을 작성합니다.
- 3시방향의 객체를 작성합니다.
- Array 명령의 PO(원형배열) 옵션을 활용하여 작성합니다.

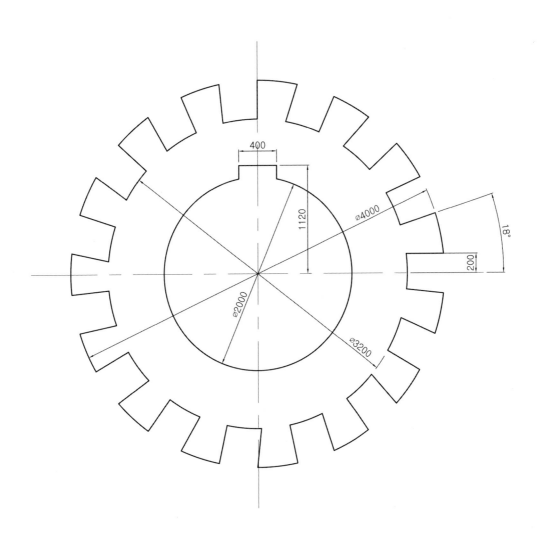

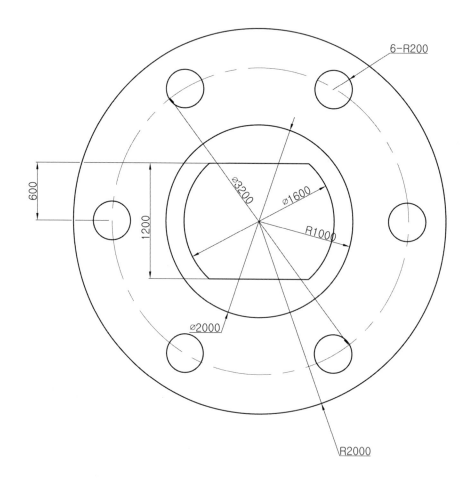

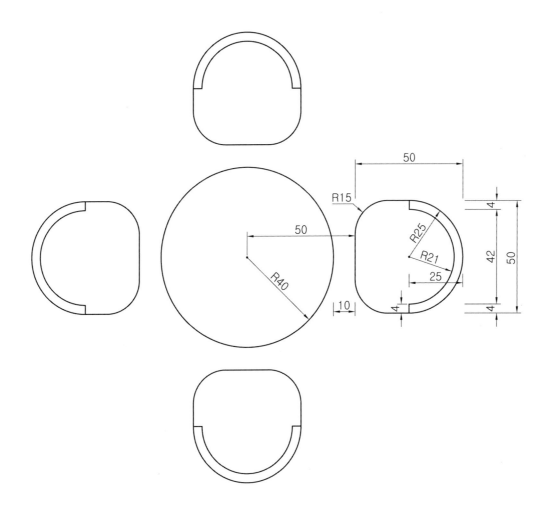

• 제시된 치수를 참고하여 도면을 작성합니다.

• 중심선을 작성합니다.

• 3시 방향의 도면요소를 작성합니다.

• Array 명령의 PO(원형배열) 옵션을 활용하여 작성합니다.

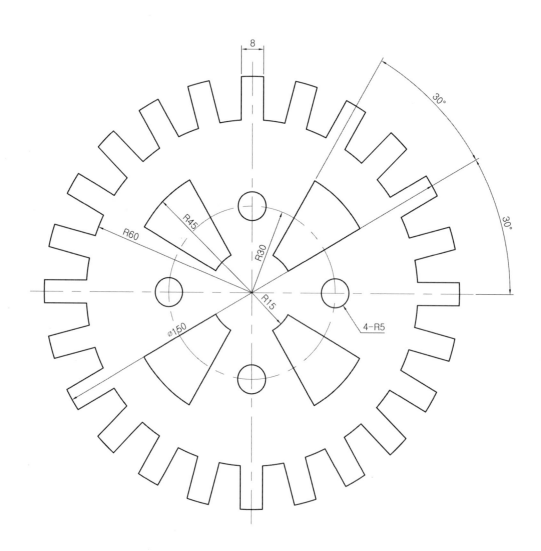

Hint

• 중심선을 작성합니다.

• 부품의 12시 방향 객체만 Line / Circle / Trim 명령을 활용하여 작성합니다.

• Array의 PO(원형배열) 옵션을 활용하여 작성합니다.

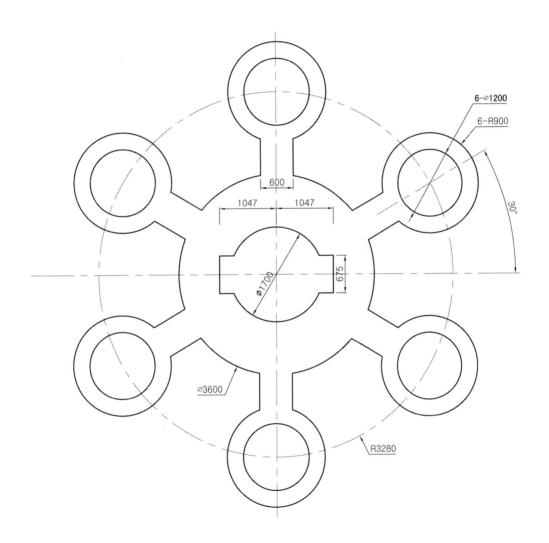

- 제시된 치수를 참고하여 도면을 작성합니다.
- 중심선을 작성합니다.
- 12시 방향의 도면요소를 작성합니다.
- Array 명령의 PO(원형배열) 옵션을 활용하여 작성합니다.

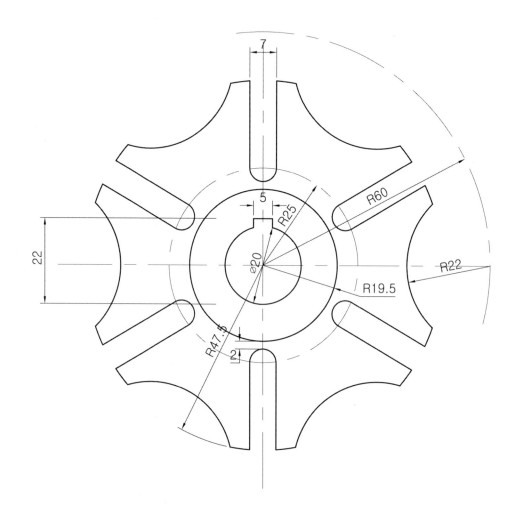

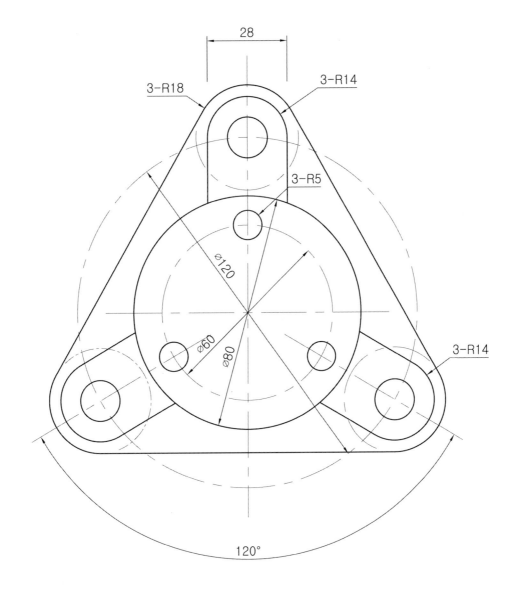

• 제시된 치수를 참고하여 도면을 작성합니다.

• 중심선을 작성합니다.

• 3시 방향의 도면요소를 작성합니다.

• Array 명령의 PO(원형배열) 옵션을 활용하여 작성합니다.

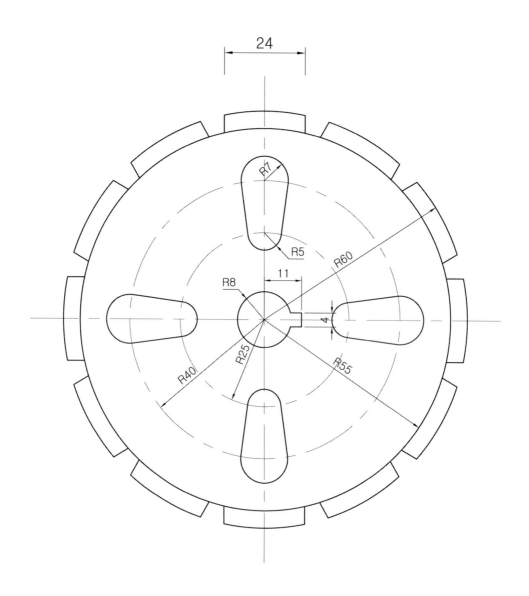

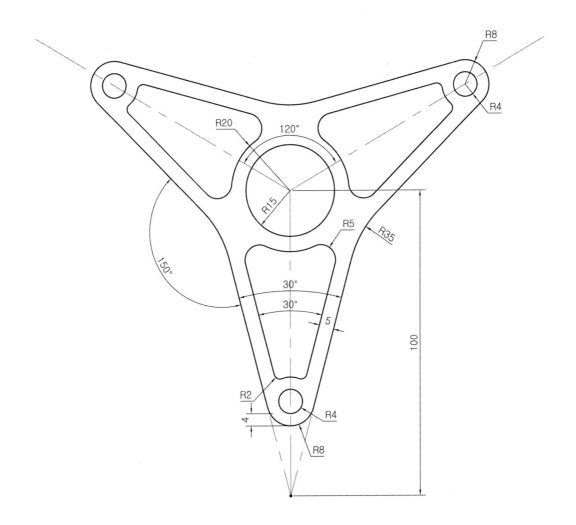

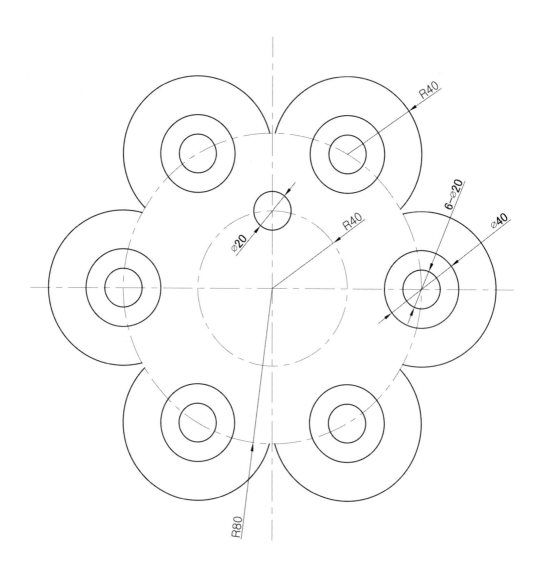

Hint

- 제시된 치수를 참고하여 도면을 작성합니다.
- 중심선을 작성합니다.
- Circle / Offset / Trim / Array 명령을 활용하여 작성합니다.

• 제시된 치수를 참고하여 도면을 작성합니다.

• Line / Offset / Circle / Trim / Fillet / Array 명령을 활용하여 작성합니다.

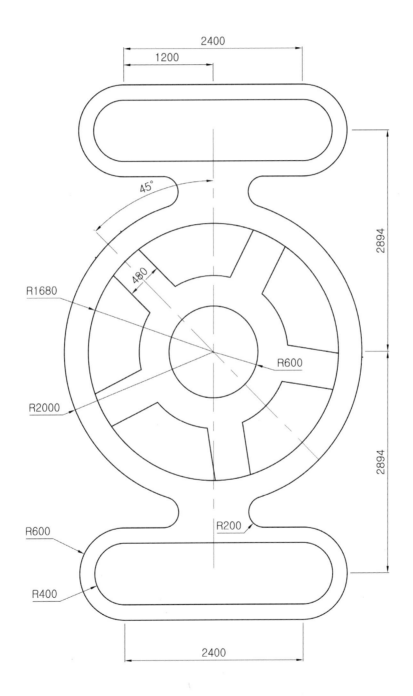

Hint

• 중심선을 작성합니다.

• 부품의 3시방향 객체만 Line / Circle / Trim 명령을 활용하여 작성합니다.

• Array의 PO(원형배열) 옵션을 활용하여 작성합니다.

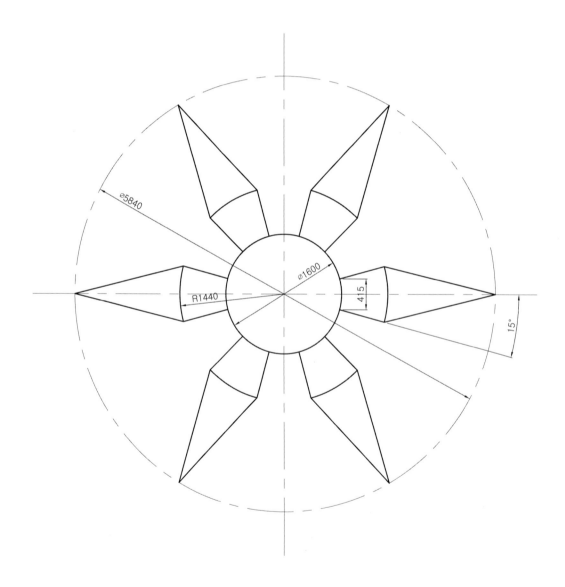

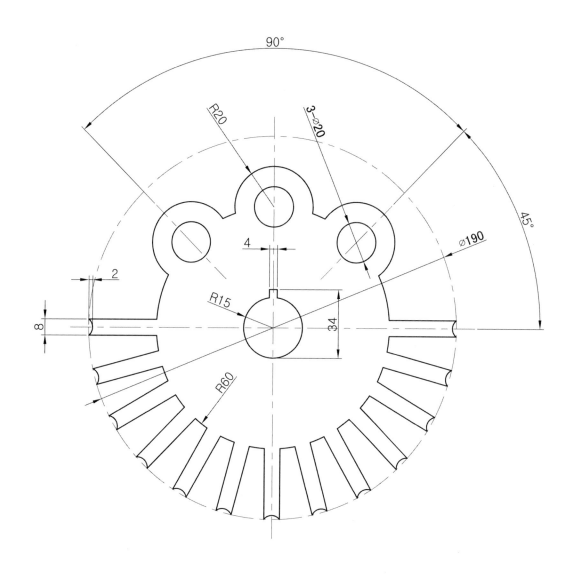

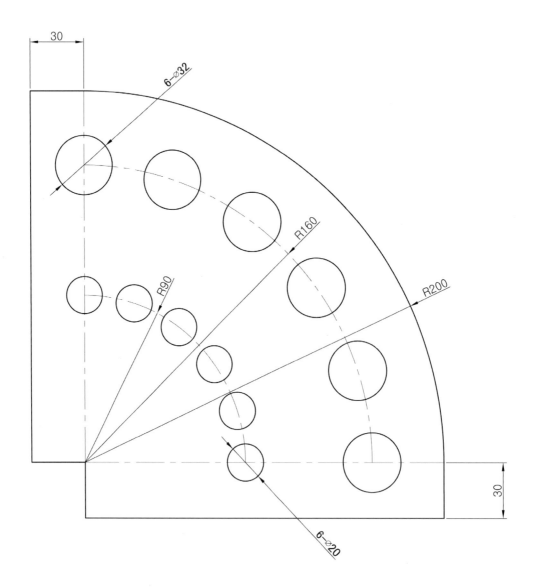

> **Hint**
> • 제시된 치수를 참고하여 도면을 작성합니다.
> • 중심선을 작성합니다.
> • Circle / Line / Offset / Trim / Fillet / Array 명령을 활용하여 작성합니다.

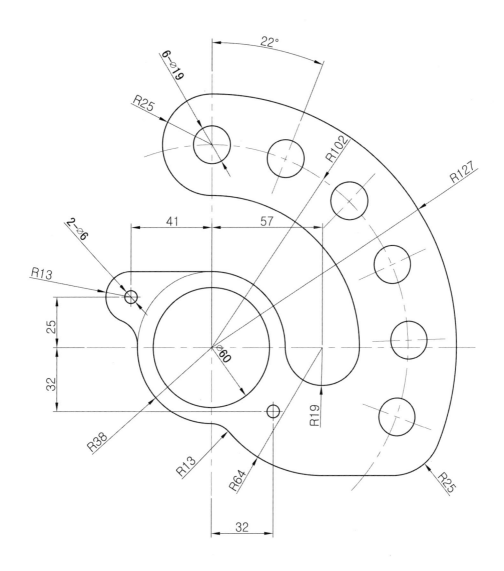

- 제시된 치수를 참고하여 도면을 작성합니다.
- 중심선을 작성합니다.
- Circle / Line / Offset / Trim / Array 명령을 활용하여 작성합니다.

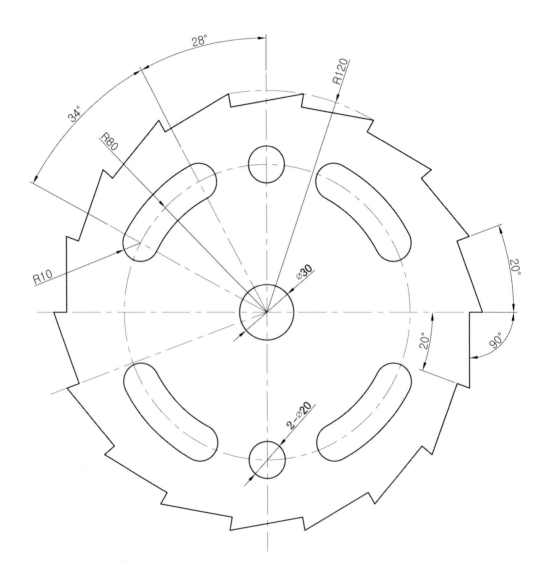

• 제시된 치수를 참고하여 도면을 작성합니다.

• 중심선을 작성합니다.

• Circle / Line / Offset / Trim / Array 명령을 활용하여 작성합니다.

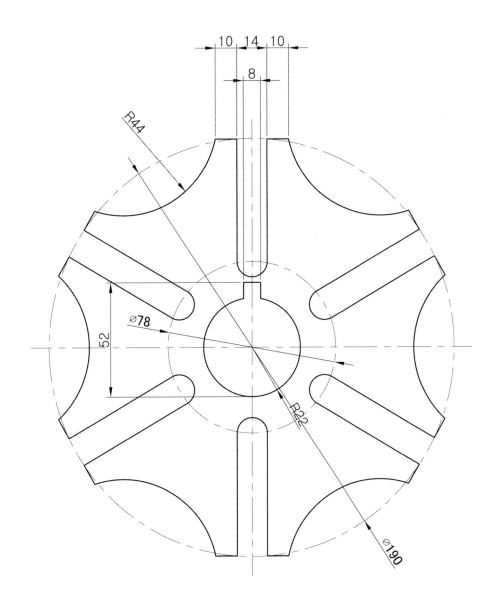

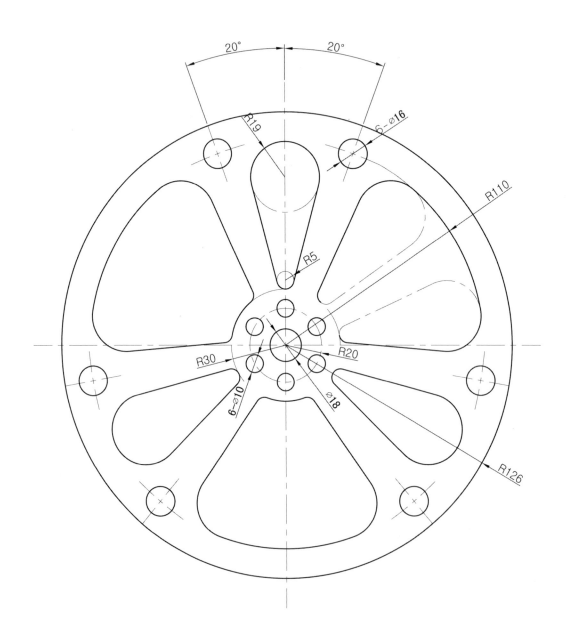

• 제시된 치수를 참고하여 도면을 작성합니다.

• 중심선을 작성합니다.

• Circle / Offset / Trim / Array 명령을 활용하여 작성합니다.

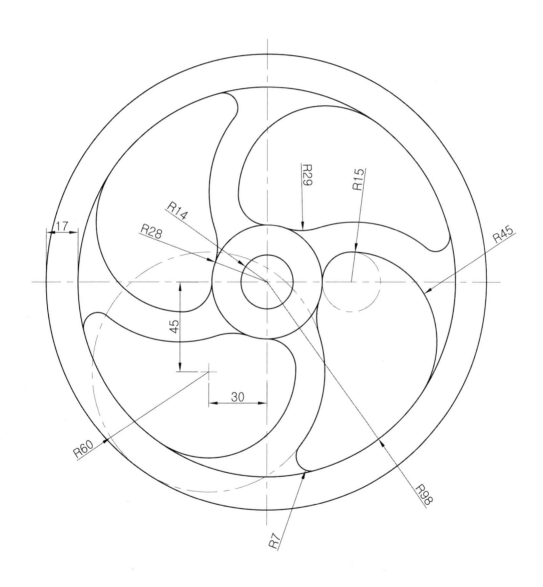

- 제시된 치수를 참고하여 도면을 작성합니다.
- 중심선을 작성합니다.
- Circle / Offset / Trim / Fillet / Array / copy 명령을 활용하여 작성합니다.

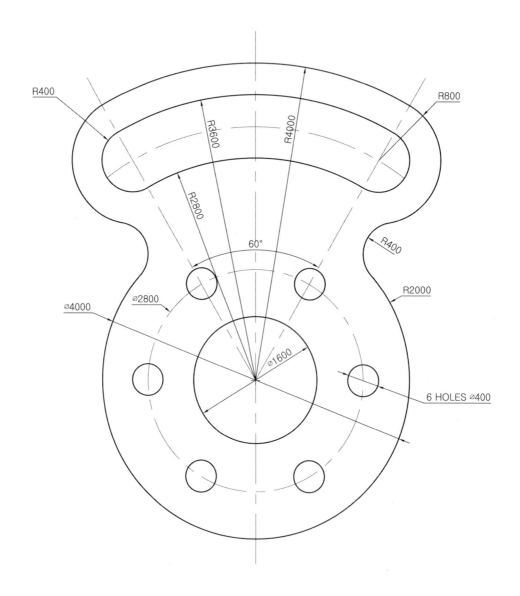

• 제시된 치수를 참고하여 도면을 작성합니다.

• 중심선을 작성합니다.

• Circle / Line / Offset / Trim / Fillet / Array 명령을 활용하여 작성합니다.

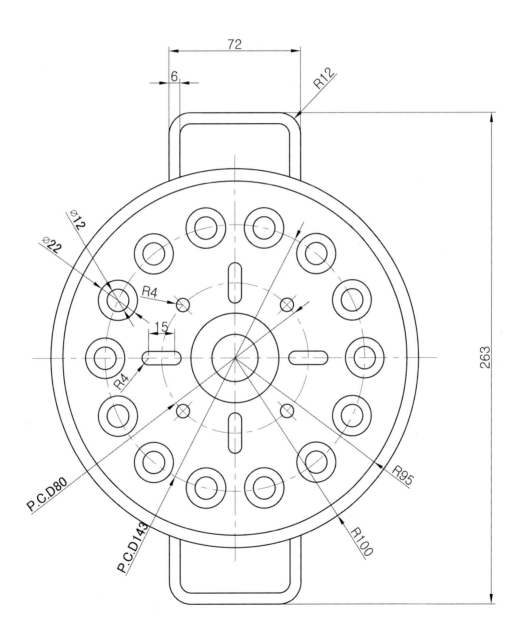

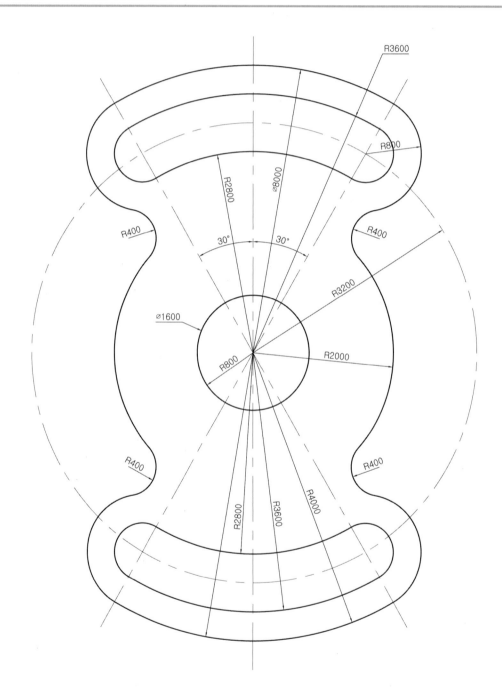

Hint

• 제시된 치수를 참고하여 도면을 작성합니다.

• Line / Circle / Copy / Move/ Trim / Offset / Mirror 명령을 활용하여 작성합니다.

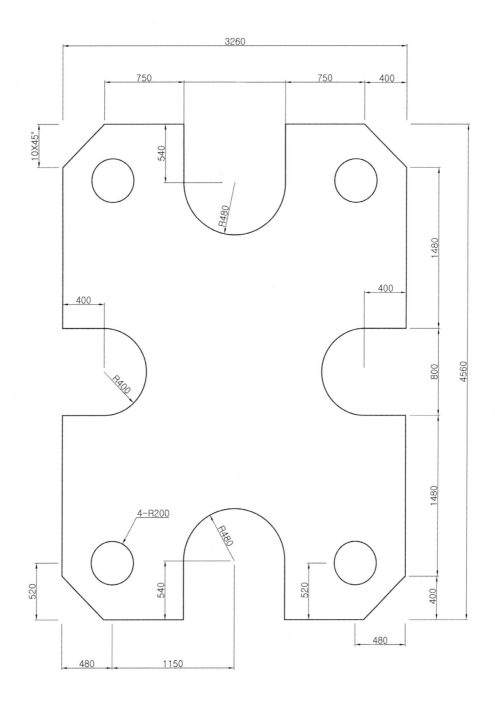

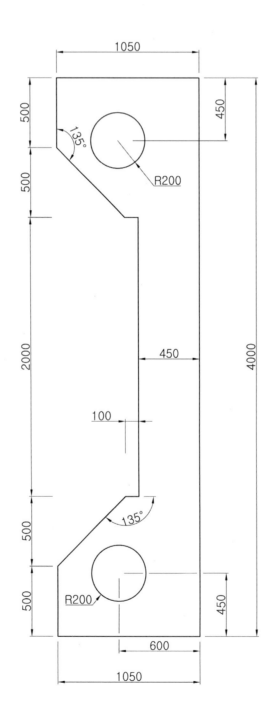

• 제시된 치수를 참고하여 도면을 작성합니다.
• Line / Fillet / Offset / Mirror 명령을 활용하여 작성합니다.

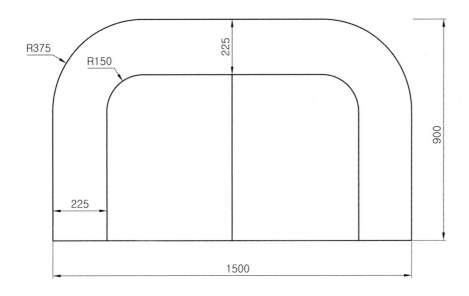

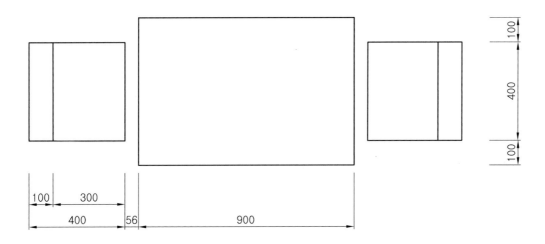

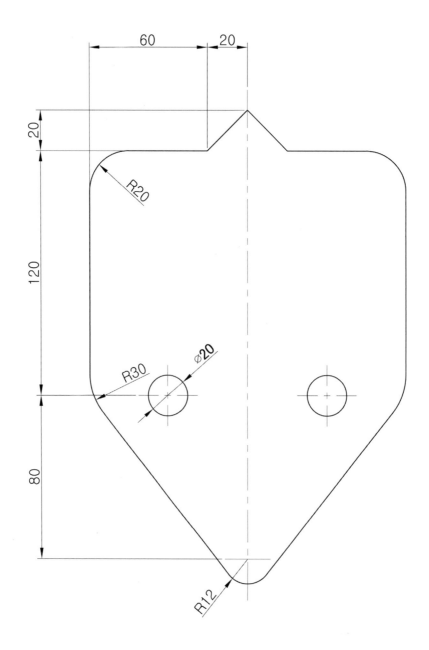

- 제시된 치수를 참고하여 도면을 작성합니다.
- 중심선을 작성합니다.
- Line / Circle / Copy / Mirror 명령을 활용하여 작성합니다.

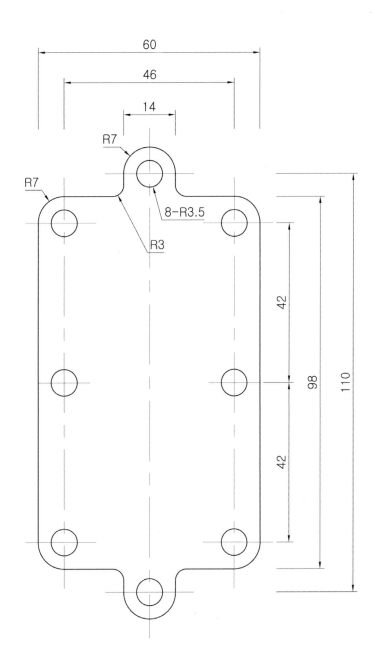

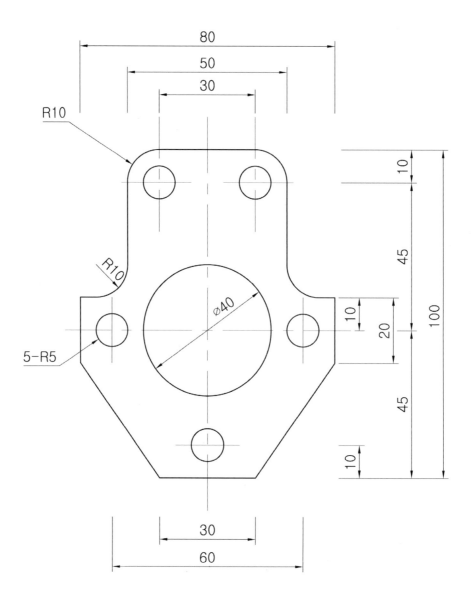

- 제시된 치수를 참고하여 도면을 작성합니다.
- 중심선을 작성합니다.
- Line / Fillet / Circle / Trim 명령을 활용하여 한면을 작성합니다.
- Mirror 명령을 활용하여 작성합니다.

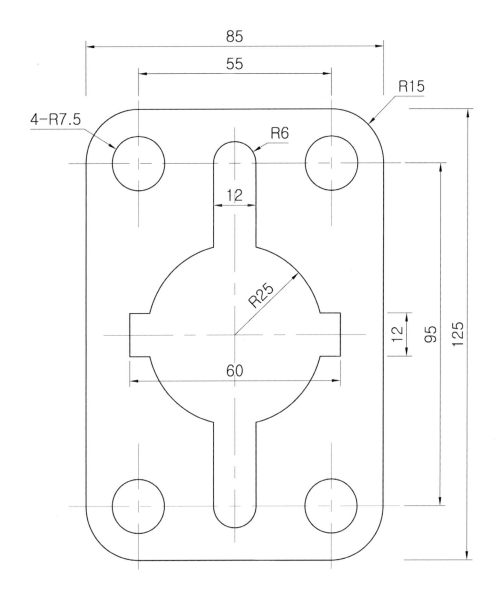

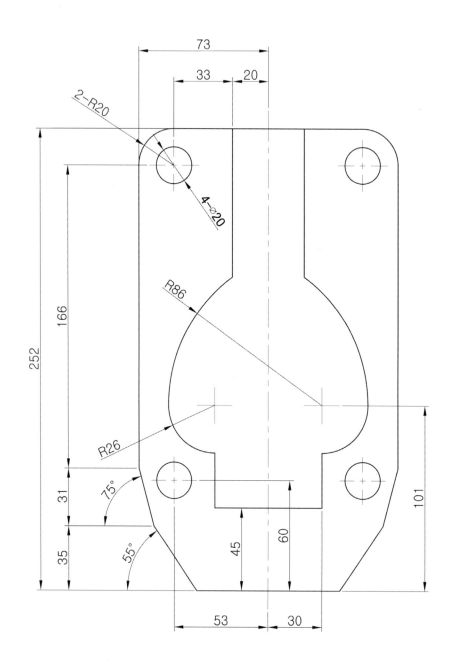

• 중심선을 작성합니다.

• 중심선을 기준으로 좌/우를 선택하며 한면만 작성합니다.

• Mirror 명령을 활용하여 작성합니다.

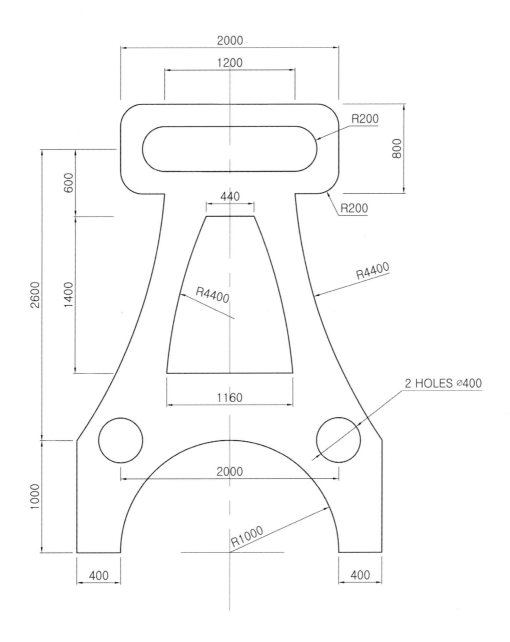

• 제시된 치수를 참고하여 도면을 작성합니다.

• 중심선을 작성합니다.

• Polygon / Circle / Fillet / Mirror 명령을 활용하여 작성합니다.

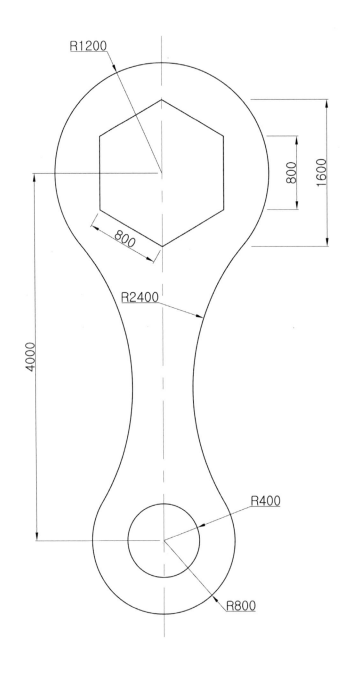

• 제시된 치수를 참고하여 도면을 작성합니다.
• 중심선을 작성합니다.
• Circle / Line / Fillet / Array / Mirror 명령을 활용하여 작성합니다.

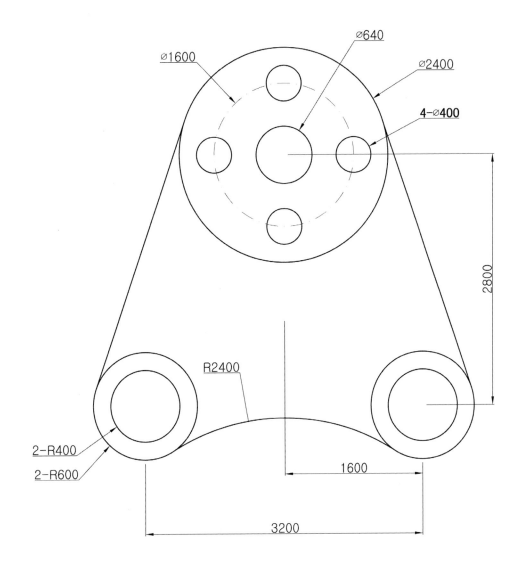

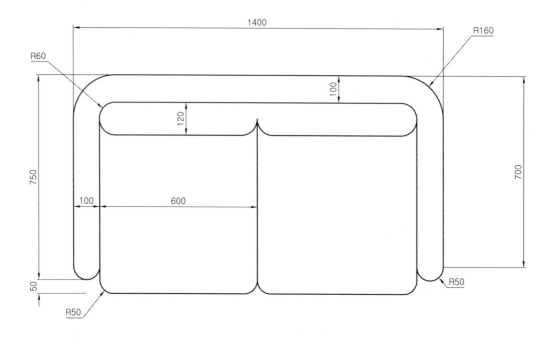

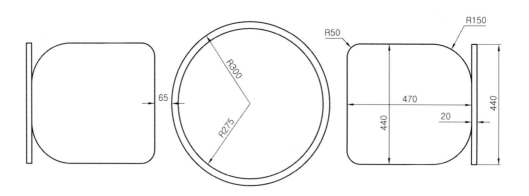

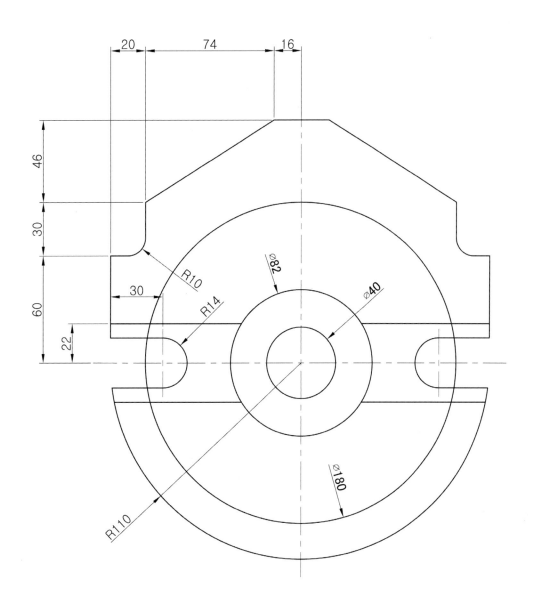

• 제시된 치수를 참고하여 도면을 작성합니다.

• 중심선을 작성합니다.

• Line / Circle / Trim / Offset / Fillet / Copy / Mirror 명령을 활용하여 작성합니다.

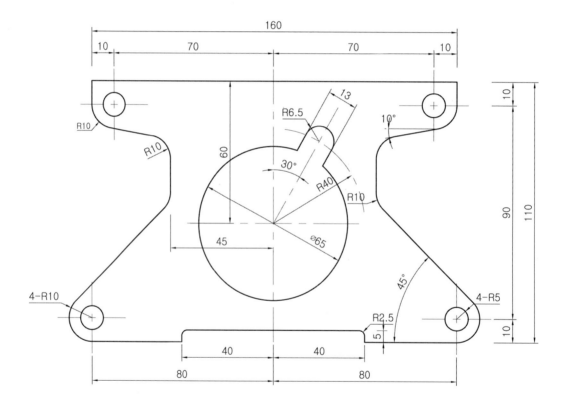

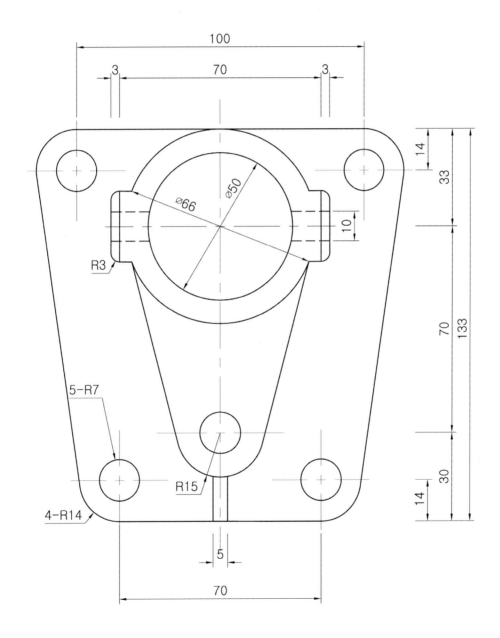

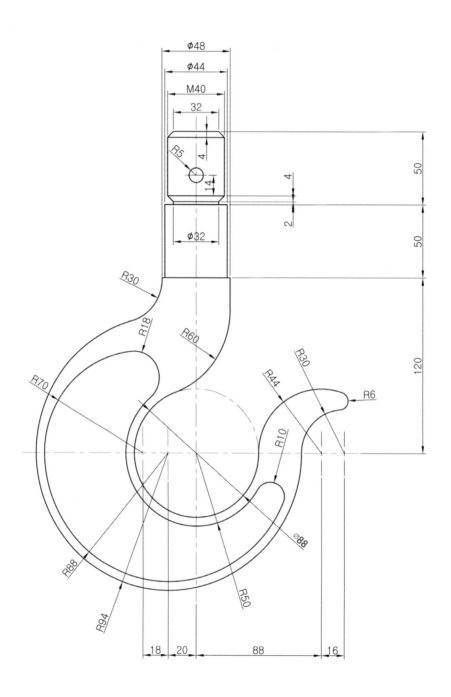

- 제시된 치수를 참고하여 도면을 작성합니다.
- 중심선을 작성합니다.
- Line / Circle / Trim / Offset / Fillet / Polygon 명령을 활용하여 작성합니다.

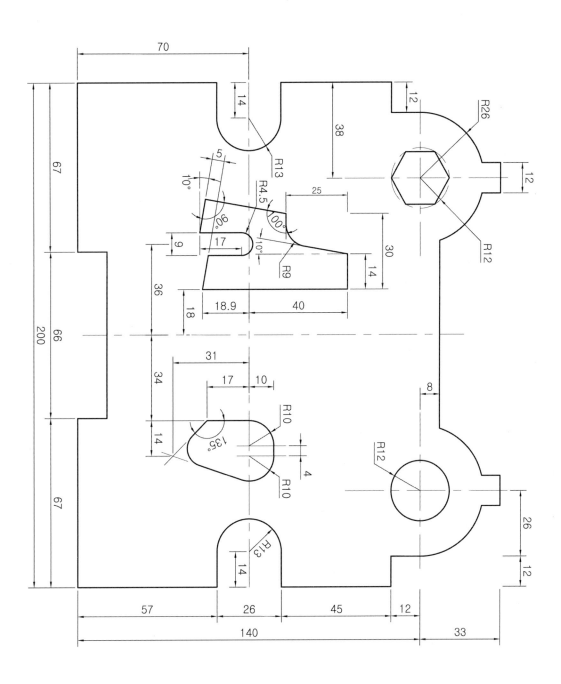

Hint

- 제시된 치수를 참고하여 도면을 작성합니다.
- 중심선을 작성합니다.
- Line / Circle / Trim / Offset / Fillet / Rotate 명령을 활용하여 작성합니다.

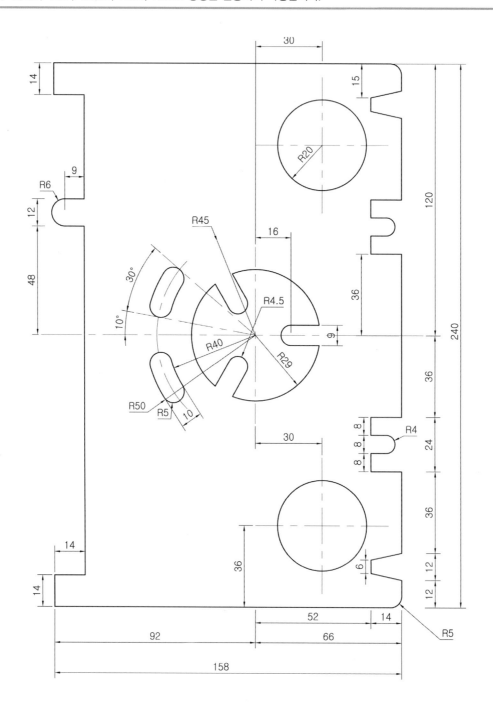

• 제시된 치수를 참고하여 도면을 작성합니다.
• Line / Circle / Trim / Offset / Fillet / Copy 명령을 활용하여 작성합니다.

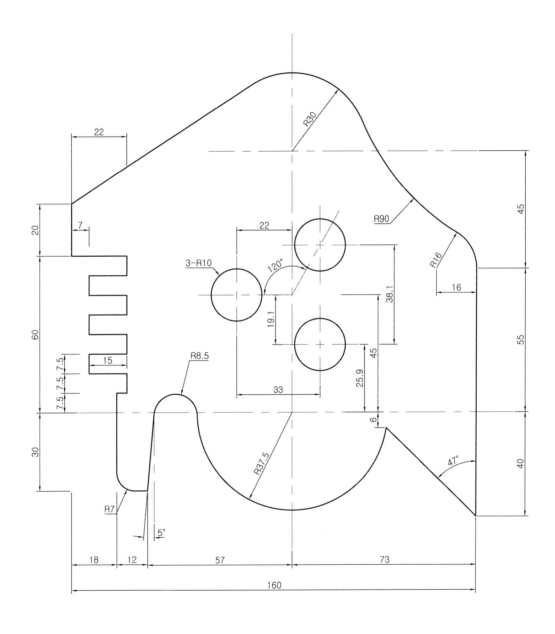

• 제시된 치수를 참고하여 도면을 작성합니다.
• Line / Circle / Trim / Offset / Fillet / Array 명령을 활용하여 작성합니다.

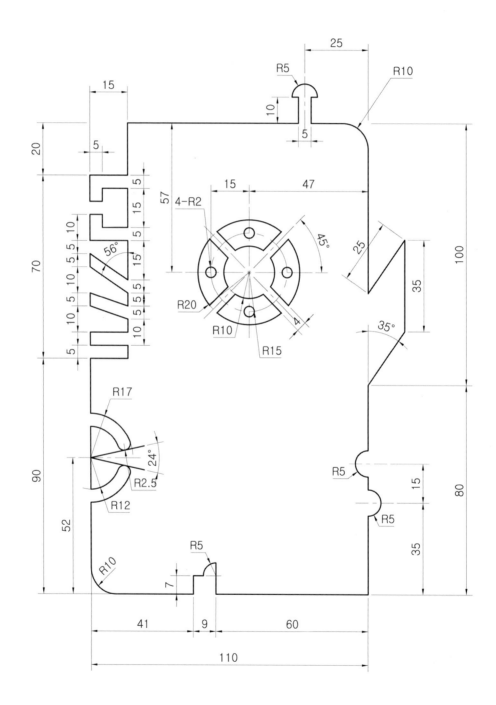

• 제시된 치수를 참고하여 도면을 작성합니다.
• Line / Circle / Trim / Offset / Fillet / Polygon / Array 명령을 활용하여 작성합니다.

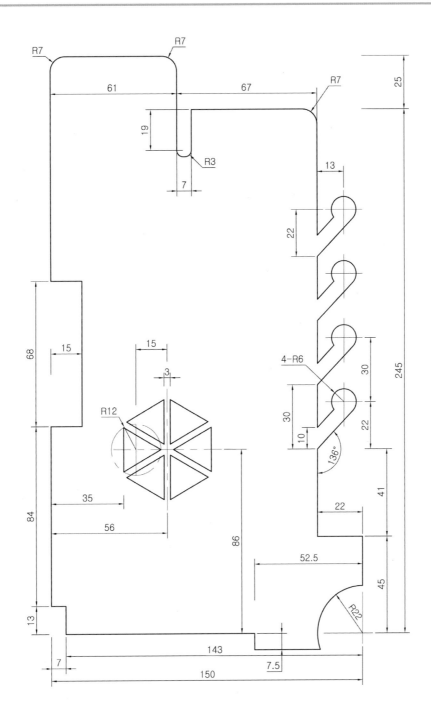

- 제시된 치수를 참고하여 도면을 작성합니다.
- 중심선을 기준으로 한면만 작성합니다.
- Line / Offset / Trim / Fillet / Chamfer / Mirror 명령을 활용하여 작성합니다.

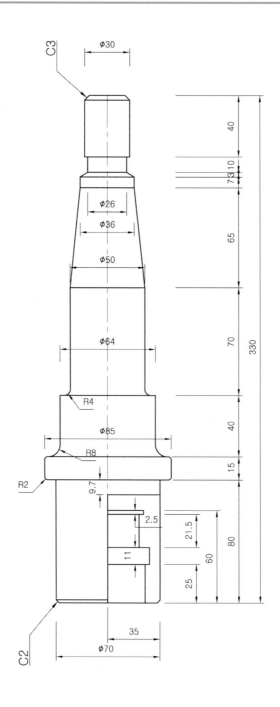

Hint

• 제시된 치수를 참고하여 도면을 작성합니다.

• Line / Offset / Trim / Fillet / Ellipse / Arc / Mirror 명령을 활용하여 작성합니다.

• Hatch 명령을 활용하여 기타미리정의에 표현된 재료표현을 축척을 넣어 작성합니다.

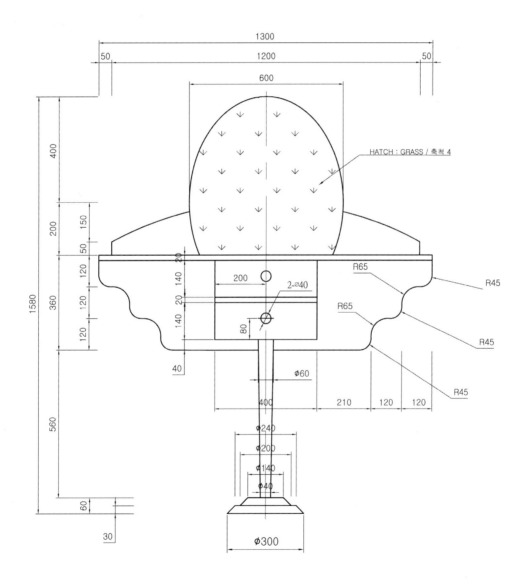

• 제시된 치수를 참고하여 도면을 작성합니다.
• Rectang / Offset / Trim / Line / Copy / Move / Fillet /Chamfer / Arc / Ellipse 명령을 활용하여 작성합니다.

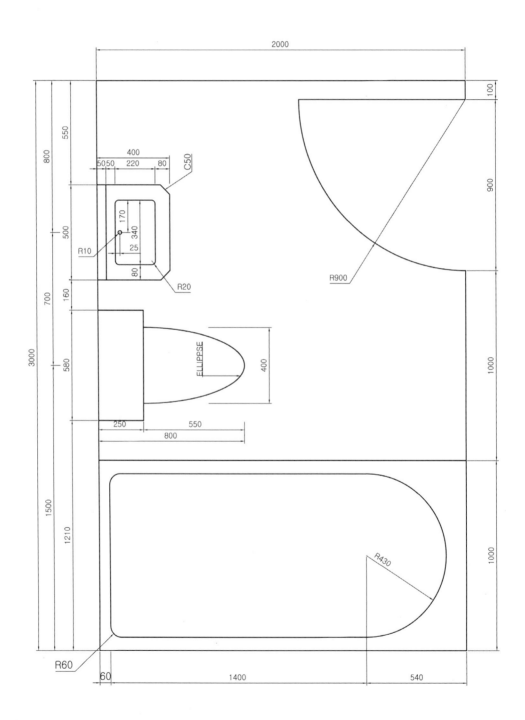

• 제시된 치수를 참고하여 도면을 작성합니다.
• 중심선을 작성합니다.
• Offset / Trim / Circle / Copy / Move / Rectang 명령을 활용하여 작성합니다.

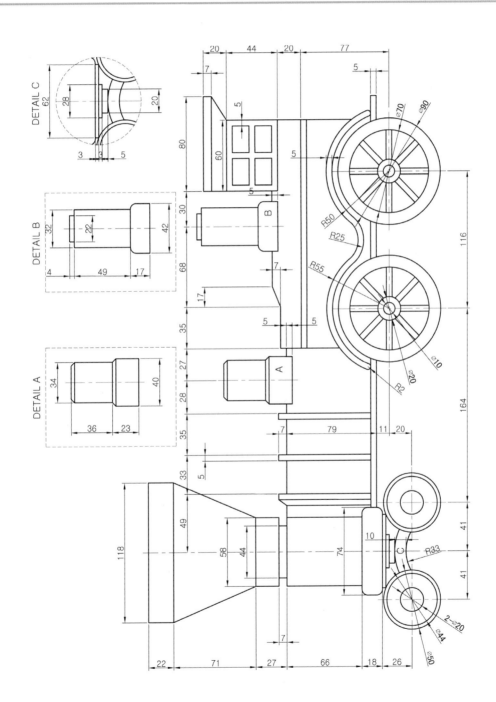

· 제시된 치수를 참고하여 도면을 작성합니다.

· 중심선을 작성합니다.

· Offset / Trim / Circle / Copy / Move / Rectang / Arc 명령을 활용하여 작성합니다.

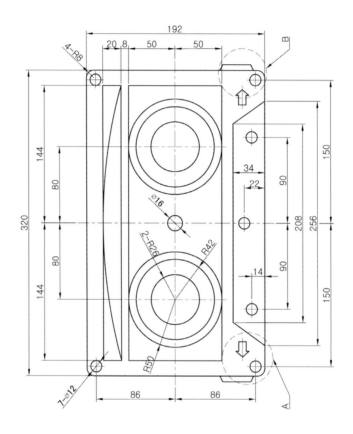

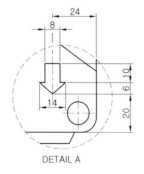

DETAIL A

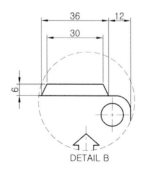

DETAIL B

• ML 명령을 활용하여 중심선을 중심으로 벽체 작성을 합니다.
• Hatch 명령의 ANSI31을 이용하여 재료표현을 합니다.

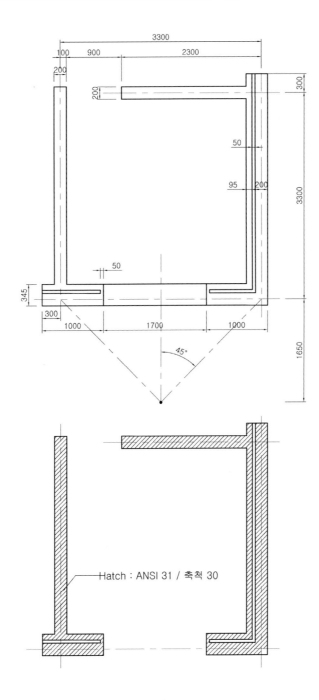

Hatch : ANSI 31 / 축척 30

• 제시된 치수를 참고하여 도면을 작성합니다.

• Line / Trim 명령을 활용하여 작성합니다.

• Hatch 명령을 활용하여 재료표현을 작성합니다.

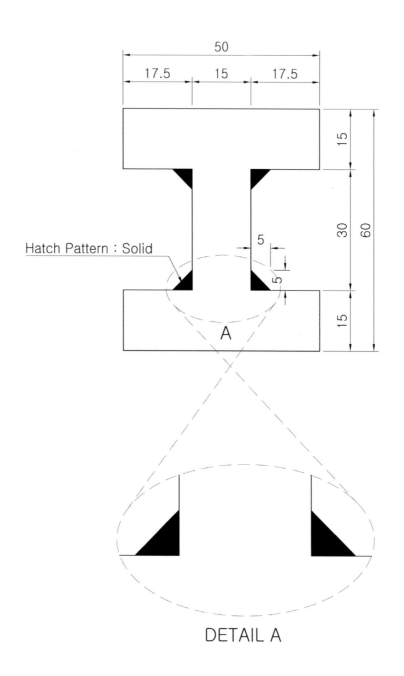

DETAIL A

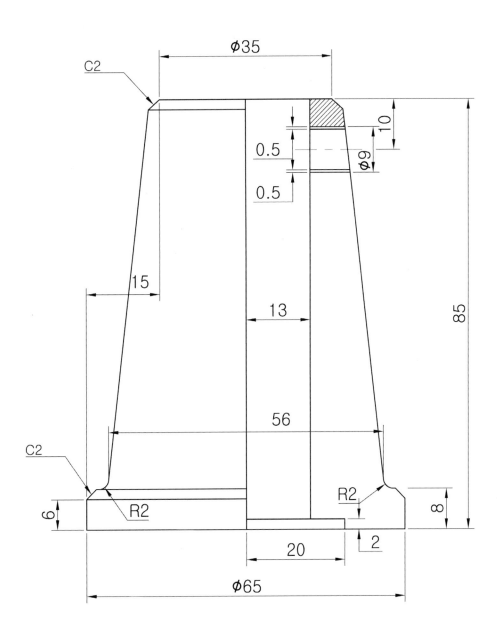

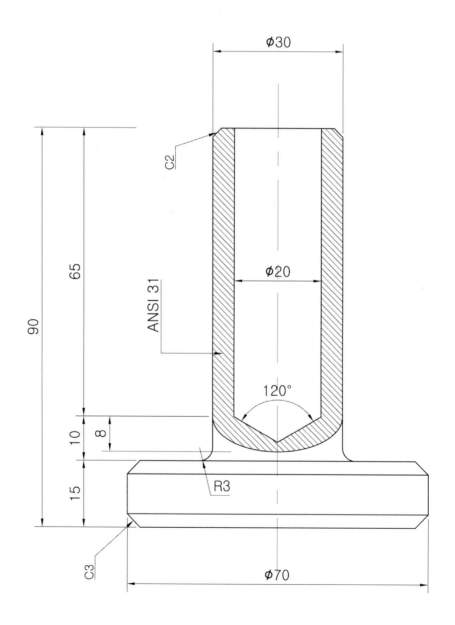

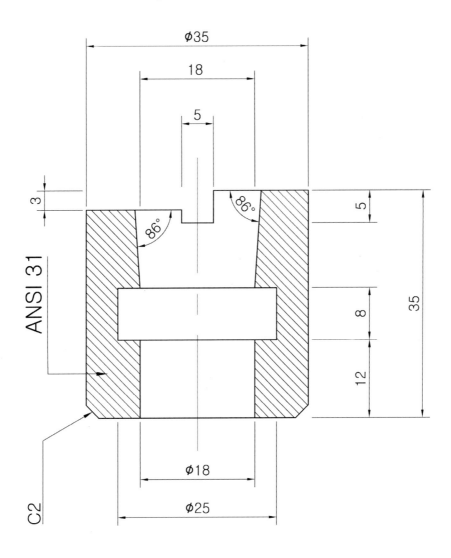

• 제시된 치수를 참고하여 도면을 작성합니다.

• 중심선을 작성합니다.

• Line / Trim / Offset / Fillet / Circle 명령을 활용하여 작성합니다.

• Hatch 명령을 활용하여 재료표현을 작성합니다.

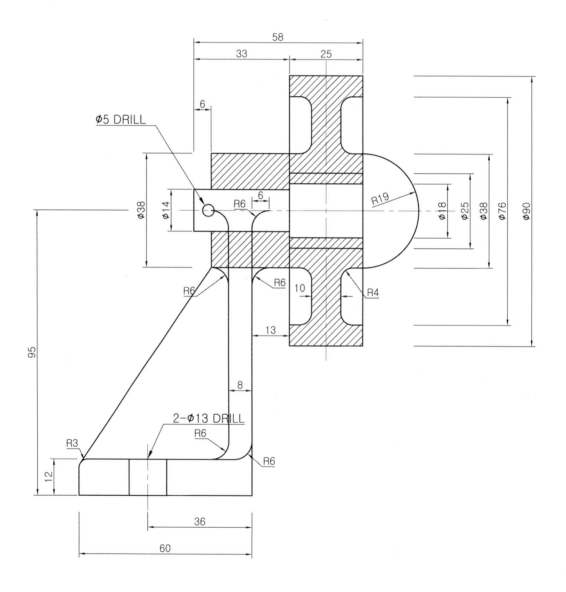

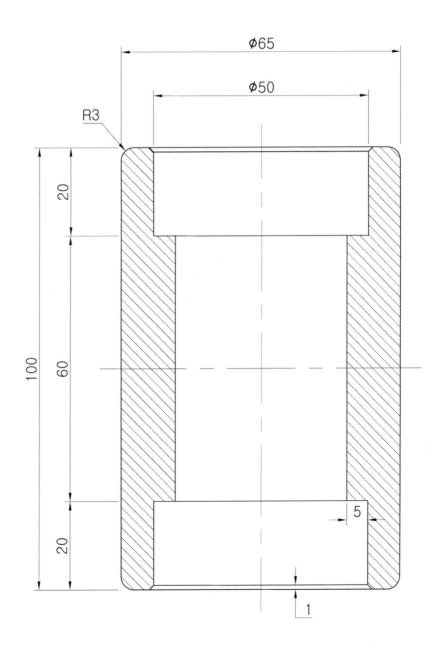

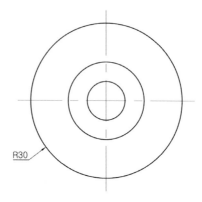

R30

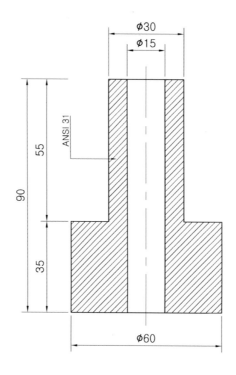

φ30

φ15

ANSI 31

55

90

35

φ60

Hint

• 제시된 치수를 참고하여 도면을 작성합니다.

• 중심선을 작성합니다.

• Line / Circle / Trim / Offset 명령을 활용하여 작성합니다.

• Hatch 명령을 활용하여 재료표현을 작성합니다.

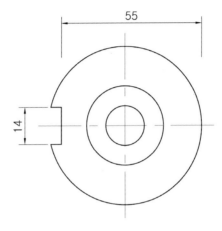

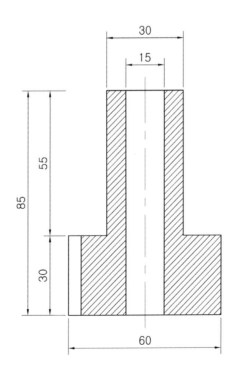

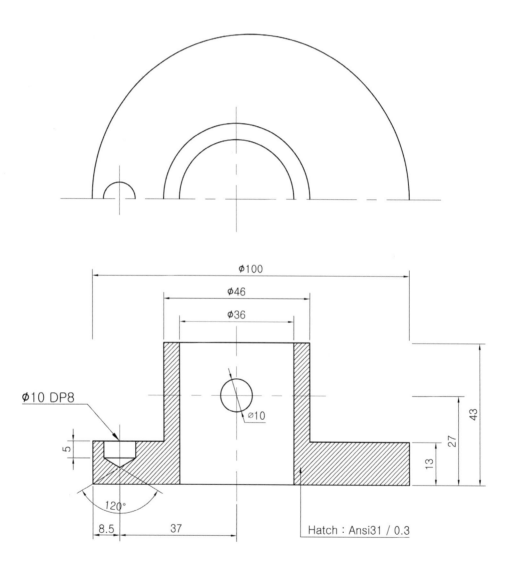

Hint

• 제시된 치수를 참고하여 도면을 작성합니다.

• 중심선을 작성합니다.

• Line / Trim / Offset / Chamfer 명령을 활용하여 작성합니다.

• Hatch 명령을 활용하여 재료표현을 작성합니다.

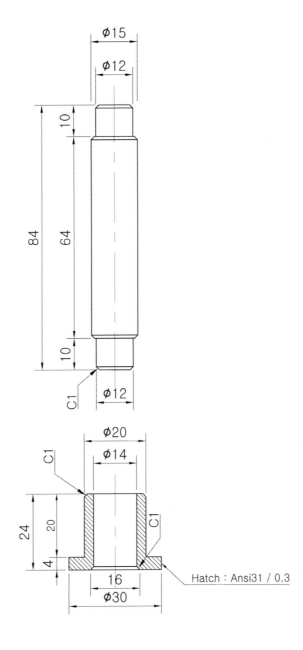

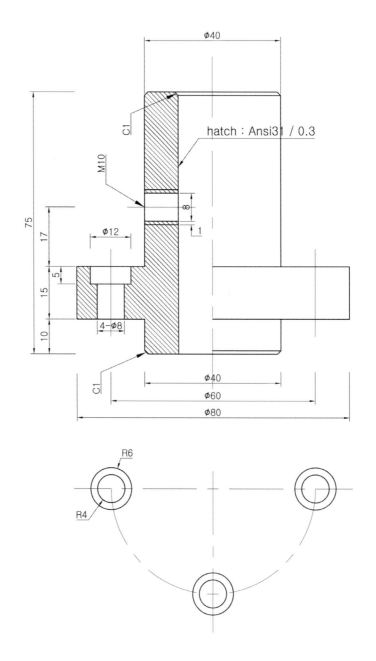

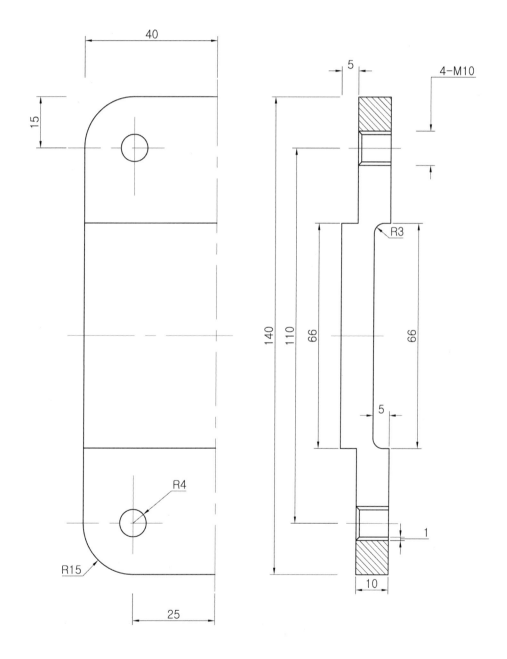

• 제시된 치수를 참고하여 도면을 작성합니다.

• Line / Trim / Offset / Chamfer 명령을 활용하여 작성합니다.

• Hatch 명령을 활용하여 재료표현을 작성합니다.

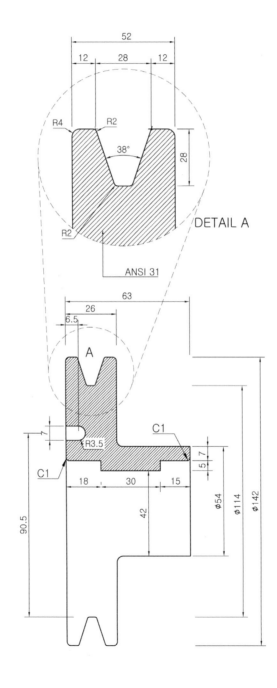

DETAIL A

• 제시된 치수를 참고하여 도면을 작성합니다.

• 중심선을 작성합니다.

• Line / Circle / Trim / Offset / Chamfer 명령을 활용하여 작성합니다.

• Hatch 명령을 활용하여 재료표현을 작성합니다.

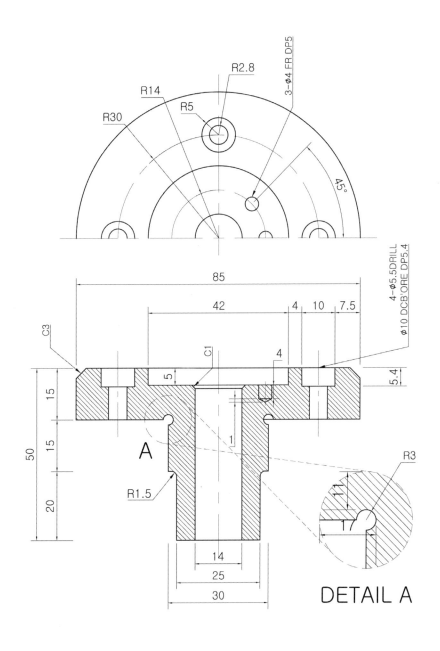

- 제시된 치수를 참고하여 도면을 작성합니다.
- 중심선을 작성합니다.
- Line / Circle / Trim / Offset / Chamfer 명령을 활용하여 작성합니다.
- Hatch 명령을 활용하여 재료표현을 작성합니다.

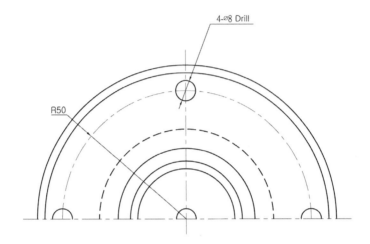

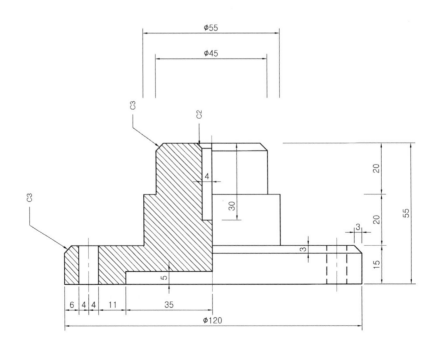

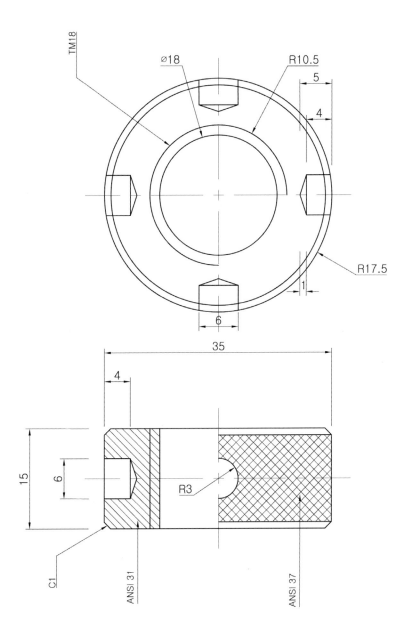

- 제시된 치수를 참고하여 도면을 작성합니다.
- 중심선을 작성합니다.
- Line / Fillet / Circle / Trim 명령을 활용하여 작성합니다.
- Hatch 명령을 활용하여 재료표현을 작성합니다.

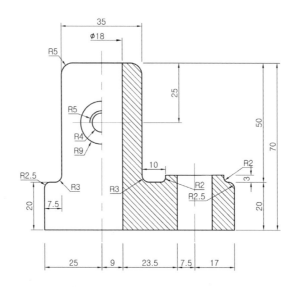

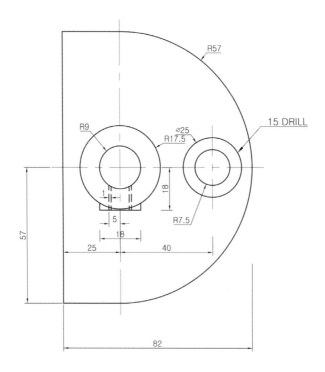

- 제시된 치수를 참고하여 도면을 작성합니다.
- 중심선을 작성합니다.
- Line / Circle / Trim / Offset / Fillet 명령을 활용하여 작성합니다.
- Hatch 명령을 활용하여 재료표현을 작성합니다.

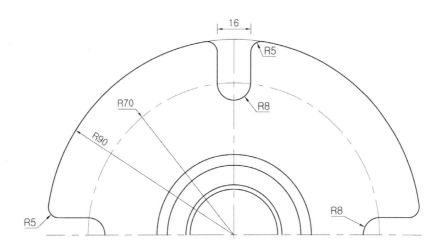

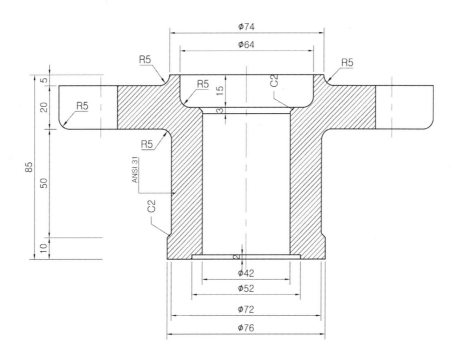

- 제시된 치수를 참고하여 도면을 작성합니다.
- 중심선을 작성합니다.
- Line / Circle / Trim / Offset / Polygon 명령을 활용하여 작성합니다.
- Hatch 명령을 활용하여 재료표현을 작성합니다.

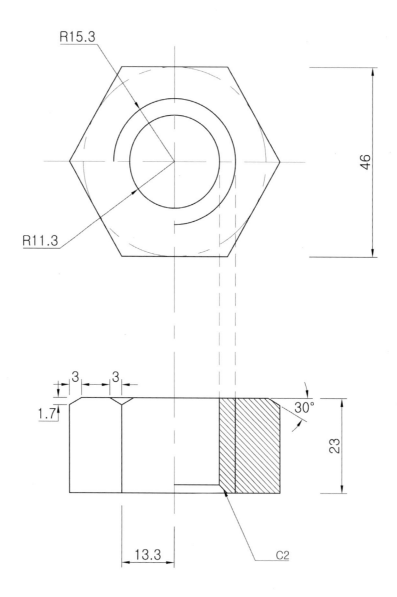

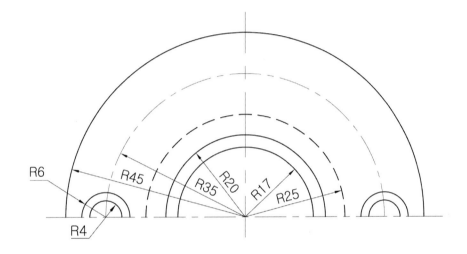

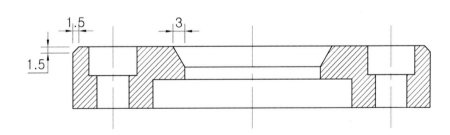

- 제시된 치수를 고하여 도면 작성합니다.
- 중심선을 작성합니다.
- Line / Circle / Trim / Offset 명령을 활용하여 작성합니다.
- Hatch 명령을 활용하여 재료표현을 작성합니다.

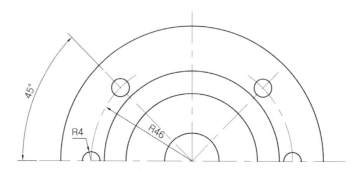

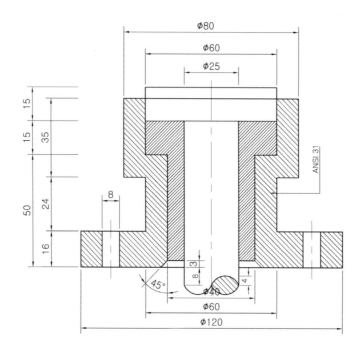

Hint

• 제시된 치수를 참고하여 도면을 작성합니다.

• 중심선을 작성합니다.

• Line / Circle / Trim / Offset 명령을 활용하여 작성합니다.

• Hatch 명령을 활용하여 재료표현을 작성합니다.

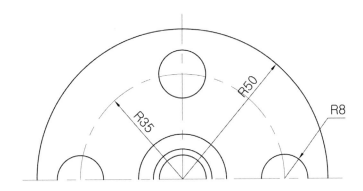

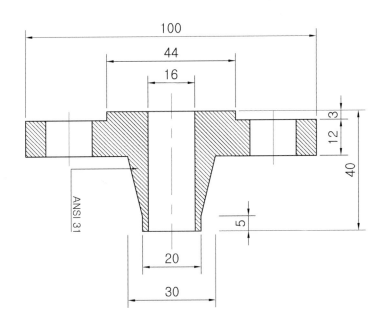

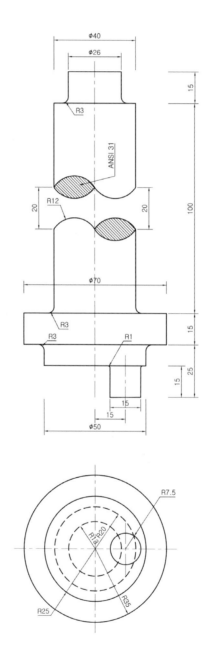

Hint

- 제시된 치수를 참고하여 도면을 작성합니다.
- 중심선을 작성합니다.
- Line / Circle / Trim / Offset 명령을 활용하여 작성합니다.
- Hatch 명령을 활용하여 재료표현을 작성합니다.

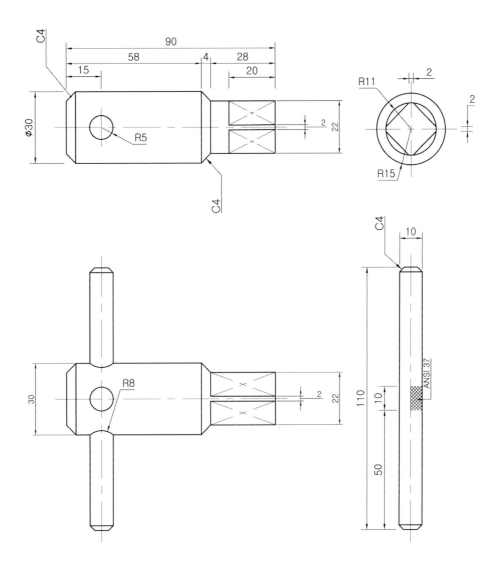

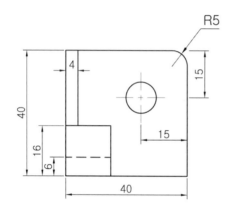

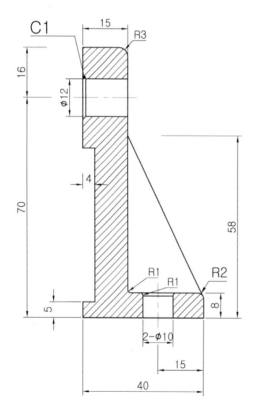

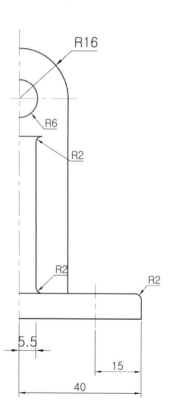

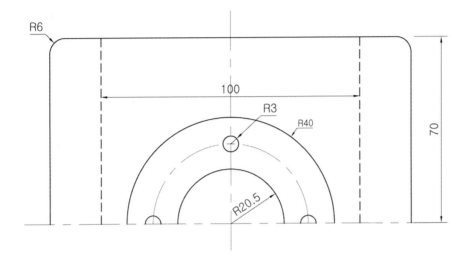

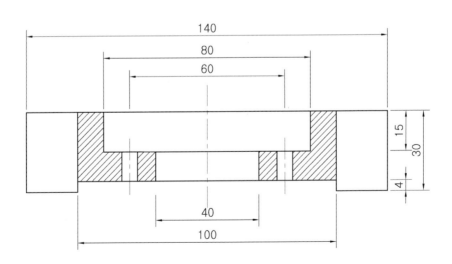

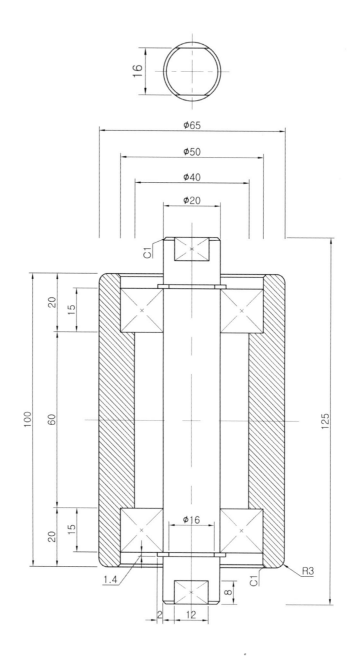

• 제시된 치수를 참고하여 도면을 작성합니다.
• 중심선을 작성합니다.
• Circle / Offset / Trim / Fillet 명령을 활용하여 작성합니다.
• Hatch 명령을 활용하여 재료표현을 작성합니다.

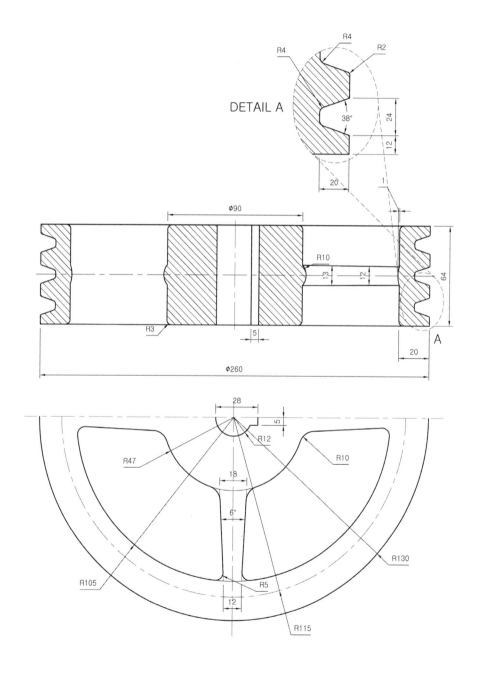

DETAIL A

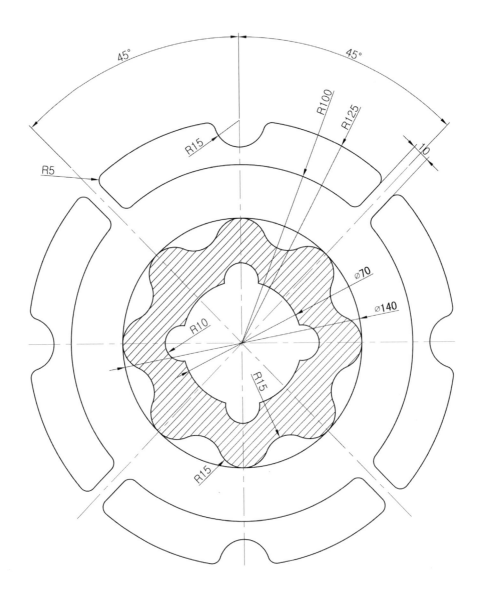

Hint

• 제시된 치수를 참고하여 도면을 작성합니다.

• 중심선을 작성합니다.

• Circle / Line / Trim / Fillet / Array 명령을 활용하여 작성합니다.

• Hatch 명령을 활용하여 재료표현을 작성합니다.

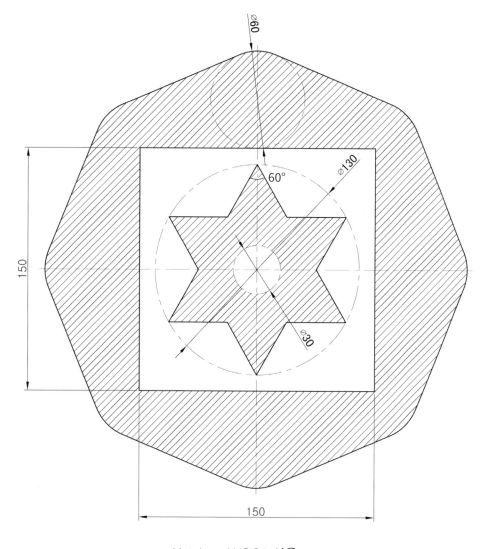

Hatch = ANSI31 사용

• 제시된 치수를 참고하여 도면을 작성합니다.
• Line / Circle / Offset / Trim 명령을 활용하여 작성합니다.
• Hatch 명령을 활용하여 재료표현을 작성합니다.

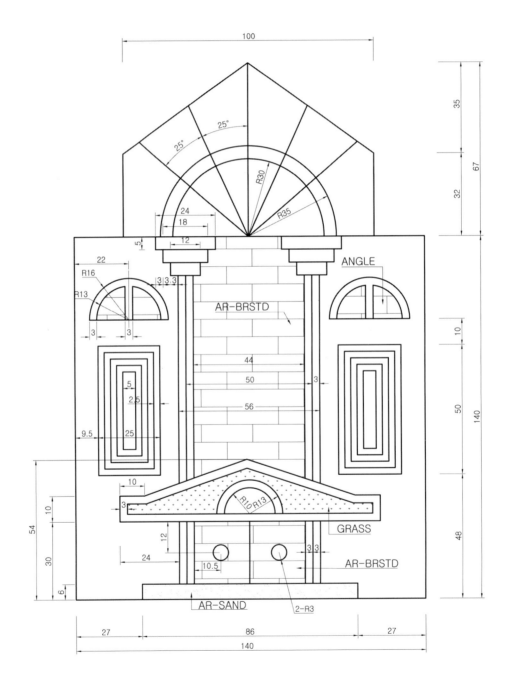

Hint

• 제시된 치수를 참고하여 도면을 작성합니다.

• Rectang / Circle / Offset / Trim / Fillet 명령을 활용하여 작성합니다.

• Hatch 명령을 활용하여 재료표현을 작성합니다.

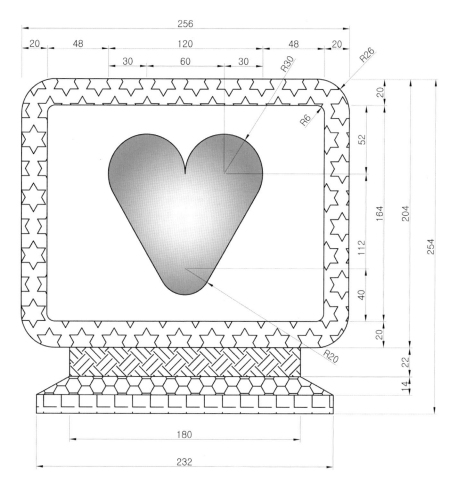

하트 내부 Hatch는 'GR-SPHER'이며, 색상은 임의로 적용함

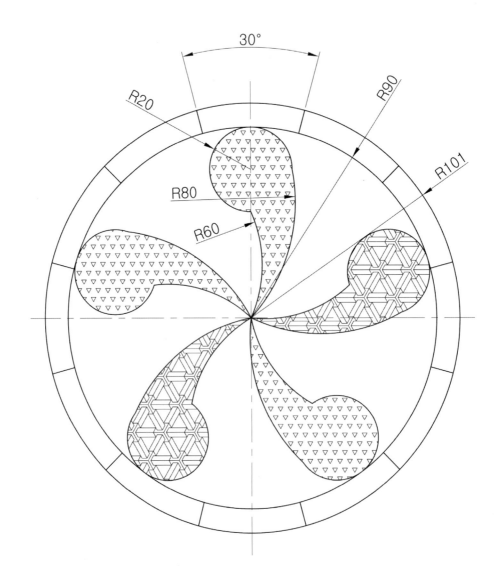

• 제시된 치수를 참고하여 도면을 작성합니다.

• 중심선을 작성합니다.

• Line / Offset / Trim / Circle / Fillet 명령을 활용하여 작성합니다.

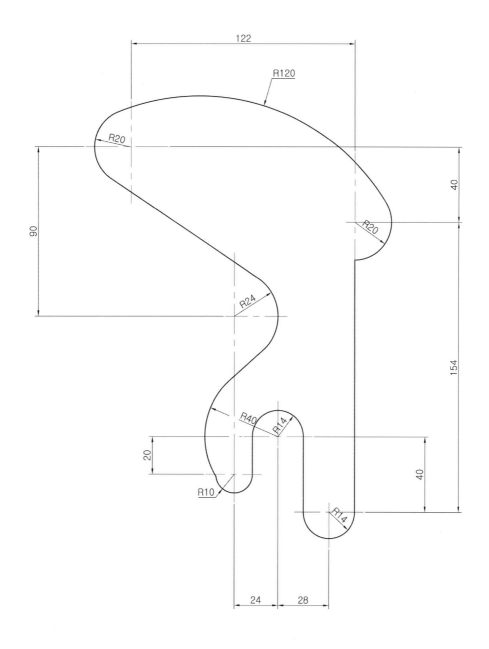

- 제시된 치수를 참고하여 도면을 작성합니다.
- 중심선을 작성합니다.
- Offset / Trim / Circle / Polygon / Line / Fillet 명령을 활용하여 작성합니다.

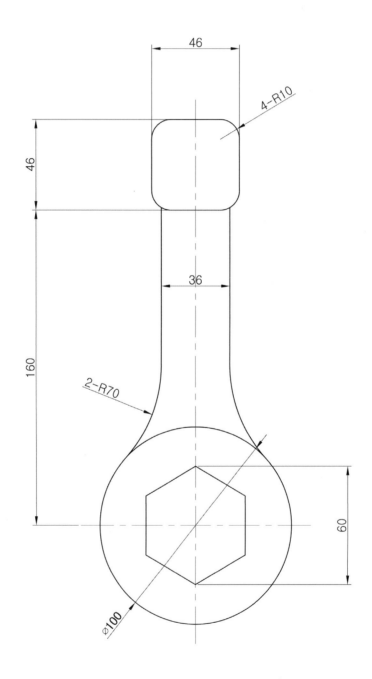

• 제시된 치수를 참고하여 도면을 작성합니다.

• Line 명령을 활용하여 중심선을 작성합니다.

• 각도 계산은 3시 방향을 0 °로 맞추어 시계반대방향으로 계산하며 〈각도로 입력하여 작성합니다.

• Offset / Circle / Trim / Fillet / Copy 명령을 활용하여 작성합니다.

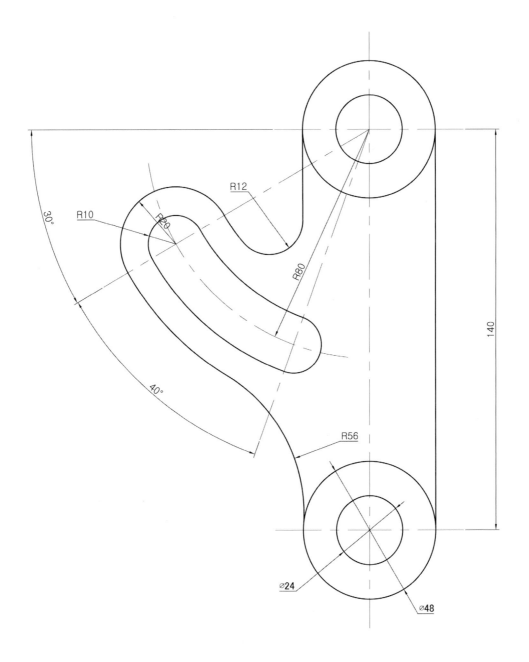

• 제시된 치수를 참고하여 도면을 작성합니다.
• Line 명령을 활용하여 중심선을 작성합니다.
• Offset / Circle / Trim / Fillet / Copy 명령을 활용하여 작성합니다.
• 2– 로 나타내어진 치수는 도면요소 갯수를 의미합니다.

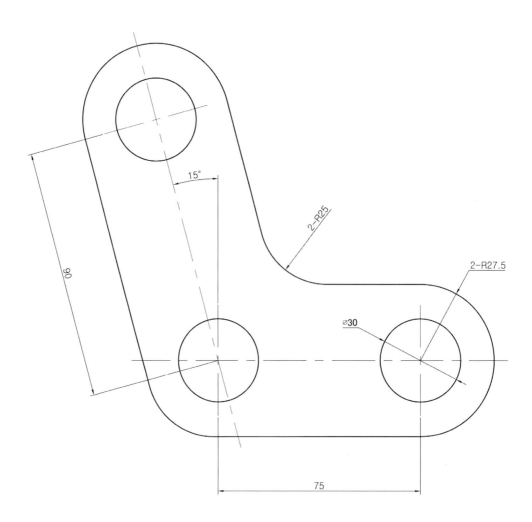

• 제시된 치수를 참고하여 도면을 작성합니다.

• 중심선을 작성합니다.

• Offset / Trim / Circle / Copy / Move / Line / Fillet 명령을 활용하여 작성합니다.

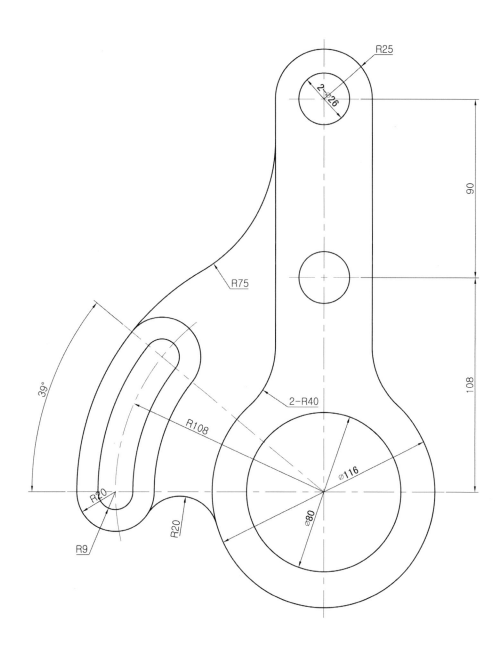

• 제시된 치수를 참고하여 도면을 작성합니다.

• 중심선을 작성합니다.

• Polygon / Offset / Trim / Circle / Copy / Fillet 명령을 활용하여 작성합니다.

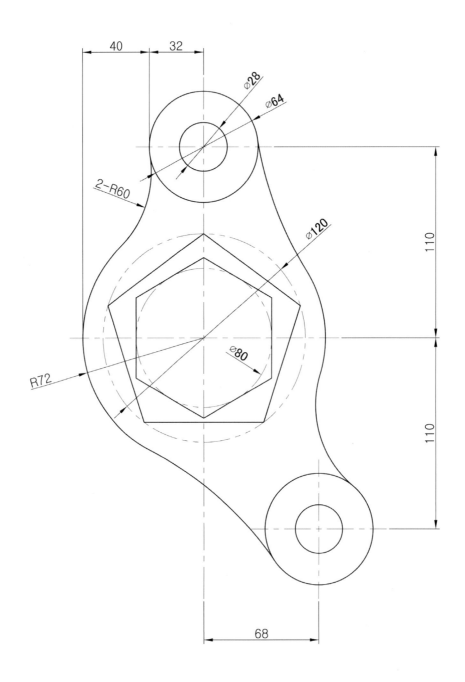

Hint

• 제시된 치수를 참고하여 도면을 작성합니다.

• 중심선을 작성합니다.

• Offset / Trim / Fillet / Arc / Line 명령을 활용하여 작성합니다.

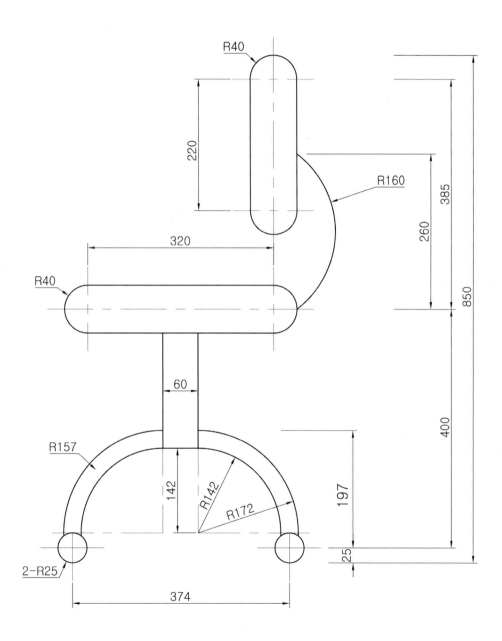

• 제시된 치수를 참고하여 도면을 작성합니다.

• 중심선을 작성합니다.

• Circle / Line / Trim / Offset / Fillet 명령을 활용하여 작성합니다.

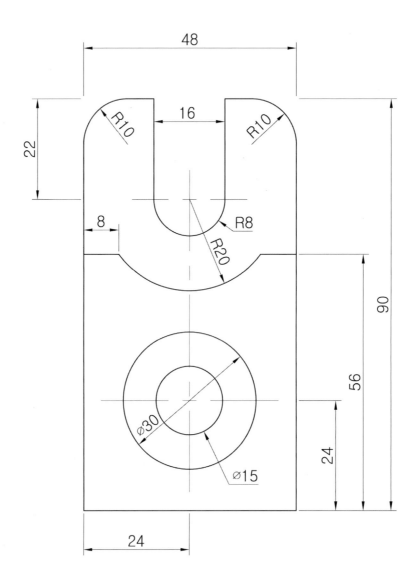

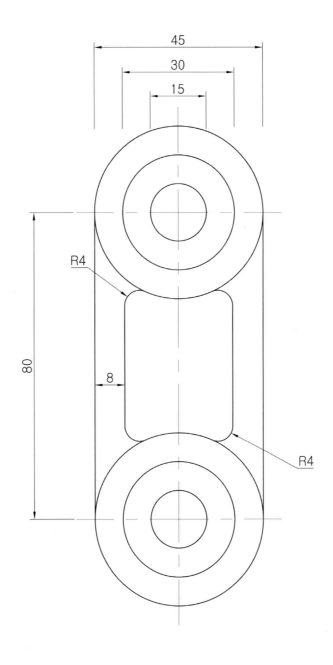

• 제시된 치수를 참고하여 도면을 작성합니다.

• 중심선을 작성합니다.

• Circle / Offset / Trim / Copy / Fillet 명령을 활용하여 작성합니다.

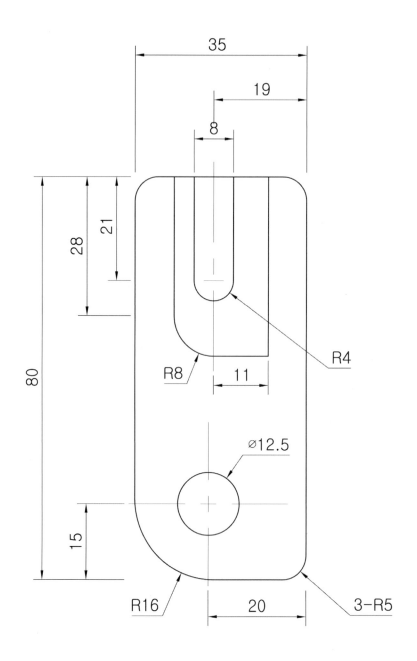

• 제시된 치수를 참고하여 도면을 작성합니다.

• 중심선을 작성합니다.

• Line / Circle / Trim / Offset / Fillet 명령을 활용하여 작성합니다.

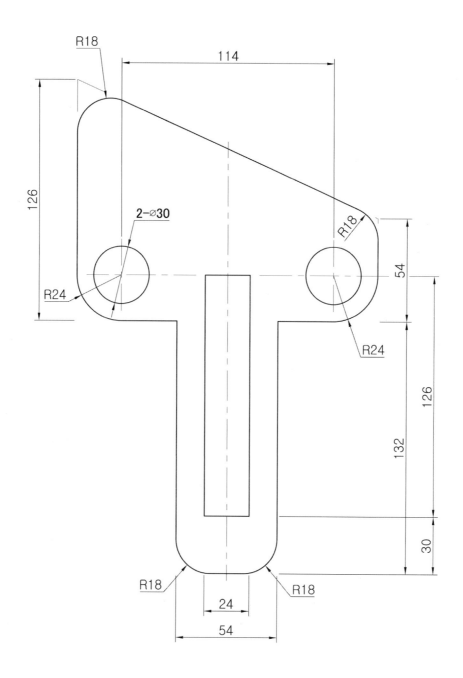

• 제시된 치수를 참고하여 도면을 작성합니다.
• Linn / Circle / Offset / Trim / Fillet 명령을 활용하여 작성합니다.

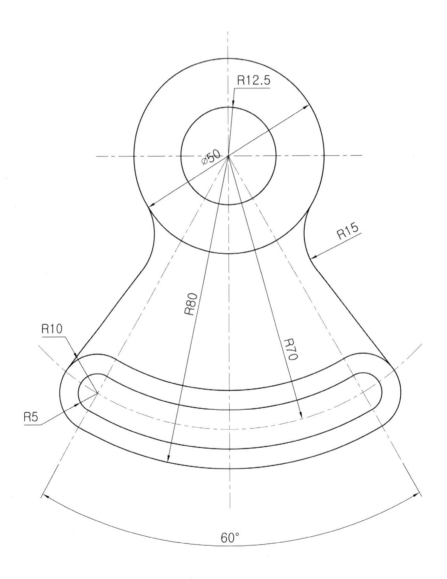

• 제시된 치수를 참고하여 도면을 작성합니다.

• Linn / Circle / Offset / Trim / Fillet / Copy 명령을 활용하여 작성합니다.

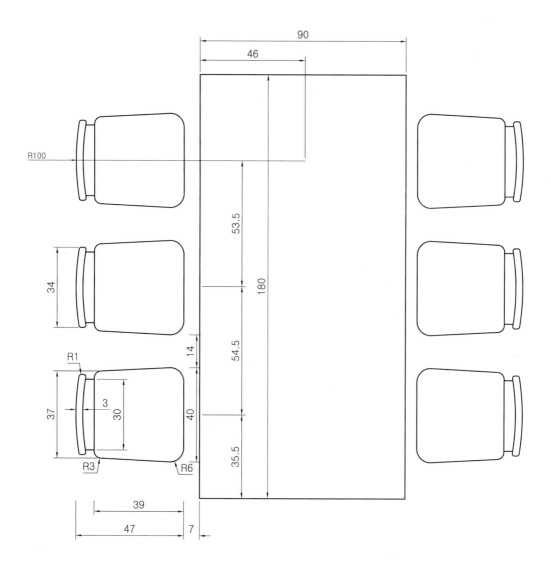

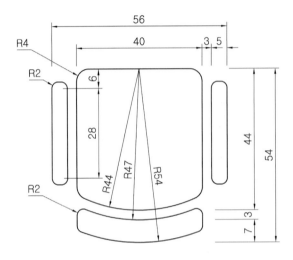

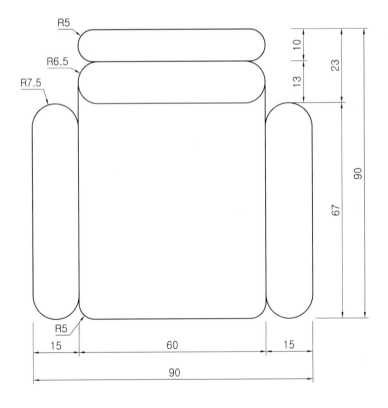

• 제시된 치수를 참고하여 도면을 작성합니다.

• 중심선을 작성합니다.

• Line / Circle / Trim / Offset / Fillet 명령을 활용하여 작성합니다.

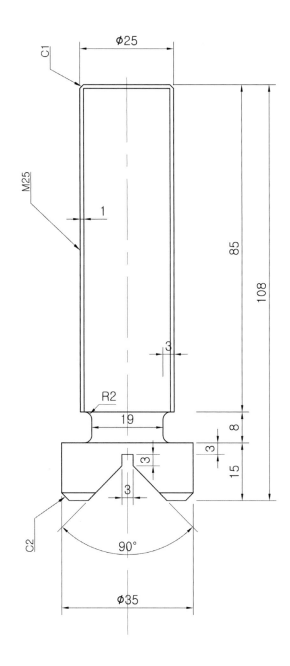

• 제시된 치수를 참고하여 도면을 작성합니다.

• Offset / Trim / Circle / Line / Copy / Move / Fillet / Ellipse 명령을 활용하여 작성합니다.

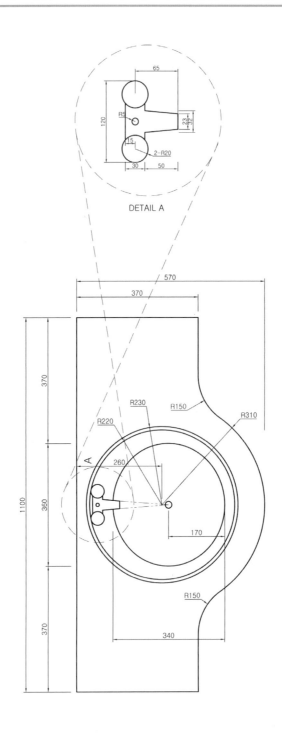

DETAIL A

• 제시된 치수를 참고하여 도면을 작성합니다.

• 중심선을 작성합니다.

• Rectang / Offset / Trim / Circle / Line / Copy / Move / Fillet 명령을 활용하여 작성합니다.

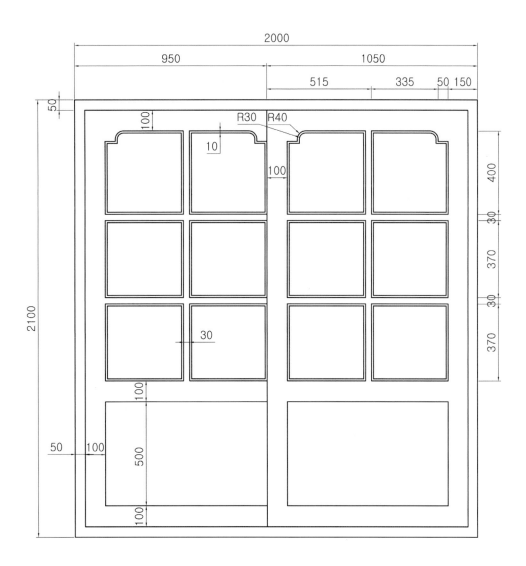

• 제시된 치수를 참고하여 도면을 작성합니다.

• Line 명령을 활용하여 중심선을 작성합니다.

• Offset / Trim / Circle / Fillet 명령을 활용하여 작성합니다.

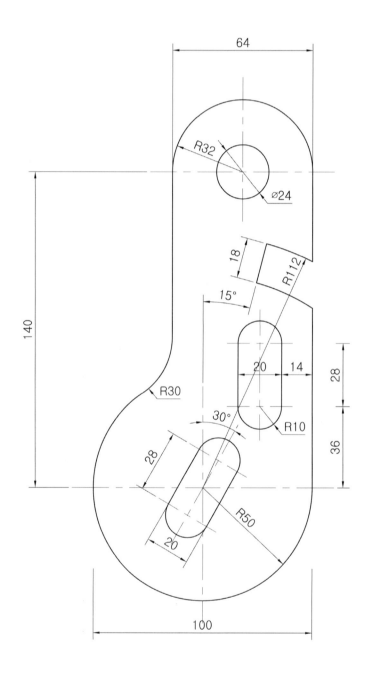

• 제시된 치수를 참고하여 도면을 작성합니다.

• 중심선을 작성합니다.

• Circle / Trim / Offset / Fillet 명령을 활용하여 작성합니다.

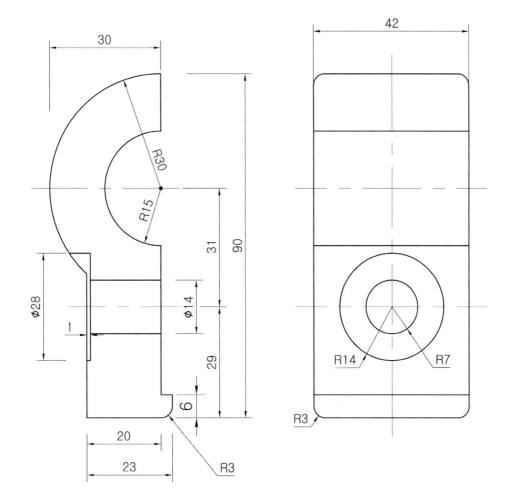

- 제시된 치수를 참고하여 도면을 작성합니다.
- 중심선을 작성합니다.
- Line / Trim / Offset / Fillet / Circle 명령을 활용하여 작성합니다.

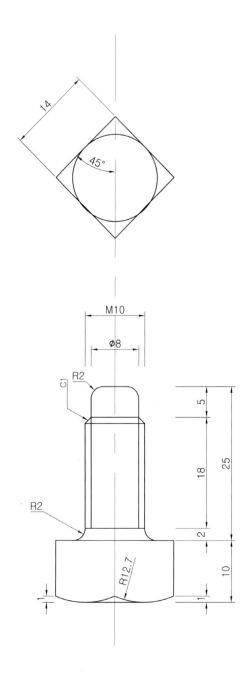

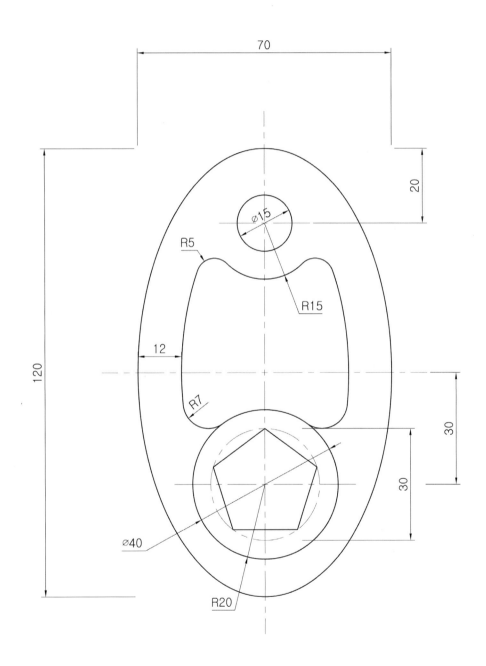

• 제시된 치수를 참고하여 도면을 작성합니다.

• Line 명령을 활용하여 중심선을 작성합니다.

• Circle / Copy / Fillet / Trim /Offset 명령을 활용하여 작성합니다.

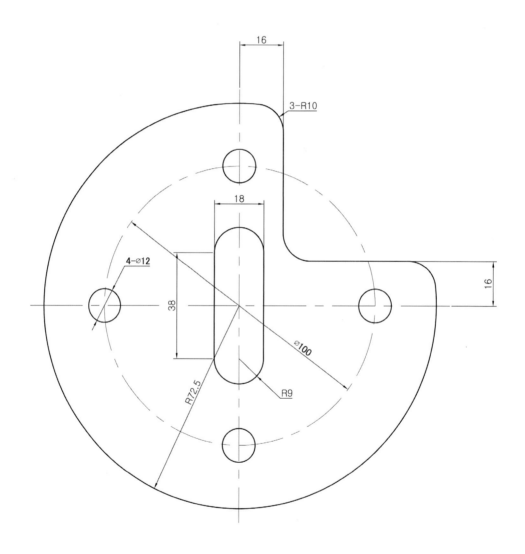

• 제시된 치수를 참고하여 도면을 작성합니다.
• Line / Circle / Offset / Trim / Fillet 명령을 활용하여 작성합니다.

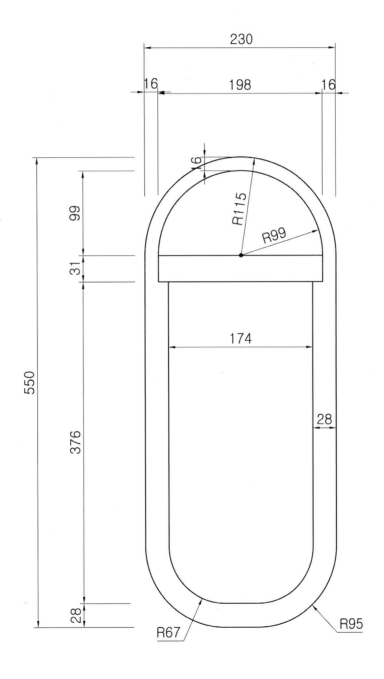

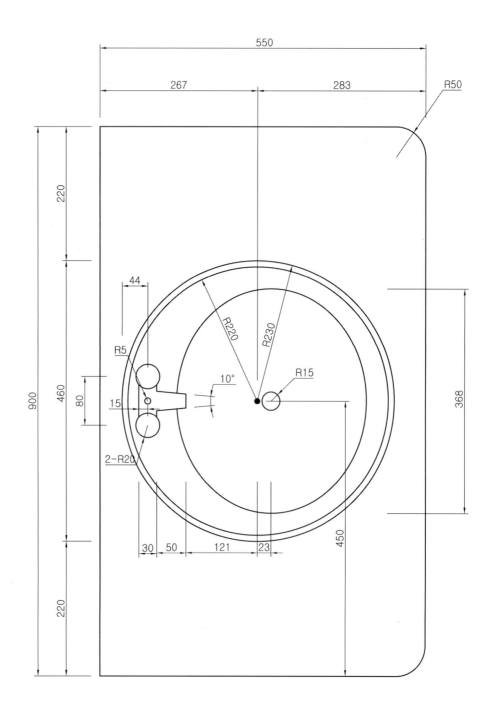

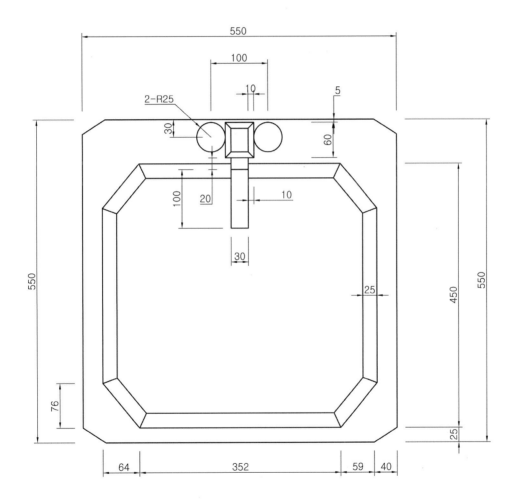

Hint

• 제시된 치수를 참고하여 도면을 작성합니다.
• Rectang / Chamfer / Offset / Fillet 명령을 활용하여 작성합니다.

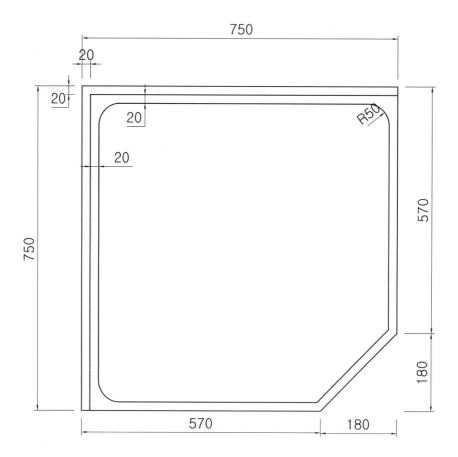

• 제시된 치수를 참고하여 도면을 작성합니다.

• Rectang / Offset / Trim / Circle / Line / Copy / Move / Fillet / Chamfer 명령을 활용하여 작성합니다.

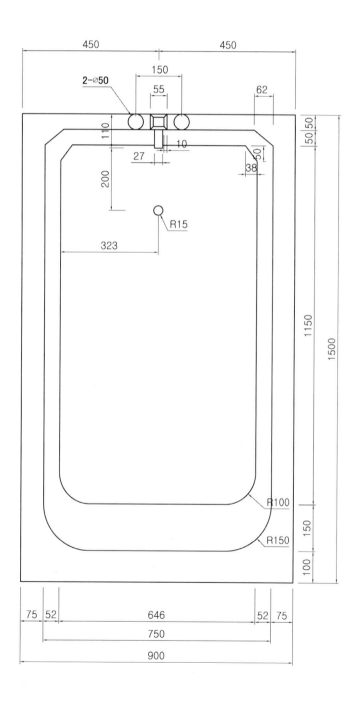

• 제시된 치수를 참고하여 도면을 작성합니다.
• Rectang / Offset / Trim / Circle / Line / Copy / Move / Chamfer 명령을 활용하여 작성합니다.

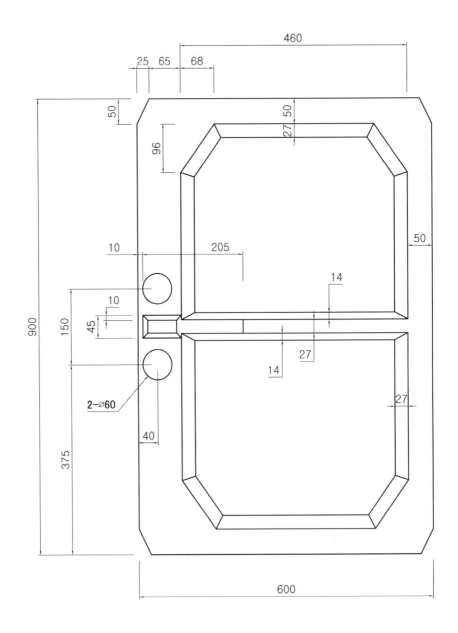

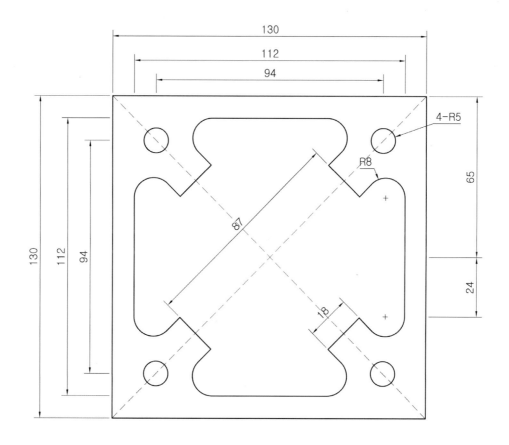

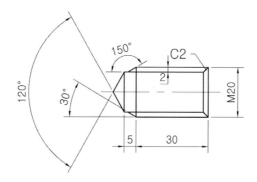

- 제시된 치수를 참고하여 도면을 작성합니다.
- 중심선을 작성합니다.
- Line / Trim / Offset / Chamfer 명령을 활용하여 작성합니다.

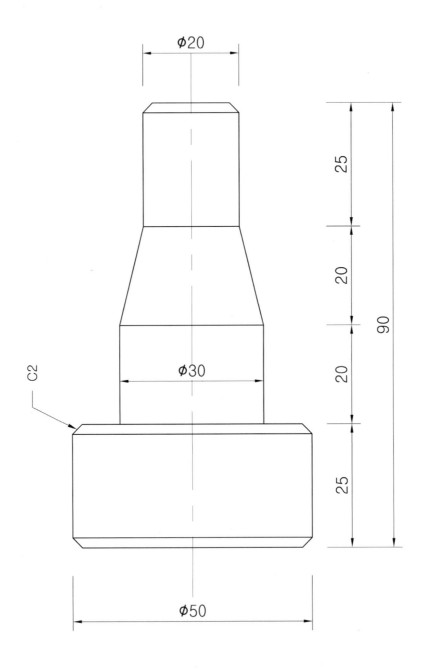

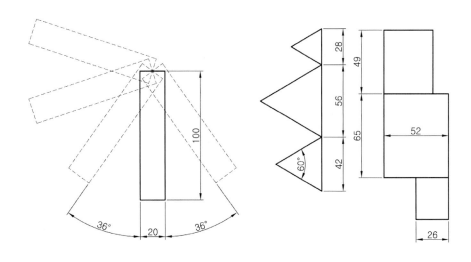

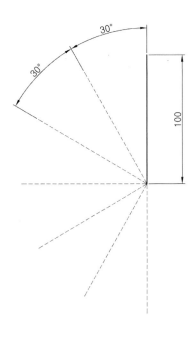

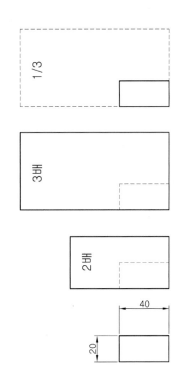

Hint

• 제시된 치수를 참고하여 도면을 작성합니다.

• 중심선을 작성합니다.

• Polygon / Line / Circle /Trim / Offset / Copy / Rotate 명령을 활용하여 작성합니다.

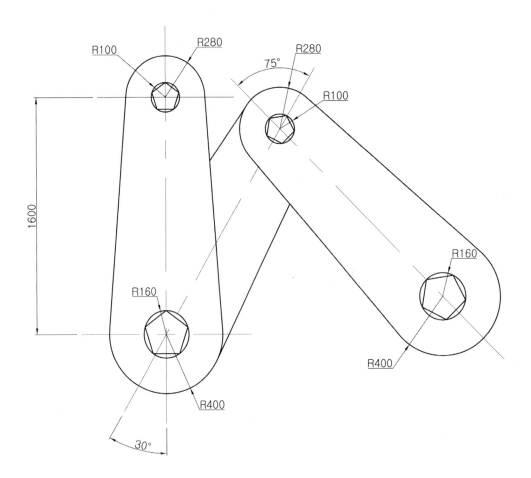

Hint

- 제시된 치수를 참고하여 도면을 작성합니다.
- 중심선을 작성합니다.
- Line / Polygon / Circle / Offset 명령을 활용하여 작성합니다.

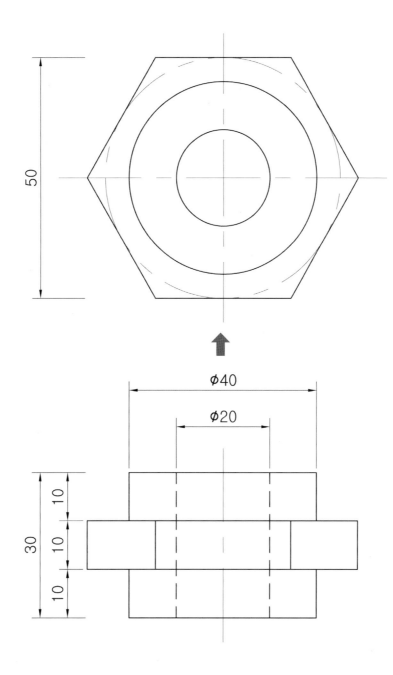

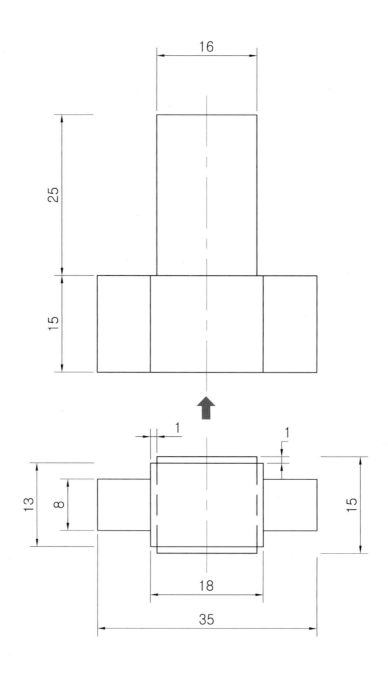

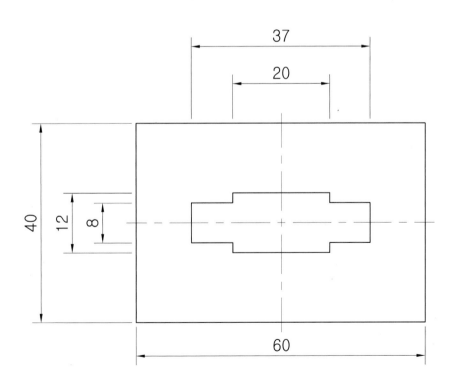

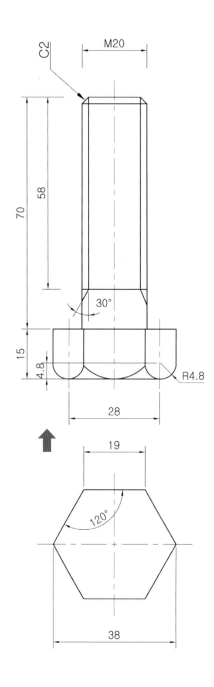

- 제시된 치수를 참고하여 도면을 작성합니다.
- 중심선을 작성합니다.
- Line / Circle / Trim / Offset / Fillet 명령을 활용하여 작성합니다.

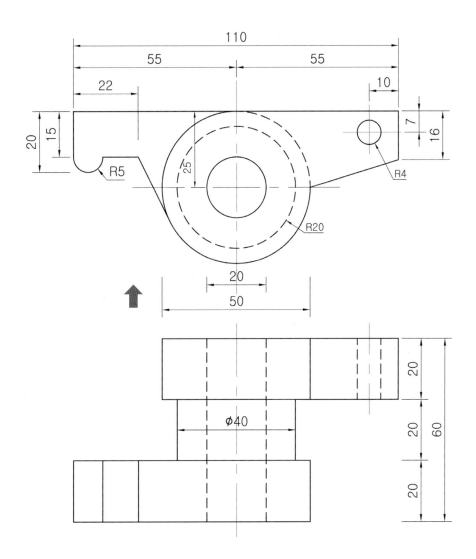

• 제시된 치수를 참고하여 도면을 작성합니다.

• 중심선을 작성합니다.

• Line / Circle / Trim / Offset / Copy 명령을 활용하여 작성합니다.

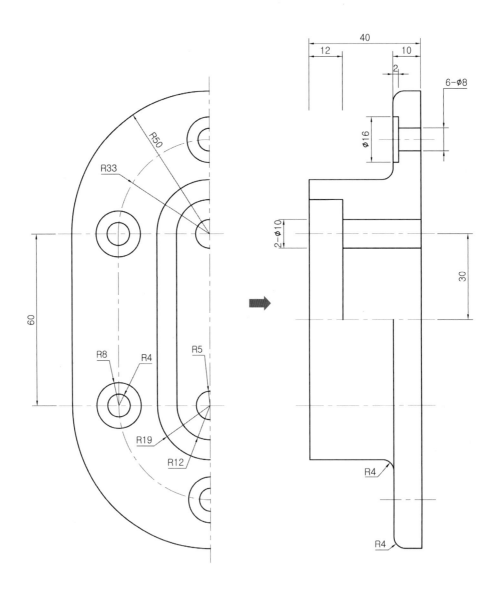

• 제시된 치수를 참고하여 도면을 작성합니다.

• Circle / Line / Offset / Trim / Fillet 명령을 활용하여 작성합니다.

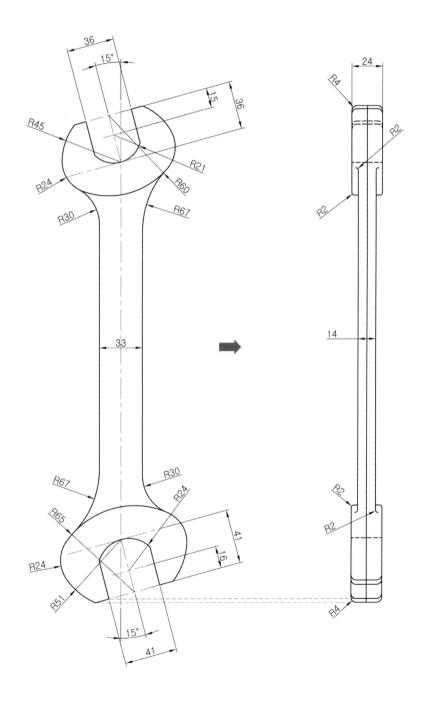

Hint

• 제시된 치수를 참고하여 도면을 작성합니다.

• 중심선을 작성합니다.

• Line / Circle / Trim / Offset / 명령을 활용하여 작성합니다.

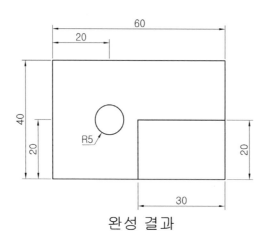

완 성 결 과

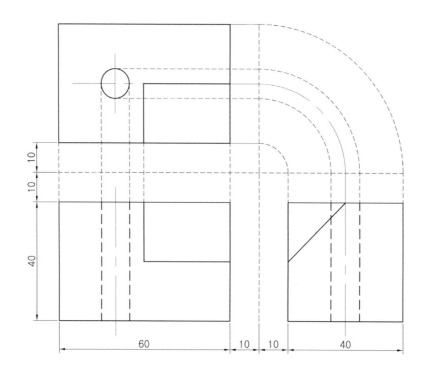

- 제시된 치수를 참고하여 도면을 작성합니다.
- 3차원 도면을 참고하여 제3각법을 활용하여 평면도 / 정면도 / 우측면도를 작성합니다.
- Rectang / Offset / Circle / Trim 명령을 활용하여 작성합니다.

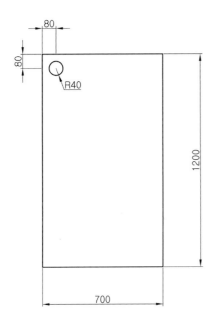

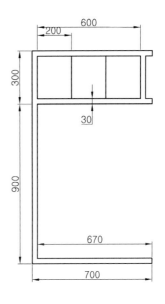

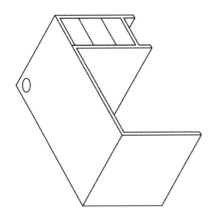

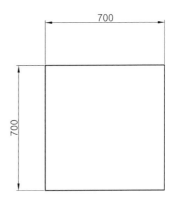

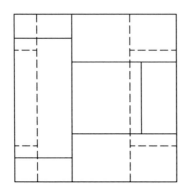

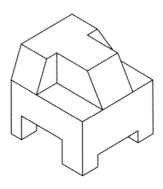

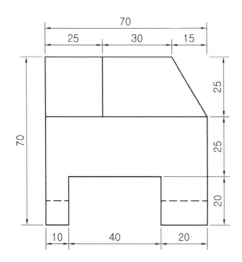

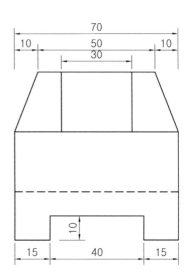

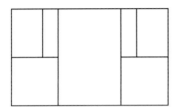

Hint
• 제시된 입체도를 참고하여 도면을 작성합니다.
• 평면도 / 정면도 / 우측면도를 작성합니다.

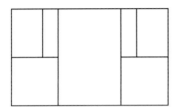

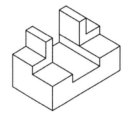

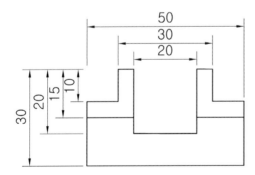

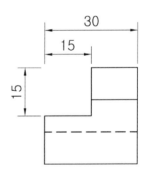

• 제시된 입체도를 참고하여 도면을 작성합니다.

• 평면도 / 정면도 / 우측면도를 작성합니다.

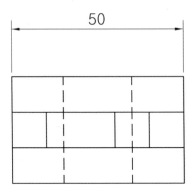

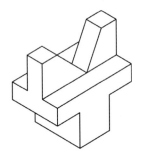

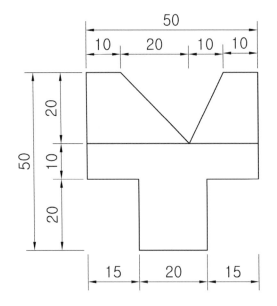

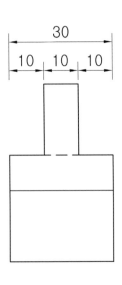

• 제시된 입체도를 참고하여 도면을 작성합니다.

• 평면도 / 정면도 / 우측면도를 작성합니다.

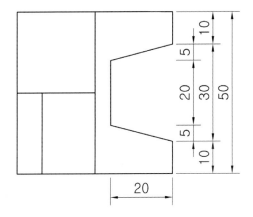

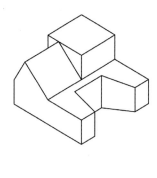

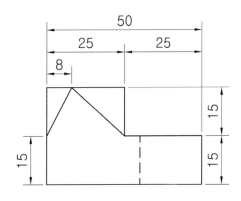

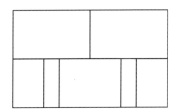

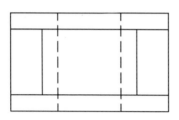

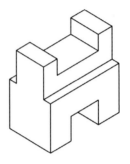

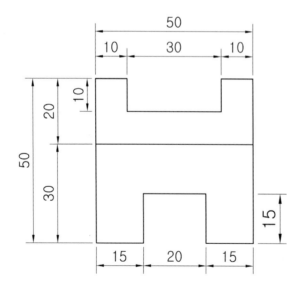

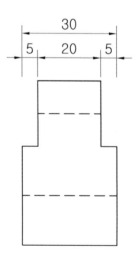

• 제시된 입체도를 참고하여 도면을 작성합니다.
• 평면도 / 정면도 / 우측면도를 작성합니다.

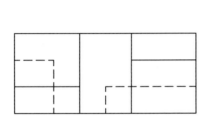
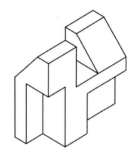

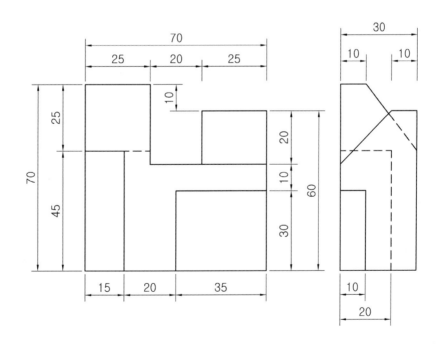

• 제시된 입체도를 참고하여 도면을 작성합니다.

• 평면도 / 정면도 / 우측면도를 작성합니다.

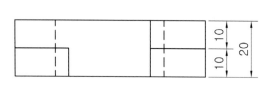

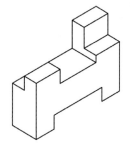

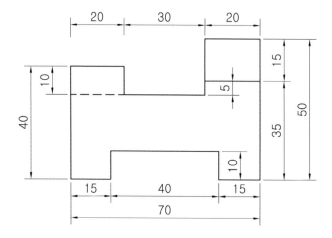

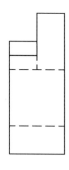

• 제시된 치수를 참고하여 투상도를 이해합니다.

• 평면도 / 정면도 / 측면도를 작성합니다.

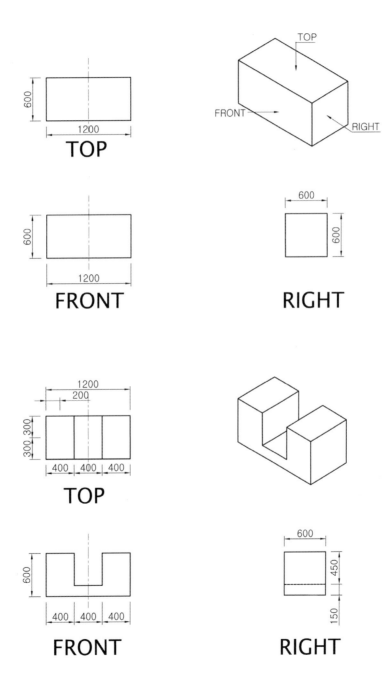

TOP

FRONT

RIGHT

TOP

FRONT

RIGHT

• 제시된 치수를 참고하여 투상도를 이해합니다.
• 평면도 / 정면도 / 측면도를 작성합니다.

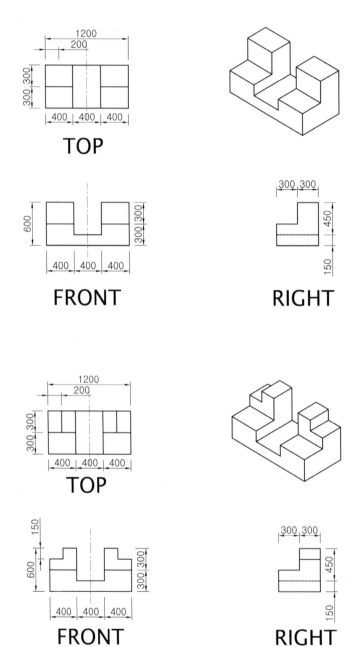

TOP

FRONT

RIGHT

TOP

FRONT

RIGHT

• 제시된 입체도를 참고하여 투상도를 이해합니다.

• 평면도 / 정면도 / 측면도를 작성합니다.

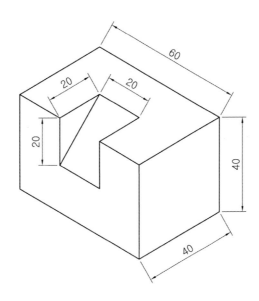

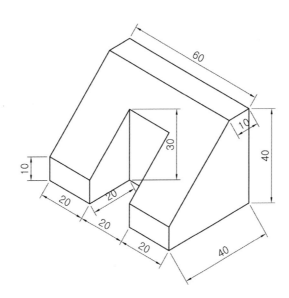

• 제시된 입체도를 참고하여 투상도를 이해합니다.
• 평면도 / 정면도 / 측면도를 작성합니다.

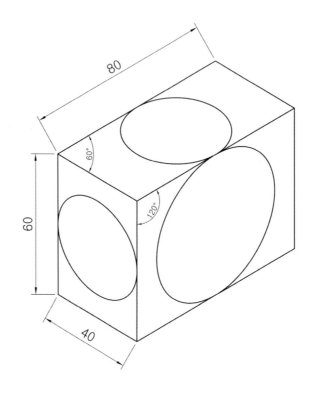

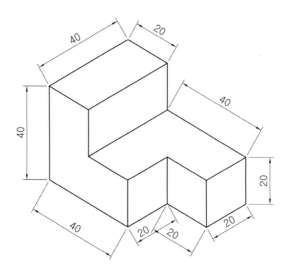

• 제시된 치수를 참고하여 도면을 작성합니다.

• 등각투상도 설정으로 맞추어 작성합니다.

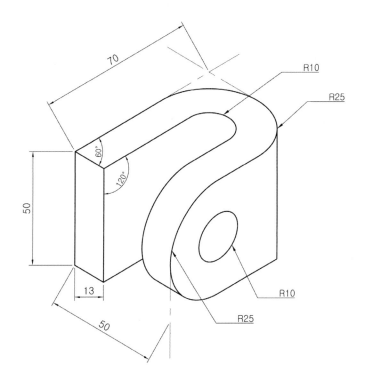

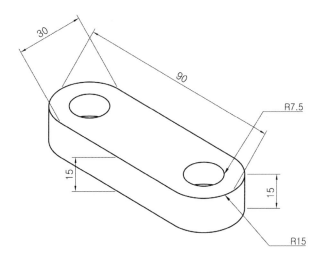

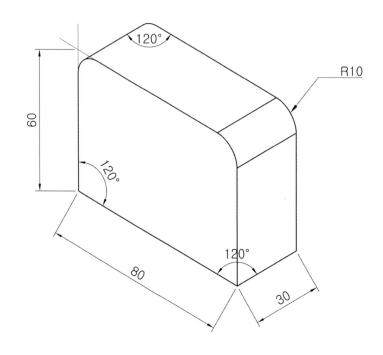

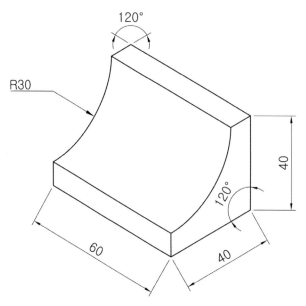

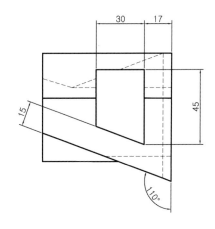

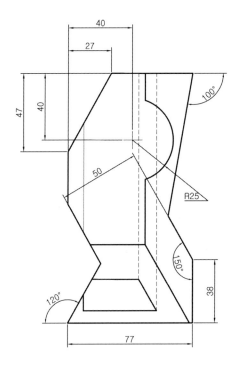

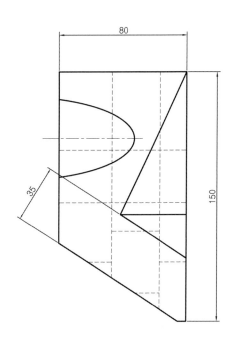

• 제시된 치수를 참 고하여 투상도를 이해합니다.
• 평면도 / 정면도 / 측면도를 작성합니다.

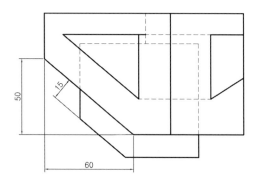

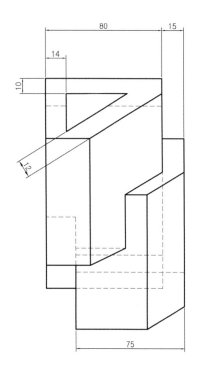

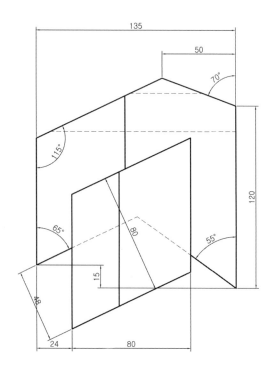

Hint

- 제시된 치수를 참고하여 투상도를 이해합니다.
- 평면도 / 정면도 / 측면도를 작성합니다.

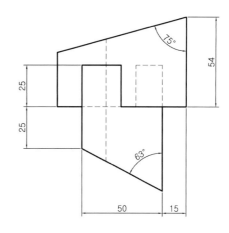

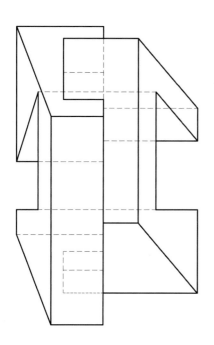

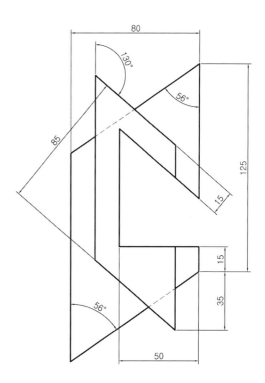

• 제시된 입체도를 참고하여 투상도를 이해합니다.

• 정면도와 측면도를 작성합니다.

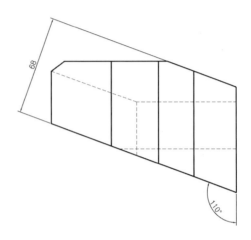

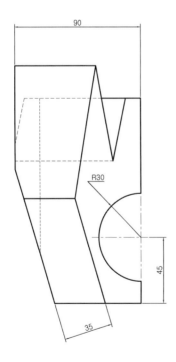

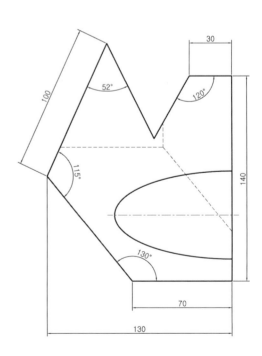

- 제시된 치수를 참고하여 투상도를 이해합니다.
- 평면도 / 정면도 / 측면도를 작성합니다.

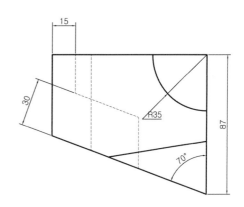

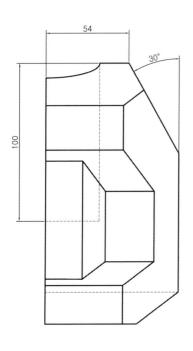

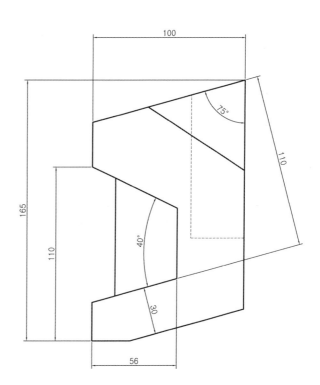

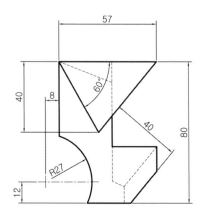

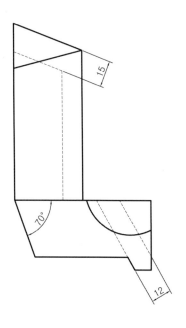

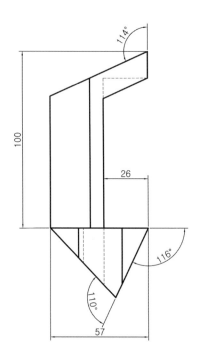

• 제시된 치수를 참고하여 투상도를 이해합니다.

• 평면도 / 정면도 / 측면도를 작성합니다.

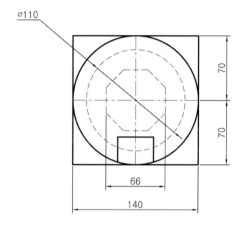

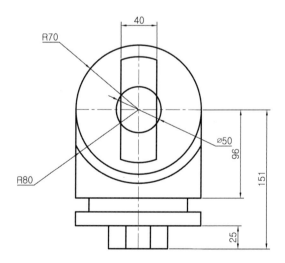

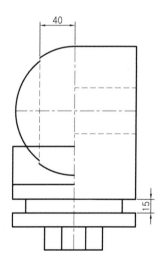

- 제시된 치수를 참고하여 투상도를 이해합니다.
- 평면도 / 정면도 / 측면도를 작성합니다.

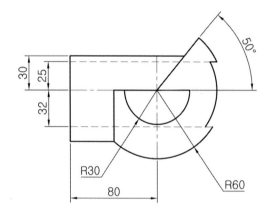

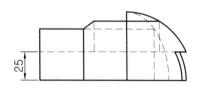

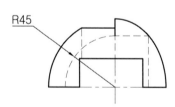

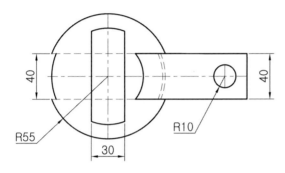

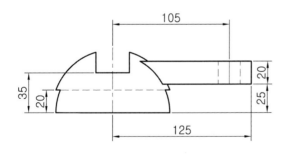
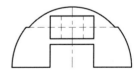

- 제시된 치수를 참고하여 투상도를 이해합니다.
- 평면도 / 정면도 / 측면도를 작성합니다.

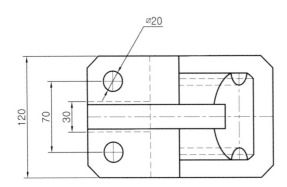

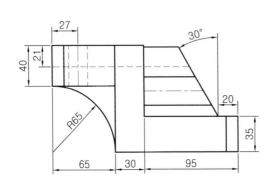

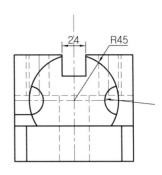

• 제시된 치수를 참고하여 투상도를 이해합니다.

• 평면도 / 정면도 / 측면도를 작성합니다.

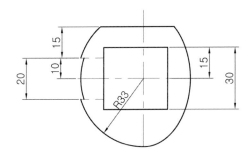

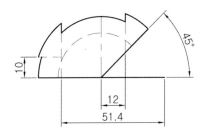

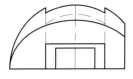

• 제시된 치수를 참고하여 투상도를 이해합니다.

• 평면도 / 정면도 / 측면도를 작성합니다.

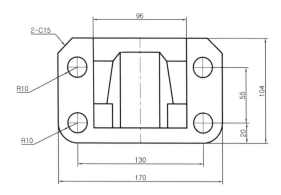

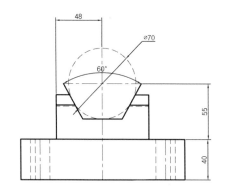

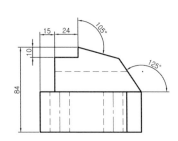

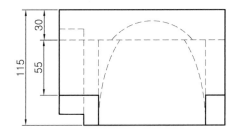

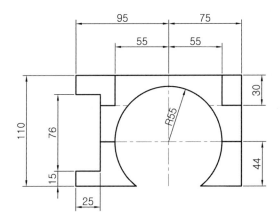

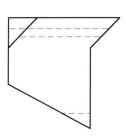

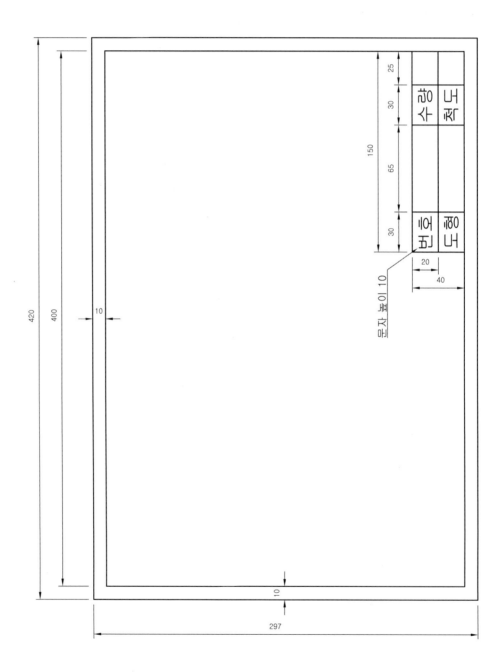

• 제시된 치수를 참고하여 도면을 작성합니다.

• Line / Offset / Trim / Text 명령을 활용하여 작성합니다.

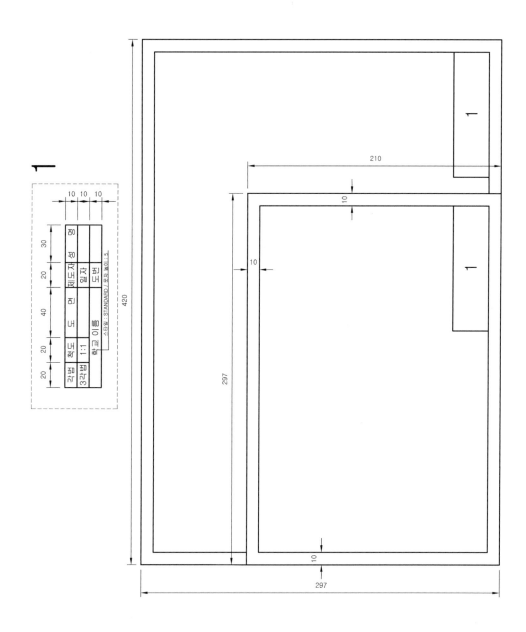

Hint

• 제시된 치수를 참고하여 표제란을 작성합니다.

• Rectang / Offset / Trim / Text / Move / Copy 명령을 활용하여 작성합니다.

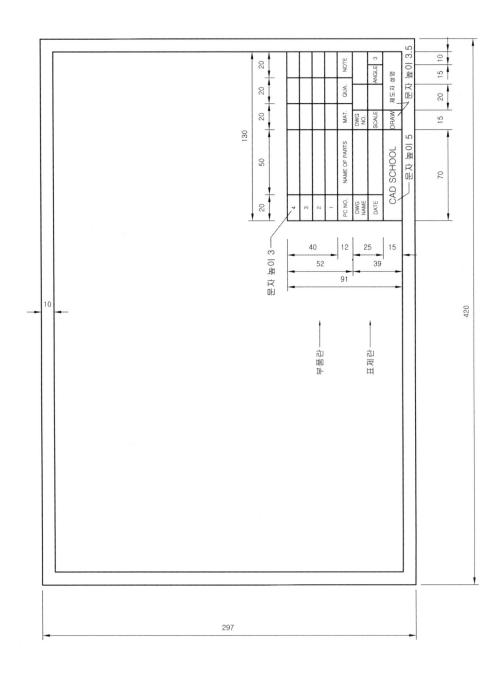

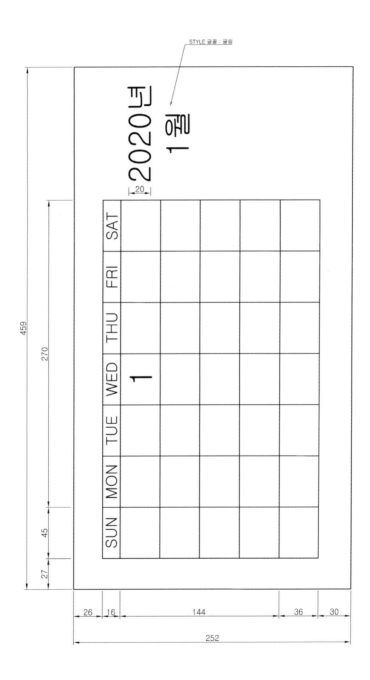

STYLE 글꼴 : 굴림

2020년
1월

SAT | FRI | THU | WED | TUE | MON | SUN

1

20

459
270
45
27

26 | 16 | 144 | 36 | 30

252

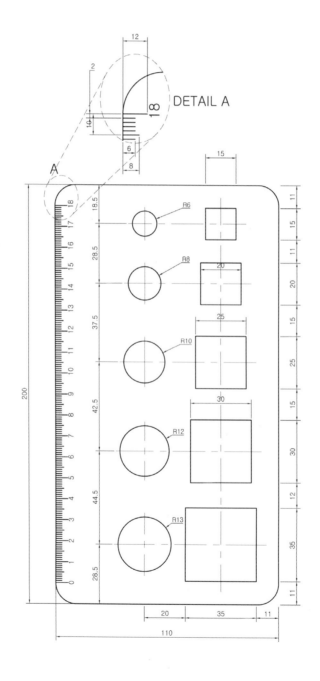

- 제시된 치수를 참고하여 도면을 작성합니다.
- Rectang / Fillet / Array 명령을 활용하여 작성합니다.
- Text 명령을 활용하여 문자를 작성합니다.

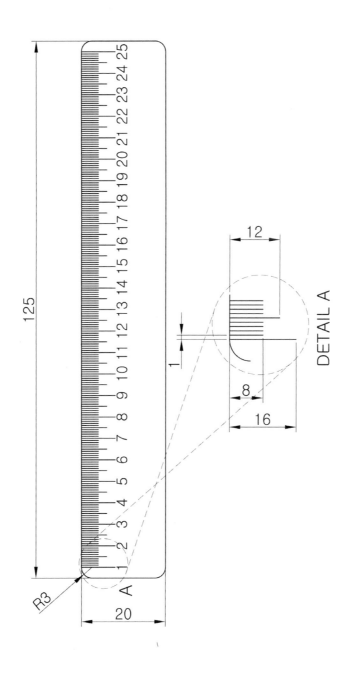

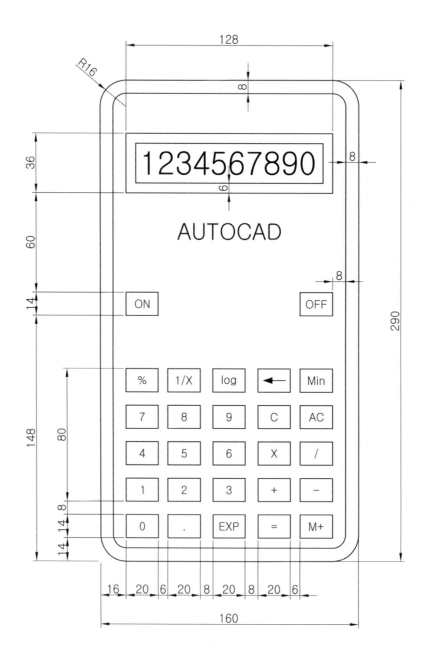

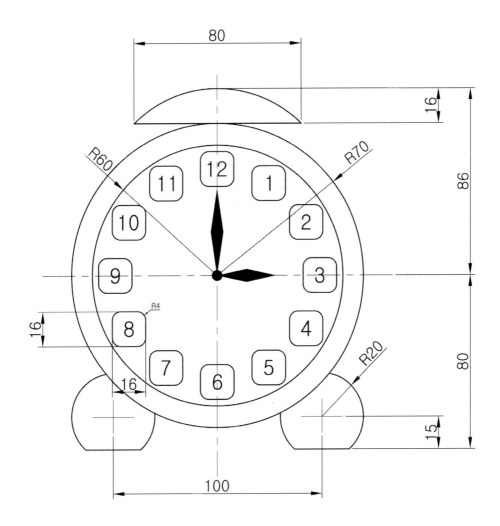

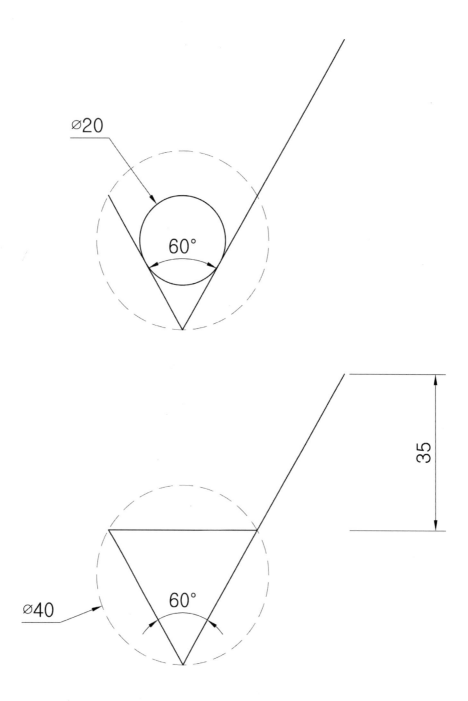

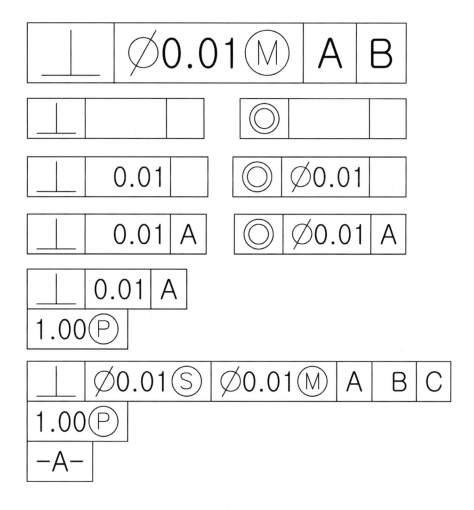

MEMO

03

3차원 모델링 명령어

CONTENTS

01 3차원 환경

01 │ 작업공간(Wscurrent)

1. 개요

3차원 모델링 작성 등을 위한 메뉴로 전환합니다.

[TIP]
Autocad 2016까지는 작업공간 유형으로 기존 사용자를 위해 [클래식] 모드가 존재하였음

2. 방법

상태 막대 ▶ 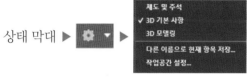 ▶ (3D 기본 사항 / 3D 모델링 중 선택)

[TIP]
3차원의 기반은 2차원 명령어임. 2차원 명령어 사용이 익숙할수록 3차원 학습에 유리함. 3차원 모델링을 학습함에 있어 UCS(좌표) 개념을 명확하게 이해하는 것도 중요함

3. 3D 리본 메뉴

3D 리본 메뉴는 구성의 간소함에 따라 '3D 기본 사항'과 '3D 모델링'으로 구분됩니다.

(1) 3D 기본 사항

3차원 모델링을 위한 기본 도구들로 구성

(2) 3D 모델링

3차원 모델링을 위한 세부적인 도구들로 구성

[3D 모델링]은 솔리드, 표면, 메쉬 모델링 방법에 의한 [탭]으로 구분됨

02 | 관측점(Vpoint)

1. 개요

3차원 객체를 관찰하기 위한 관측점을 설정합니다.

[TIP]
명령 입력줄 ▶ Plan 명령 입력(엔터표시)을 하면 2차원 뷰로 전환됨

2. 방법

① Vpoint [Enter↵], − VP [Enter↵]

② 관측점 지정 또는 [회전(R)] <나침반과 삼각대 표시> [Enter↵]

3. 관측점

① 0, 0 ,1 = 평면 관찰   ② 0, − 1, 0 = 정면 관찰

③ 1, 0, 0 = 우측면 관찰   ④ − 1, 0, 0 = 좌측면 관찰

⑤ 0, 0, − 1 = 밑면 관찰   ⑥ 0, 1, 0 = 뒷면 관찰

⑦ 1, − 1, 1 = 등각 투영면 관찰(SouthEast)

[TIP]
[뷰] 탭 ▶ 뷰 포트 도구 (그림) ON/OFF 가능

UCS 아이콘   View Cube   탐색 막대

뷰포트 도구 ▾

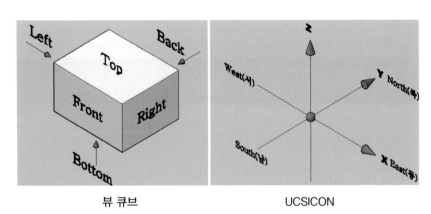

뷰 큐브   UCSICON

4. 좌표의 이해

① 직교 좌표 : 손가락을 펼친 축이 +(양) 축임
② 극 좌표 : 엄지손가락을 중심으로 감아 쥔 손가락 방향이 +(양) 회전 방향임

[TIP]
3차원 상에서 Array 및 Mirror, Rotate 등을 활용하기 위해서는 [극좌표] 개념을 명확하게 이해하여야 함

직교좌표   극좌표

5. 뷰 큐브

[TIP]
마우스 휠을 더블 클릭하면 작성 중인 모델링 내용을 화면 중앙으로 정렬할 수 있음(모델링이 이동되는 것은 아님)

작업 화면 우측 상단 ▶ 뷰 큐브 ▶ 뷰 큐브 홈(🏠) 버튼 클릭(기본 3D뷰 이동됨)

MEMO

----

6. 뷰 조정(표준 뷰와 사용자 뷰)

작업 화면 좌측 상단 ▶ **[뷰 조정]** 클릭(해당 뷰로 전환됨)

[TIP]
VP 명령 입력 후 -1,1,1
의 좌표값을 입력하면
[남동 등각투영]과 동일
한 뷰로 전환됨

[TIP]
좌표값을 활용하지 않고
[평면도]로 전환하고자
할 경우 Plan 명령 입력
후 'W' 옵션을 클릭하거
나 입력함

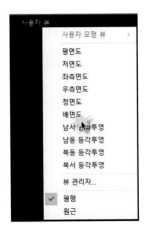

사용자 뷰에 명명된 뷰와 뷰 큐브를 사용하면 보다 편리하게 뷰 전환이 가능함. 그러나, 좌표값을 활용한 뷰 전환 중 평면도, 남동 등각투영에 대한 방법은 필수로 알아 둘 필요가 있음. 더불어, 펼쳐진 사용자 뷰 아래 [평행]와 [원근] 중 [원근]을 선택하면 3차원 객체의 깊이감이 표현될 수 있음으로 가능한 [평행]으로 설정하고 작업하도록 함.

03 | 특성(Properties)

[TIP]
두께(Thickness) 값을
적용하면 체적을 없는 3
차원 객체가 작성됨

1. 개요

두께 값을 활용하여 Z축 방향의 높이를 설정합니다.

2. 방법

① Properties [Enter↵],

PROPS [Enter↵], [Ctrl] + 1

② 2차원 객체 선택 [Enter↵]

(2차원 객체는 폴리화된 객체여야 함)

③ Thickness : 두께 값 입력 [Enter↵]

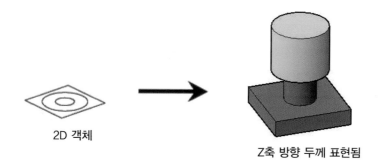

2D 객체

Z축 방향 두께 표현됨

[출처 : Autocad 2018 도움말]

④ Elevation : 고도 값 입력 [Enter↵]

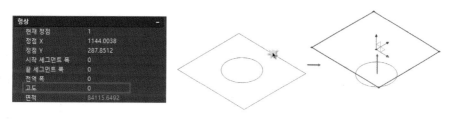

Elevation의 적용

04 | 비주얼 스타일(Vscurrent)

1. 개요

비주얼 스타일(화면상에 보여지는 스타일)을 변경합니다.

2. 방법

① Vscurrent [Enter↵], Shademode [Enter↵], VS [Enter↵]
② 옵션 [2D 와이어프레임(2) / 와이어프레임(W) / 숨김(H) / 실제(R) / 개념(C) / 음영처리(S) / 모서리로 음영처리됨(E) / 회색 음영처리(G) / 스케치(SK) / X 레이(X) / 기타(O)] <2d 와이어프레임> : 옵션 입력 [Enter↵]

3. 옵션

[TIP]
[비주얼 스타일]을 [실제
(R)]로 설정한 후 작업을
하면 화면 조정 속도가
현저히 감소되어 작업
효율이 떨어짐

① 2D 와이어프레임(2) : 초기값으로 평면 도면 작업 시에는 항상 이 값을 사용

② 와이어프레임(W) : 3D 도면 작업 시에 설정하며 3D 좌표계를 사용

③ 숨김(H) : 숨은선을 제거한 상태로 보여줌

④ 실제(R) : 객체에 면을 채우고 적용된 재질을 입혀 사실적으로 보여줌

⑤ 개념(C) : 객체에 면을 채우고 어둡고 밝은 부분을 표현하여 개념적으로 보여줌

4. VISUALSTYLES

[TIP]
비주얼스타일은 작업화
면 좌측 상단의 [비주얼
스타일 컨트롤]에서도 가
능함

[홈] 탭 ▶  ▶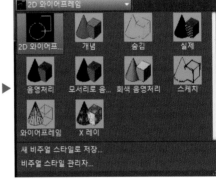

(작성된 3D 모델의 다양한 뷰 스타일 전환)

MEMO

CHAPTER

02 솔리드 도구의 활용

01 | 숨김(Hide)

1. 개요

시점에서 가려진 모서리(EDGE) 선을 숨김처리 합니다. Hide와 비주얼스타일의 [숨김]에는 차이가 있습니다. Hide 명령을 수행할 경우 이동과 화면 축소/확대가 불가능합니다. 그러나 [숨김]은 가능합니다.

2. 방법

① Hide `Enter↵`, HI `Enter↵`

[TIP]
HIDE 실행 시 ZOOM 명령 등을 통해 화면을 축소/확대가 불가능함 (REGEN 명령 수행 또는 [도면층 및 뷰] 패널에서 다른 [비주얼 스타일] 선택 후 가능)

02 | 돌출(Extrude)

1. 개요

닫힌 2차원 객체를 돌출하여 솔리드 형상을 만듭니다.

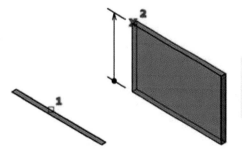

[그림 출처 : Autocad 2018 도움말]

[TIP]
돌출시키고자하는 객체는 반드시 폴리화 또는 영역화 되어야 있어야 함

2. 방법

① Extrude `Enter↵`, EXT `Enter↵`
② 돌출할 객체 선택 또는 [모드(MO)] : 객체 선택 `Enter↵`

[TIP]
폴리화되어 있지 않은 선을 [돌출]시키면 해당 선이 면으로만 표현됨

③ 돌출 높이 지정 또는 [방향(D) / 경로(P) / 테이퍼 각도(T) / 표현식(E)] : 돌출 높이 값 입력 Enter↵

3. 옵션

(1) 방향(D) : 돌출되는 높이, 방향을 사용자가 임의로 지정

① 돌출 객체 선택 Enter↵

② 돌출 방향 시작점 지정

③ 돌출 방향 끝점 지정

[TIP]
돌출(Extrude) 명령의 [경로(P)] 옵션은 경로를 따라 돌출시키는 방법으로서 Sweep 명령어와 유사함

경로

단면객체

[TIP]
열려진 2차원 객체는 면(Surface) 객체로 생성됨

(2) 경로(P) : 경로 길이와 방향에 의해 돌출

① 돌출 객체 선택 Enter↵

② 돌출 경로 선택

(3) 테이퍼 각도(T) : 돌출되는 방향으로 면 기울기 지정

① 돌출 객체 선택 Enter↵

② 경사(기울기) 각도 값 입력 Enter↵

③ 돌출 높이 값 입력 Enter↵

03 | 눌러 당기기(Presspull) 🔧 눌러 당기기

1. 개요

객체의 경계 영역을 선택하여 원하는 방향으로 돌출시킵니다.

솔리드의 경계 영역(원)　　경계 영역 누름　　경계 영역 당김

[그림 출처 : Autocad 2018 도움말]

2. 방법

① Presspull Enter↵
② 객체 또는 경계 영역 선택
③ 돌출 방향 점 또는 돌출 값 입력 Enter↵

[TIP]
Presspull로 영역을 선택한다는 의미는 닫힌 형상의 내부 영역을 포인팅한다는 의미임

04 | 영역(REGION)

1. 개요

닫힌 2차원 객체를 영역화합니다.(면 생성됨)

[TIP]
영역(Region) 명령을 활용하여 영역화되면 닫힌 영역에 면이 작성됨

2. 방법

① Region Enter↵, Reg Enter↵
② 객체 선택 Enter↵
※ 3D 면(3dface) 명령으로 3점 또는 4점으로 영역을 지정하여 면을 작성할 수 있음

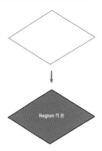

05 | 경계(BOUNDARY)

1. 개요

닫혀진 내부 공간의 모서리로 폴리화(연결된)된 신규 도형을 생성합니다.

[TIP]
3dface 명령 수행 과정

2. 방법

① Boundary Enter↵, BO Enter↵
② [점 선택(P)] 클릭
③ 닫힌 내부 공간 지정 Enter↵

3. 객체 생성 유형

① 영역 : 영역 객체 생성

② 폴리선 : 폴리선 객체 생성

※ Bpoly 명령으로 작성된 폴리선은 기존 선분 위에 작성되는 것임. 즉, 기존 선은
그대로 아래에 유지됨

06 | 좌표계(UCS)

1. 개요

사용자 좌표계 설정합니다.

2. 방법

① UCS Enter↵

② UCS의 원점 지정 또는

[면(F) / 이름(NA) / 객체(OB) / 이전(P) / 뷰(V) / 표준(W) / X(X) / Y(Y) / Z(Z)
/ Z축(ZA)] <표준> : 옵션선택 Enter↵

3. 옵션

  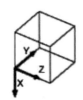

world coordinate system / rotation about X axis = 90 / rotation about Y axis = 90 / rotation about Z axis = 90

[그림 출처 : Autocad 2018 도움말]

① X : 지정 좌표축 기준으로 나머지 좌표축 회전

② Y : 지정 좌표축 기준으로 나머지 좌표축 회전

③ Z : 지정 좌표축 기준으로 나머지 좌표축 회전

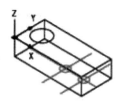 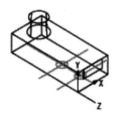 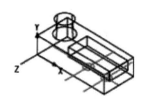

[그림 출처 : Autocad 2018 도움말]

④ 원점 지정 : 원점(0,0,0) 설정

⑤ 표준(W) : UCS를 WCS와 일치

⑥ View : 화면(카메라 렌즈)을 XY 평면으로 사용

⑦ Face : Solid면에 맞춰 UCS 설정

MEMO

07 | 동적 사용자 좌표계(Dynamic UCS)

1. 개요

Solid 면에 자동으로 UCS를 맞춤합니다.

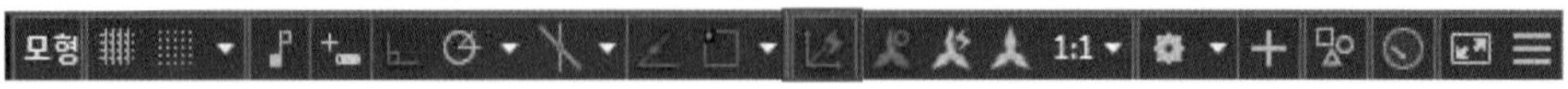

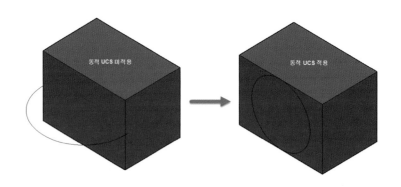

2. 옵션

[TIP]
기능키 F6으로 Dynamic UCS ON/OFF 가능

① Enable 체크 시 ON : UCS 조정 가능 상태

② Enable 미체크 시 OFF : UCS 조정 불가능 상태

3. Dynamic UCS 적용 유/무

[TIP]
Dynamic UCS는 UCS 명령의 [면(F)] 옵션 적용 과정을 단순화 시킨 것임

F6 기능키를 활용하여 동적(Dynamic) UCS를 ON하면 위의 우측 그림과 같이 해당 면에 2차원 형상을 작성할 수 있음

1. 개요

상자 형상의 솔리드 객체를 작성
합니다.

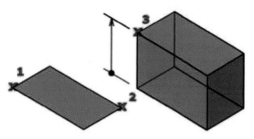

[그림 출처 : Autocad 2018 도움말]

[TIP]
솔리드(Solid) 객체는 체적값을 가지고 있음. 면(Mesh 또는 Surface) 객체는 체적값을 가지고 있지 않음

2. 방법

① Box Enter↵

② 첫 번째 구석 지정 또는 [중심(C)] : 상자의 첫 번째 구석 점 지정

③ 반대 구석 지정 또는 [정육면체(C) / 길이(L)] : 대각선 방향의 구석 점 지정

④ 높이 지정 또는 [2점(2P)] : 높이 값 입력 Enter↵

3. 옵션

(1) 중심(C) : 중심에서 작성

　① 중심 지정 : 중심점 지정

　② 구석 지정 또는 [정육면체(C) / 길이(L)] : 대각선 방향 구석 지정

(2) 정육면체(C) : 정육면체 작성

　길이 지정 : 길이 값 입력 Enter↵

(3) 길이(L) : x, y, z축 길이 값 입력 Enter↵

[TIP]
3차원 객체를 클릭하여 표시된 [화살표] 그립점을 마우스로 클릭 후 끌기하면 형상의 변화를 줄 수 있음

4. 솔리드 객체의 이해

(1) 일반적으로 사용하는 3차원 모델로서 체적 등의 특성을 가진 3차원 객체를 의미
합니다. 솔리드 기본 형상으로는 상자, 원추, 원통, 구, 토러스, 피라미드를 작성
할 수 있습니다. 다양한 솔리드 편집 도구(합집합, 교집합, 차집합 등)를 활용하
여 교차된 솔리드 형상을 수정할 수 있습니다.

(2) 서피스 및 메쉬 모델은 질량과 체적이 없는 단순한 면을 의미합니다. 그러나 이러
한 면 모델링은 면 분할 수를 높여 유연함을 증가시킬 수 있습니다.

09 | 솔리드 원통(Cylinder) 원통

[TIP]
솔리드 객체를 작성할 경우 바탕이 되는 밑 그림은 Circle 또는 Ellipse, Rectangle 명령 수행 방법과 유사하게 작성함

1. 개요

원통 형상의 솔리드를 작성합니다.

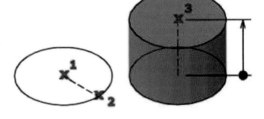

[그림 출처 : Autocad 2018 도움말]

2. 방법

① Cylinder [Enter↵], CYL [Enter↵]
② 기준 중심점 지정 또는 [3P(3P) / 2P(2P) / Ttr – 접선 접선 반지름(T) / 타원형(E)]
　 : 중심점 지정
③ 밑면 반지름 지정 또는 [지름(D)] : 반지름 값 입력 [Enter↵]
④ 높이 지정 또는 [2점(2P) / 축 끝점(A)] < > : 높이 값 입력 [Enter↵]

3. 옵션

[TIP]
작성된 원통을 클릭하여 나타나는 [화살표] 그립점을 활용하여 지름과 높이 변화를 줄 수 있음

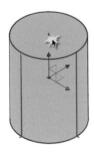

① 타원형(E) : 타원형 기둥 작성
　 • 기준 중심점 지정 또는 [3P(3P) / 2P(2P) / Ttr – 접선 접선 반지름(T) / 타원형
　　 (E)] : E [Enter↵]
　 • 첫 번째 축의 끝점 지정 또는 [중심(C)] : 축의 끝점 지정
　 • 첫 번째 축의 다른 끝점 지정 : 축의 나머지 끝점 지정
　 • 두 번째 축의 끝점 지정 : 다른 축의 끝점 지정
　 • 높이 지정 또는 [2점(2P) / 축 끝점(A)] < > : 높이 값 입력 [Enter↵]
② 2P(2P) : 두 점을 이용한 높이 지정
③ 축 끝점(A) : 다른 축의 높이 지정

10 | 솔리드 원추(Cone) 원추

1. 개요

원추 형상의 솔리드를 작성합니다.

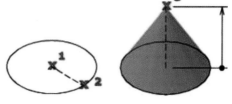

[그림 출처 : Autocad 2018 도움말]

[TIP]
[상단 반지름(T)] 옵션을
활용하여 상단이 평탄한
원추를 작성할 수 있음

2. 방법

① Cone [Enter↵]

② 기준 중심점 지정 또는 [3P(3P) / 2P(2P) / Ttr – 접선 접선 반지름(T) / 타원형(E)]
   : 중심점 지정

③ 밑면 반지름 지정 또는 [지름(D)] < > : 반지름 값 입력 [Enter↵]

④ 높이 지정 또는 [2점(2P) / 축 끝점(A) / 상단 반지름(T)] < > : 높이 값 입력 [Enter↵]

11 | 솔리드 구(Sphere) 구

1. 개요

구 형상의 솔리드를 작성합니다.

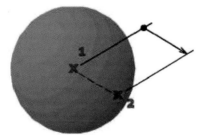

[TIP]
[지름(D)] 옵션을 활용하
면 직접 지름 값을 입력
할 수 있음

[그림 출처 : Autocad 2018 도움말]

2. 방법

① Sphere [Enter↵]

② 중심점 지정 또는 [3점(3P) / 2점(2P) / Ttr – 접선 접선 반지름(T)] : 중심점 지정

③ 반지름 지정 또는 [지름(D)] < > : 반지름 값 입력 [Enter↵]

[TIP]
구 형상을 작성할 경우 [3P]와 [2P], [TTR] 옵션을 사용할 경우 Osnap 즉, 객체 스냅 점을 활용하여 작성할 수 있음

3. 옵션

① 타원형(E) : 타원형 원추 작성

- 기준 중심점 지정 또는 [3P(3P) / 2P(2P) / Ttr – 접선 접선 반지름(T) / 타원형 (E)] : E Enter↵
- 첫 번째 축의 끝점 지정 또는 [중심(C)] :한 축의 끝점 지정
- 첫 번째 축의 다른 끝점 지정 : 축의 나머지 끝점 지정
- 두 번째 축의 끝점 지정 : 다른 축의 끝점 지정
- 높이 지정 또는 [2점(2P) / 축 끝점(A) / 상단 반지름(T)] < > : 높이 값 입력 Enter↵

② 2P(2P) : 두 점을 이용한 높이 지정

③ 축 끝점(A) : 다른 축의 높이 점 지정

④ 상단 반지름(T) : 꼭대기에 반지름 값 적용

---

12 | 피라미드(Pyramid) 피라미드

[TIP]
[상단 반지름(T)] 옵션을 활용하여 상단이 평탄한 파리미드를 작성할 수 있음

1. 개요

피라미드 형상의 객체를 작성합니다.

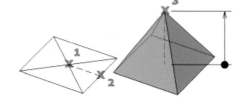

[그림 출처 : Autocad 2018 도움말]

2. 방법

① Pyramid Enter↵, PYR Enter↵

② 기준 중심점 지정 또는 [모서리(E) / 변(S)]: 중심점 지정

③ 밑면 반지름 지정 또는 [내접(I)]: 반지름 값 입력 Enter↵

④ 높이 지정 또는 [2점(2P) / 축 끝점(A) / 상단 반지름(T)] <0.0>: 높이 값 입력 Enter↵

3. 옵션

① 2P(2P) : 두 점을 이용한 높이 지정

② 축 끝점(A) : 다른 축의 높이 점 지정

③ 상단 반지름(T) : 상단 꼭지점에 반지름 값 입력

13 │ 솔리드 쐐기(Wedge)

1. 개요

쐐기 형상의 빗면체를 작성합니다.

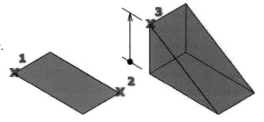

[그림 출처 : Autocad 2018 도움말]

2. 방법

① Wedge `Enter↵`, WE `Enter↵`

② 첫 번째 구석 지정 또는 [중심(C)] : 첫 번째 구석 점 지정

③ 반대 구석 지정 또는 [정육면체(C) / 길이(L)] : 대각선 방향 구석 점 지정

④ 높이 지정 또는 [2점(2P)] < > : 높이 값 입력 `Enter↵`

[TIP]
쐐기 형상의 작성은 상자
형상 작성법과 유사함

3. 옵션

① 중심(C) : 쐐기의 중심에서 작성

  • 중심 지정 : 중심점 지정

  • 구석 지정 또는 [정육면체(C) / 길이(L)] : 대각선 방향 구석 점 지정

② 정육면체(C) : 정육면체 쐐기 작성

  • 길이 지정 < > : 길이 값 `Enter↵`

③ 길이(L) : x, y, z축의 길이 값 지정 `Enter↵`

14 | 솔리드 토러스(Torus) 토러스

[TIP]
토러스 형상을 작성할 경우 [3P]와 [2P], [TTR] 옵션을 사용할 경우 Osnap 즉, 객체 스냅 점을 활용하여 작성할 수 있음

1. 개요

도넛 형상의 솔리드를 작성합니다.

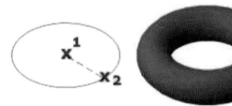

[그림 출처 : Autocad 2018 도움말]

[TIP]
Torus 작성에서 튜브 반지름이란 2번째 점에서의 반지름을 의미함. Donut 명령에서의 내부지름과 외부지름 입력 개념과 혼동되지 않도록 함

2. 방법

① Torus [Enter↵], TOR [Enter↵]

② 중심점 지정 또는 [3점(3P) / 2점(2P) / Ttr – 접선 접선 반지름(T)] : 중심점 지정

③ 반지름 지정 또는 [지름(D)] < > : Torus의 반지름 값 입력 [Enter↵]

④ 튜브 반지름 지정 또는 [2점(2P) / 지름(D)] : Tube의 반지름 값 입력 [Enter↵]

15 | 나선(Helix) ▦

[TIP]
나선(Helix) 명령은 Extrude 명령의 [경로(P)] 옵션 또는 Sweep 명령과 함께 자주 사용됨

1. 개요

나선 형상의 객체를 작성합니다.

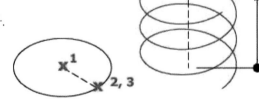

[그림 출처 : Autocad 2018 도움말]

2. 방법

① Helix [Enter↵]

② 중심지정

③ 밑면 반지름 지정 또는 [지름(D)] <1.0000> : 기준 반지름 값 입력 [Enter↵]

④ 상단 반지름 지정 또는 [지름(D)] < > : 상단 반지름 값 입력 [Enter↵]

⑤ 나선 높이 지정 또는 [축 끝점(A) / 회전(T) / 회전 높이(H) / 비틀기(W)] <1.0000>
　　 : 나선 높이 값 입력 [Enter↵]

3. 옵션

① 축 끝점(A) : 축 끝점 지정

② 회전(T) : 나선 회전 횟수 값 입력

③ 회전 높이(H) : 회전 높이 값 입력

④ 비틀기(W) : 회전 방향 값 입력

[TIP]
[비틀기(W)] 옵션을 선택하여 나선의 회전 방향을 시계 또는 시계 반대 방향으로 전환할 수 있음. [CCW]는 카운터 클락와이즈(counter clockwise)의 약어로서 시계 반대 방향인 오른쪽에서 왼쪽으로 움직이는 것을 말함

[CW CCW]

16 | 합집합(Union)

1. 개요

두 개 이상의 Solid, Region 객체를 합집합 합니다.

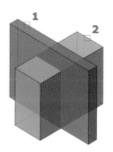

[그림 출처 : Autocad 2018 도움말]

[TIP]
두 개 이상의 객체가 겹쳐지지 않고 떨어져 있어도 합집합(Union)이 가능함

2. 방법

① 명령 : Union [Enter↵], UNI [Enter↵]

② 대상 객체 모두 선택 [Enter↵]

[TIP]
간격을 두고 합집합된 객체는 [홈] 탭 ▶ [솔리드 편집] 패널 ▶ [분리] 도구를 활용하여 다시 해제할 수 있음

모서리 추출 ▾
면 돌출 ▾
분리 ▾
솔리드 편집

3. 부울(Boolean) 연산의 이해

① 솔리드 모델링 편집에서 중요한 기능 중에 하나가 부울 연산입니다. 즉, 솔리드 객체와의 합집합, 차집합, 교집합을 의미함

② 원하는 형상을 작성하기 위해서는 솔리드 객체들을 상호 합치거나 빼는 등의 조합하는 것이 3차원 솔리드 모델링의 기본임

③ Region이 적용된 2차원 객체들도 부울 연산을 수행할 수 있음

17 | 차집합(Subtract)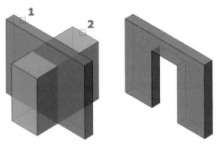

1. 개요

[TIP]
차집합의 경우 기준 객체를 선택한 후 다수의 제거 객체를 선택하여 빼낼 수 있음

첫 선택 Solid, Region 객체로부터 다음 선택 Solid, Region 객체를 차집합 합니다.

[그림 출처 : Autocad 2018 도움말]

2. 방법

① 명령 : Subtract `Enter↵`, SU `Enter↵`
② 기준 객체 선택 `Enter↵`
③ 제거 객체 선택 `Enter↵`

18 | 교집합(Intersect)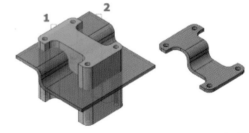

1. 개요

[TIP]
교집합을 활용하여 2개 이상의 형상 조합으로 인한 복잡한 새로운 형상을 만들어 낼 수 있음

두 개 이상의 Solid 또는 Region 객체의 겹쳐진 부분을 교집합 합니다.

[그림 출처 : Autocad 2018 도움말]

2. 방법

① Intersect `Enter↵`, IN `Enter↵`
② 대상 객체 모두 선택 `Enter↵`

19 | 옵션(Options)

1. 개요

화면상에 표현되는 3D 형상 표현의 정밀도를 조정합니다.

2. 방법

① OP Enter↵

②

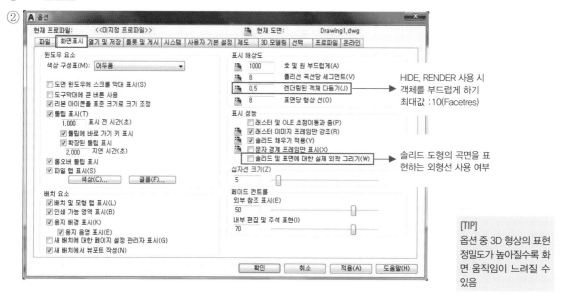

아래의 그림처럼 [**렌더링 객체 다듬기**] 값이 낮을수록 곡면 객체의 표면이 거칠게 표현됨

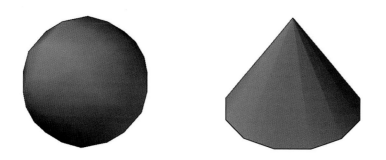

[렌더링 객체 다듬기(J)]의 이해

20 | 솔리드 모깎기(Fillet)

1. 개요

[TIP]
Filletedge 명령으로 실행하면 본문의 방법 중 ④번부터 진행됨.

Solid 도형의 모서리를 라운딩(모깎기) 처리합니다.

selecting edges

single edge fillets

[그림 출처 : Autocad 2018 도움말]

2. 방법

① Fillet [Enter↵], F [Enter↵]
② 첫 번째 객체 선택 또는 [명령 취소(U) / 폴리선(P) / 반지름(R) / 자르기(T) / 다중(M)] : 모깎기 할 모서리 선택 [Enter↵]
③ 모깎기 반지름 입력 또는 [표현식(E)] : 반지름 값 입력 [Enter↵]
④ 모서리 선택 또는 [체인(C) / 루프(L) / 반지름(R)] : 모깎기 할 모서리 선택 [Enter↵]

3. 옵션

[TIP]
합집합된 객체 간의 경계선을 대상으로 Fillet을 수행할 수 있음

① 반지름(R) : 다른 반지름 값에 의해 라운딩 할 모서리가 있는 경우 사용
  • 모깎기 반지름 지정 < > : 새로운 반지름 값 입력
  • 모서리 선택 또는 [체인(C) / 루프(L) / 반지름(R)] : 새로운 값에 의해 모깎기 할 모서리 선택
② 체인(C) : 선택 모서리에 Tangent 되어 연결된 모서리를 일괄 모깎기

4. 모서리 전부 모깎기

2차원의 Fillet(모깎기)처럼 솔리드 객체의 모서리를 둥글게 처리하는 명령으로서 여러개의 모서리 선택이 가능하며 모서리 전체를 선택하고자 한다면 [루프(L)] 옵션을 사용함

21 | 솔리드 모따기(Chamfer)

1. 개요

Solid 도형의 모서리를 경사처리(모따기) 합니다.

selecting edge loop   edge loop selected   chamfered edge loop

[그림 출처 : Autocad 2018 도움말]

[TIP]
Chamferedge 명령으로 실행하면 본문의 방법 중 ⑦번부터 진행됨

2. 방법

① Chamfer Enter↲, CHA Enter↲

② 첫 번째 선 선택 또는 [명령 취소(U) / 폴리선(P) / 거리(D) / 각도(A) / 자르기(T) / 메서드(E) / 다중(M)] : 모서리 선택

③ 기준 표면 선택... (자동 검색)

④ 표면 선택 옵션 입력 [다음(N) / 확인(OK)] <확인(OK)> : 모따기 기준면 설정

⑤ 기준 표면 모따기 거리 지정 또는 [표현식(E)] <15.0000> : 기준면 모따기 거리 값 입력 Enter↲

⑥ 다른 표면 모따기 거리 지정 또는 [표현식(E)] <15.0000> : 다른면 모따기 거리 값 입력 Enter↲

⑦ 모서리 선택 또는 [루프(L)] : 기준면 내 모따기 할 모서리 선택 Enter↲

[TIP]
합집합된 객체 간의 경계선을 대상으로 Chamfer을 수행할 수 있음

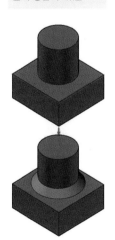

3. 옵션

루프(L) : 선택 모서리에 연결된 기준면 내의 모든 모서리를 한 번에 모따기

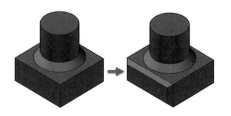

[로프(L)] 옵션의 수행 과정

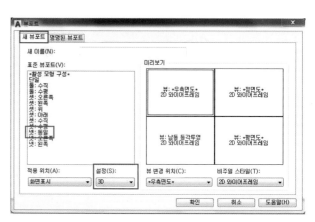

22 | 뷰 포트 구성(Vports)

1. 개요

[TIP]
3D 뷰포트를 설정하면 3차원 모델링 과정을 각기 다른 관측점에서의 뷰로 관찰하면 작성할 수 있음

작업 화면을 분할합니다.

2. 방법

Vports Enter↵

3. 옵션

① 새 뷰포트 : 새로운 뷰포트 설정

  ㄱ 새 이름(N) : 새로운 분할 된 뷰포트 저장

  ㄴ 표준 뷰포트(V) : 사용할 수 있는 표준 뷰포트 나열

  ㄷ 화면 표시 : 기존의 화면 구성을 무시하고 다시 화면 분할

  ㄹ 설정(S) : 현재 활성화된 뷰포트 분할

   • 2D : 현재 관측 방향으로 모든 분할 된 뷰포트를 설정

   • 3D : 각 뷰포트마다 관측 방향을 다르게 Change view to에서 선택

  ㅁ 뷰 변경 위치(C) : 각 뷰포트에 관측 방향 선택

  ㅂ 비주얼 스타일(T) : 물체 표현방식 선택

[TIP]
뷰포트 구성에서 작업 화면 분할 유형 선택 가능

② 명명된 뷰포트 :
  저장된 뷰포트 사용

1. 개요

X, Y, Z 축으로 객체를 회전시킵니다.

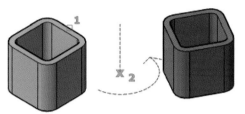

[그림 출처 : Autocad 2018 도움말]

[TIP]
3drotate 명령은 UCS를 객체 면에 맞추지 않고도 회전축을 활용하여 회전시킴으로 예전 방식에 비해 편리함

2. 방법

① 3drotate Enter↵, 3R Enter↵
② 객체 선택 : Enter↵
③ 기준점 지정
④ 회전축 선택
⑤ 각도 시작점 지정 또는 각도 입력: 원하는 회전각도 입력 Enter↵

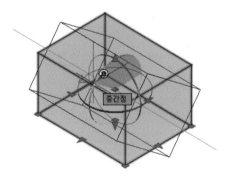

중간점

[TIP]
UCS 축에 대한 방향성을 명확하게 이해가 된다면 2차원의 Rotate 명령을 활용해도 무방함

3. UCS와 Rotate(회전) 관계

기본적으로 객체의 회전은 Z축을 중심축으로 X와 Y축 방향으로 회전함

[TIP]
UCS와 Rotate 관계는 UXS와 원형 Array 관계와 동일함

Rotate 명령의 수행 과정

1. 개요

대상 객체를 3차원 축을 활용하여 다양한 방향으로 대칭 복사합니다.

2. 방법

① 객체 선택 Enter↵
② 대칭 축 지정[x, y, z축의 지점]
③ 원본 객체를 삭제합니까?[예(Y) 아니오(N)] <N> : Enter↵

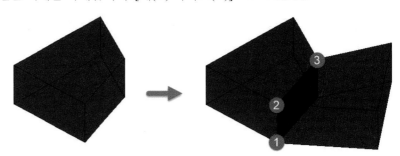

3dmirror 명령의 수행 과정

3. UCS와 Mirror(대칭) 관계

UCS를 면에 맞춘 후 Mirror 명령을 적용할 경우 X 또는 Y축 방향에 따라 대칭으로 복사됨

Mirror 수행 과정

25 | 솔리드 회전(Revolve)

1. 개요

회전된 솔리드 형상을
작성합니다.

selected axis points   full circle   specified angle

[그림 출처 : Autocad 2018 도움말]

2. 방법

① Revolve Enter↵, REV Enter↵

② 객체 선택 Enter↵

③ 축 시작점 지정 또는 다음에 의한 축 지정 [객체(O) / X / Y / Z] <객체(O)> : 회전축 시작점 지정

④ 축 끝점 지정 : 회전축 끝점 지정

⑤ 회전각도 지정 또는 [시작각도(ST) / 반전(R) / 표현식(EX)] <360> : 회전 각도 값 입력 Enter↵

[TIP]
솔리드 회전(Revolve) 명령은 회전축의 각도는 Z축을 기준으로 손가락을 쥔 방향을 +(양)로 인식함. 사용자가 지정한 각도만큼 회전된 솔리드 객체를 작성함

3. 옵션

① X : X축을 회전축으로 사용   ② Y : Y축을 회전축으로 사용

③ Z : Z축을 회전축으로 사용   ④ 객체(O) : 2차원 객체를 회전축으로 사용

4. UCS와 Revolve의 관계

솔리드 회전체를 작성하기 위한 2차원 밑 그림은 X, Y축을 기준으로 작성됨. [뷰 조정] 도구에서 [정면도]로 설정 후 UCS 명령의 [뷰(V)] 옵션을 적용하면 해당 뷰에 맞춰 UCS가 조정됨

[-][정면도][회색 음영처리]

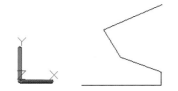

[-][좌측면도][회색 음영처리]

[TIP]
UCS를 기본 상태로 두고 솔리드 회전체를 작성하면 누워진 상태 모델링됨. 세워진 모델링을 위해서는 [뷰 조정] 도구에서 정면도 및 좌측면도, 우측면도에서 작업함

26 | 솔리드 스윕(Sweep) 스윕

1. 개요

[TIP]
Extrude 명령의 [경로(P)]
옵션과 Sweep 명령으
로 활용한 모델링의 결
과는 유사함

단면이 경로를 따라 솔리드 객체
또는 곡면을 작성합니다.

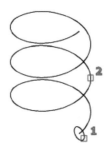

[그림 출처 : Autocad 2018 도움말]

2. 방법

[TIP]
경로를 따라가는 단면의
형상은 반드시 경로에
직교되어야 함

① Sweep Enter↵

② 객체선택 Enter↵

③ 경로 선택 Enter↵

3. 옵션

① 정렬(A) : 객체를 경로에 수직으로 정렬

② 기준점(B) : 기준점 지정

③ 축척(S) : 축척 변경(끝 형상의 크기 배율 값을 입력)

④ 비틀기(T) : 비틀기 지정(끝 형상의 회전 값 입력)

4. 스윕(Sweep)의 유형

[모드(MO)] 옵션을 활용하여 사전에 결과물 유형을 설정할 수 있습니다.

[TIP]
Sweep 명령 실행 후 [모
드(MO)] 옵션에서 [솔리
드(SO)] 또는 [표면(SU)]
을 통해 결과물의 유형을
사전에 설정할 수 있음

솔리드 유형   서피스 유형

1. 개요

여러 개의 곡선이나 횡단면을 연결하여 솔리드 또는 곡면을 작성합니다.

2. 방법

① Loft [Enter↵]

② 올림 순서로 횡단 선택 또는 [점(PO) / 다중 모서리 결합(J) / 모드(MO)] :
단면 객체 선택

③ 올림 순서로 횡단 선택 또는 [점(PO) / 다중 모서리 결합(J) / 모드(MO)] :
단면 객체 선택

④ 올림 순서로 횡단 선택 또는 [점(PO) / 다중 모서리 결합(J) / 모드(MO)] :
단면 객체 선택 또는 [Enter↵]

⑤ 옵션 입력 [안내(G) / 경로(P) / 횡단만(C) / 설정(S)] <횡단만> : [Enter↵]

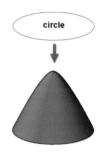

3. 설정

① 안내(G) : 안내선

② 경로(P) : 경로선

③ 설정(S) :

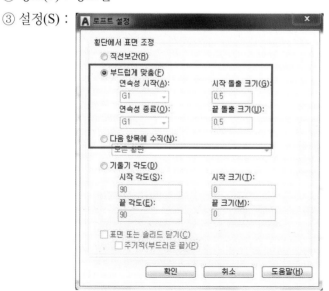

28 | 폴리솔리드(Polysolid) 🗒 폴리솔리드

1. 개요

[TIP]
폴리솔리드(Polysolid)
명령은 건축 모델링에서
벽체를 작성할 경우 유
용함

폭과 높이 값을 지정하여 돌출된 형상을 작성합니다.

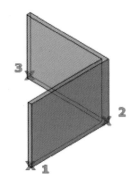

[그림 출처 : Autocad 2018 도움말]

2. 방법

[TIP]
객체(O) 옵션 : 미리 작
성된 선이나 호를 대상
으로 POLYSOLID 객체
작성

① Polysolid [Enter↵]
② 폭(W) 옵션 선택 : 폭 값 입력 [Enter↵]
③ 높이(H) 옵션 선택 : 높이 값 입력 [Enter↵]
④ 형상의 위치점 순차적 지정

29 | 솔리드 편집(Solidedit)

1. 개요

솔리드 객체를 편집합니다.

[TIP]
솔리드 객체들은 [솔리
드 편집] 패널의 다양한
도구들을 활용하여 수정
이 가능함. [솔리드 편집]
패널은 [홈] 탭과 [솔리
드] 탭에 각각 구성되어
있음

[홈] 탭의 솔리드 편집 메뉴

[주석] 탭의 솔리드 편집 메뉴

2. 방법

① Solidedit Enter↵

② 솔리드 편집 옵션 [면(F) / 모서리(E) / 본체(B) / 명령 취소(U) / 종료(X)] <종료> :
옵션 선택 Enter↵

[TIP]
[면 돌출(E)] 옵션은 해당 면을 직각 방향으로 돌출시키며, [면 이동(M)] 옵션은 해당 면을 지각 방향과 좌, 우로 이동 값 만큼 확장시킴

3. 옵션

① 면(F) : 면 편집

[돌출(E) / 이동(M) / 회전(R) / 간격띄우기(O) / 테이퍼(T) / 삭제(D) / 복사(C)
/ 색상(L) / 재료(A) / 명령 취소(U) / 종료(X)] <종료> :

ㄱ 돌출(E) : 솔리드 모델의 면을 돌출

• 면 선택 또는 [명령 취소(U) / 제거(R)] : 돌출 될 면 선택

• 돌출 높이 지정 또는 [경로(P)] : 돌출 높이 지정

• 돌출에 대한 테이퍼 각도 지정 <0> : 기울기 각도

ㄴ 이동(M)  : 면 이동

• 면 선택 또는 [명령 취소(U) / 제거(R)] : 이동 될 면 선택

• 기준점 또는 변위 지정 : 이동 될 기준 점 지정

• 변위의 두 번째 점 지정 : 이동 될 위치 지정

ㄷ 회전(R)  : 면 회전

• 면 선택 또는 [명령 취소(U) / 제거(R)] : 회전 될 면 선택

• 축 점 지정 또는 [객체의 축(A) / 뷰(V) / X축(X) / Y축(Y) / Z축(Z)] <2점>
: 회전축 선택

• 회전축 상의 두 번째 점 지정 : 회전축의 원점 지정

• 회전각도 지정 또는 [참조(R)] : 회전각 지정

ㄹ 간격띄우기(O) : 솔리드 모델의 지정된 거리만큼 새로운 면 작성

• 면 선택 또는 [명령 취소(U) / 제거(R)] : Offset할 면 선택

• 간격띄우기 거리 지정 : Offset할 거리 값 지정

ㅁ 테이퍼(T) : 솔리드 모델에 기울기 적용

• 면 선택 또는 [명령 취소(U) / 제거(R)] : 모서리 선택

[TIP]
[면 테이퍼(T)] 옵션은 선택된 면을 지정한 두개의 축점(시작과 끝점)을 기준으로 지정한 각도 만큼 기울임

- 기준점 지정 : 기준 점 지정
- 테이퍼 축을 따라 다른 점 지정 : 기울기 될 다른 점 지정
- 테이퍼 각도를 지정 : 기울기 될 각도 지정

[TIP]
[면 색상입히기] 도구를 활용하여 솔리드 객체의 특정면의 색상 변경 가능

ⓗ 삭제(D) <면 삭제> : 특정 면을 삭제(Fillet된 면이나 Chamfer된 면을 원래 대로 복원)
- 면 선택 또는 [명령 취소(U) / 제거(R)] : 삭제할 면 선택

ⓢ 복사(C) <면 복사> : 특정 면을 복사
- 면 선택 또는 [명령 취소(U) / 제거(R)] : 복사할 면 선택
- 기준점 또는 변위 지정 : 기준 점 지정
- 변위의 두 번째 점 지정 : 복사 될 위치 지정

ⓞ 색상(L) <면 색상입히기> : 특정 면의 색상 지정

ⓩ 재료(A) : 선택된 면만 재료를 적용

ⓩ 명령 취소(U) : 마지막 실행을 취소

ⓚ 종료(X) : 면 편집 종료

② 모서리(E) : 편집 대상 모서리 선택

모서리 편집 옵션 [복사(C) / 색상(L) / 명령 취소(U) / 종료(X)] <종료> :

[TIP]
[복사(C)] 옵션을 통해 복사된 선은 LINE 또는 ARC로 인식됨

ⓐ 복사(C) <모서리 복사> : 선 복사

ⓑ 색상(L) <모서리 색상입히기> : 선에 색상 지정

[TIP]
각인(I) 옵션은 솔리드 표면 선택 후 각인할 2차원 객체를 선택하여 3차원 객체에 해당 2차원 객체를 새겨 줌. Presspull 명령을 활용하여 해당 각인된 영역을 돌출하거나 매입시킬 수 있음

③ 본체(B) : 솔리드 모델 본체 편집

본체 편집 옵션 입력 [각인(I) / 솔리드 분리(P) / 쉘(S) / 비우기(L) / 점검(C) / 명령 취소(U) / 종료(X)] <종료> :

ⓐ 각인(I) <각인> : 솔리드 객체 표면에 직선이나 곡선 붙임

ⓑ 솔리드 분리(P) <분리> : 붙어 있는 솔리드 객체 개별 객체로 분리

[TIP]
쉘(S) 옵션은 3차원 객체 선택 후 제거할 면을 선택하고 + 또는 - 값의 두께 값을 적용함

ⓒ 쉘(S) <쉘> : 솔리드 객체 형태의 구멍을 냄

ⓓ 점검(C) <점검> : 3d 솔리드 점검

30 | 슬라이스(Slice)

1. 개요

솔리드 객체를 잘라 일부분만 남깁니다.

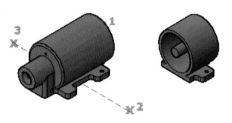

[그림 출처 : Autocad 2018 도움말]

2. 방법

① Slice [Enter↵], SL [Enter↵]
② 절단 객체 선택 [Enter↵]
③ 절단 단면을 두 점으로 지정 (평면도 상에서 두 점을 지정하는 것이 유리함)
④ 남길 객체 선택 또는 [Enter↵] (둘 다 남김)

[TIP]
[표면S)] 옵션을 활용하면 보다 다양한 절단 객체를 생성할 수 있음. 절단을 위한 표면은 열린 선분을 돌출하거나 열린 선분과 열린 선분을 로프트하여 작성할 수 있음

3. 옵션

① 3점(3) : 절단 위치를 3점으로 지정
② XY : X와 Y축으로 형성된 평면을 사용하여 자르기
③ YZ : Y와 Z축으로 형성된 평면을 사용하여 자르기
④ ZX : Z와 X축으로 형성된 평면을 사용하여 자르기
⑤ Z축(Z) : Z축을 지정하여 형성된 XY 평면으로 자르기
⑥ 평면형 객체(O) : 2차원 객체 평면으로 자르기
⑦ 표면(S) : Surface면을 슬라이스 면으로 사용
⑧ 뷰(V) : View를 슬라이스 평면으로 사용
⑨ 양쪽면 유지(B) : 잘려진 양쪽 객체를 모두 남김

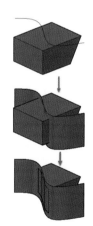

Slice 명령의 옵션 중 가장 많이 사용되는 옵션은 [3점(3)] / [평면형 객체(O)] / [표면(S)] 임. 특히, [평면형 객체(O)] 옵션을 사용할 경우 객체는 반드시 폴리화된 닫힌 도형(형상)이어야 함.

31 │ 단면추출(Section)

1. 개요

솔리드 객체의 단면을 추출합니다.
수행 방법은 Slice와 유사합니다.

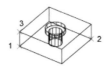

[그림 출처 : Autocad 2018 도움말]

2. 방법

① Section `Enter↵`, SEC `Enter↵`
② 객체 선택 `Enter↵`
③ 3점으로 단면 지정

3. 옵션

[TIP]
[객체(O)] 옵션을 활용
할 경우 원, 타원 등의 폴
리화된 닫힌 도형을 사
용할 수 있음

Slice와 같은 방법으로 실행

① 객체(O) : 2차원 객체로 평면으로 자르기
② Z축(Z) : Z축을 지정하여 형성된 XY 평면으로 자르기
③ XY : X와 Y축으로 형성된 평면을 사용하여 자르기
④ YZ : Y와 Z축으로 형성된 평면을 사용하여 자르기
⑤ ZX : Z와 X축으로 형성된 평면을 사용하여 자르기
⑥ 3점(3) : 단면을 3점으로 지정

4. [객체(O)] 옵션을 활용한 단면 추출

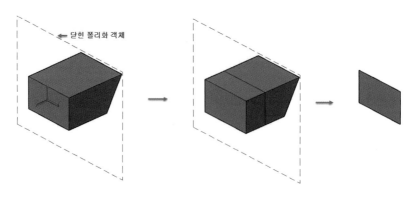

단면 추출 과정

1. 개요

3D 객체에서 다양한 방향의 단면 객체를
작성합니다.

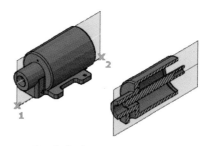

[그림 출처 : Autocad 2018 도움말]

[TIP]
단면평면과 꺾기 추가
도구를 활용하여 다양한
방향의 단면 형상 추출
가능

2. 방법

① Sectionplane [Enter↵]
② 단면 선을 배치할 면 또는 점 선택 또
   는 [단면 그리기(D) 직교(O) 유형(T)
   : 면 선택 또는 2개의 통과점 지정
③ Sectionplane 통과선 선택
④ 꺾기 추가 클릭
⑤ 단면 선에서 점 하나를 지정하여 꺾
   기 추가 : 꺾기 추가점 지정
⑥ 방향 점 선택 후 끌기하여 꺾기 범위 변경

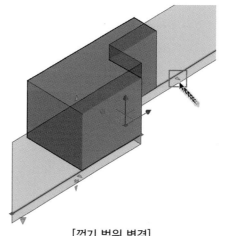

[꺾기 범위 변경]

[TIP]
[단면 생성 블록] 대화창

3. 단면 블록 생성

① Sectionplane 통과선(청색) 선택
② [단면 평면] 탭 ▶ [생성] 패널 ▶ [단면선 추출] ▶ [단면 블록 생성] 버튼 클릭
③ [2D 단면 / 고도] 또는 [3D 단면] 선택 후 [확인] 버튼 클릭
④ 추출 단면 삽입 위치 지정
⑤ 축적값 입력 [Enter↵]
⑥ 회전값 입력 [Enter↵]

33 | 3D 배열(3darray)

1. 개요

[TIP]
Array와는 달리 3darray
의 차이는 [직사각형 배열]에서는 Z축으로 배열
가능한 레벨 값을 줄 수
있다는 점과 리본 메뉴를
지원하지 않는 점이며,
[원형 배열]에서는 회전
축을 설정한다는 점임

선택된 객체를 X(행), Y(열), Z(레벨)축으로의 배열 복사합니다.

2. 방법

① 3darray `Enter↵`, 3A `Enter↵`
② 객체 선택 `Enter↵`

3. 옵션

① 직사각형(R)
- 배열의 유형 입력 [직사각형(R) / 원형(P)] <R> : `Enter↵`
- 행 수 입력 (— — —) <1> : Y축으로 배열할 숫자 입력 `Enter↵`
- 열 수 입력 (|||) <1> : X축으로 배열할 숫자 입력 `Enter↵`
- 레벨 수 입력 (...) <1> : Z축으로 배열할 숫자 입력 `Enter↵`
- 행 사이의 거리를 지정(— — —) : Y축의 배열 간격 입력 `Enter↵`
- 열 사이의 거리를 지정(— — —) : X축의 배열 간격 입력 `Enter↵`
- 레벨 사이의 거리를 지정 (...) : Z축의 배열 간격 입력 `Enter↵`

[TIP]
3darray 명령에서 [원형
(P)] 옵션을 사용할 경우
중심점과 회전축의 두번
째 점 지정을 통해 설정
된 기준으로 회전 배열
복사됨

② 원형(P)
- 배열의 유형 입력 [직사각형(R) / 원형(P)] <R> : P `Enter↵`
- 배열에서 항목 수 입력 : 배열 항목 수 입력 `Enter↵`
- 채우기 할 각도 지정 (+ = ccw, — = cw) <360> : 회전 값 입력 `Enter↵`
- 배열된 객체를 회전하시겠습니까? [예(Y) / 아니오(N)] <Y> : `Enter↵`
  객체를 배열의 중심을 향해 회전시킬 것인지 여부 결정
- 배열의 중심점 지정 : 배열 중심 지정
- 회전축 상의 두 번째 점 지정 : 회전축 방향 지정

[TIP]
원형 배열에서 배열된 객
체의 회전을 [아니오(N)]
로 설정할 경우 대상 객체
의 형상과 방향이 그대로
유지된 채 배열 복사됨

※ Rotate 명령의 회전 방향과 원형 Array의 회전 방향은 Z축을 기준하여 X, Y 방향
으로 회전됨

1. 개요

두 개 이상의 솔리드에서 교차부분(간섭)을 찾아 별도의 솔리드 객체를 작성합니다.

[TIP]
간섭(Interfere) 명령은 두 객체 사이의 교차된 부분을 발견함으로서 향후 설계 상의 문제점과 재료에 대한 과사용을 사전에 검토해 볼 수 있음

2. 방법

① Interfere [Enter↵], INF [Enter↵]
② 첫 번째 기준 객체 선택 [Enter↵]
③ 대상 객체 선택 [Enter↵]

3. 옵션

① 종료 시 생성된 간섭 객체 삭제(D) : 체크 해제 시 솔리드 객체 생성

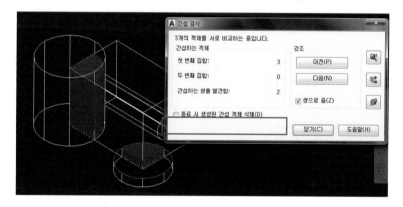

간섭 객체의 삭제 유/무

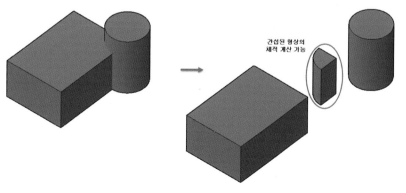

[간섭(Interfere)] 명령 수행 결과

[TIP]
간섭되어 생성된 객체는 [Measuregeom] 명령 ▶ [체적(V)] ▶ [객체(O)] ▶ 객체 선택을 통해 측정할 수 있음

03 메쉬 도구의 활용

01 | 매쉬(Mesh)

1. 개요

솔리드 상자

매쉬 상자

3차원의 메쉬(그물망) 도형을 작성합니다.

솔리드 기본 도형 작성법과 동일합니다.

2. 방법

① Mesh `Enter↵`

② 옵션 입력

　[상자(B) / 원추(C) / 원통(CY) / 피라미드(P) / 구(S) / 쐐기(W) / 토러스(T) / 설
　정(SE)] <상자> :

③ Mesh 옵션별 작성법은 솔리드 기본 도형 작성법과 동일

※ Mesh는 Solid와는 달리 Volume 값을 가지지 않음

02 | 부드러운 객체(Meshsmooth)

1. 개요

솔리드 객체를 부드러운 메쉬 객체로 변환합니다.

2. 방법

① Meshsmooth `Enter↵`

② 변환할 객체 선택 : 솔리드 객체 선택 `Enter↵`

3. 관련 명령

(1) 더 부드럽게 하기(Meshsmoothmore)

① 더 부드럽게 할 메쉬 객체 선택

② Enter↵

(2) 덜 부드럽게 하기(Meshsmoothless)

① 덜 부드럽게 할 메쉬 객체 선택

② Enter↵

■ 특성창을 활용한 메쉬 부드럽기 조정법

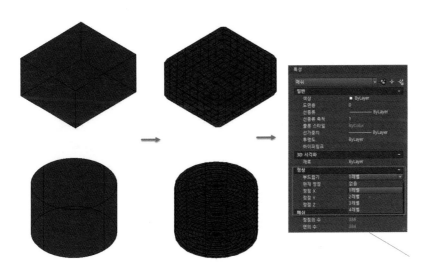

특성창을 활용한 Mesh 부드럽기 수행과정

Meshsmooth 명령을 활용하여 솔리드 객체를 메쉬로 변환시킨 후 특성창(Ctrl + 1) 의 [부드럽기] 옵션을 활용하여 레벨별 부드럽기 제어 가능

MEMO

1. 개요

두 개의 객체 사이에 Mesh를 작성합니다.

2. 방법

① Rulesurf Enter↵
② 첫 번째 정의 곡선 선택 : 첫 번째 객체 선택
③ 두 번째 정의 곡선 선택 : 두 번째 객체 선택

[TIP]
객체의 높이는 Move 기능을 활용하거나 툭성창(Ctrl+1)의 고도(Elevation) 값을 활용함

[TIP]
Rulesurf 명령을 활용하여 생성될 메쉬의 밀도는 Surftab1과 Surftab2에서 지정한 값에 영향을 받음

[TIP]
Rulesurf 명령은 Loft 명령과 수행 과정이 유사함. 특히, 아래의 그림처럼 곡선 간의 Rulesurf 수행을 위해서 사전에 Surftab1과 Surftab2의 값을 증가시킬 필요가 있음

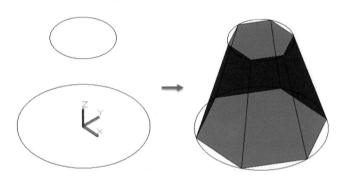

직선보간(Rulesurf) 명령 수행 결과

MEMO

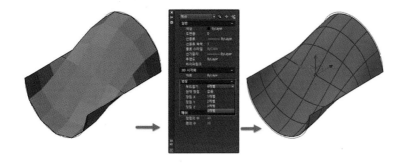

04 | 모서리 표면(Edgesurf)

1. 개요

4개의 모서리 사이에 Mesh를 작성합니다.

2. 방법

① Edgesurf `Enter↵`

② 표면 모서리에 대한 1 객체 선택 : 첫 번째 모서리 선택

③ 표면 모서리에 대한 2 객체 선택 : 두 번째 모서리 선택

④ 표면 모서리에 대한 3 객체 선택 : 세 번째 모서리 선택

⑤ 표면 모서리에 대한 4 객체 선택 : 네 번째 모서리 선택

■ 특성창을 활용한 메쉬 부드럽기 조정법

Edgesurf 명령 수행 후 [부드럽기] 조정

[TIP]
Edgesurf 명령을 활용하여 생성될 메쉬의 밀도는 Surftab1과 Surftab2에서 지정한 값에 영향을 받음

[TIP]
Edgesurf 명령을 수행하기 위해 폴리화된 도형일 경우 반드시 Explode 해주어야 개별 선분이 선택됨

[TIP]
Edgesurf, Rulesurf 등의 명령 수행 후 [특성창]의 [형상] 항목의 [부드럽기] 옵션을 활용하여 면의 부드럽기를 조정할 수 있음

MEMO

05 | 회전된 표면(Revsurf) 👓

[TIP]
UCS를 뷰에 맞추기 위
해서는 [UCS] 명령 실행 후
[뷰(V)] 옵션을 선택함

1. 개요

회전축 주위를 따라 회전하는 Mesh를 작성합니다.

2. 방법

[TIP]
Revsurf 명령은 Revolve
명령의 수행과정과 유사함

① Revsurf [Enter↵]
② 회전할 객체 선택 : 회전시킬 객체 선택
③ 회전축을 정의하는 객체 선택 : 회전축 지정
④ 시작 각도 지정 <0> : 시작 각도 값 입력 [Enter↵]
⑤ 사이 각 지정 (+ =시계반대방향, − =시계방향) <360> : 회전 값 입력 [Enter↵]

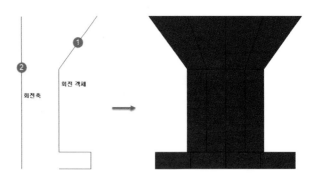

Revusurf 명령의 수행과정

세워진 객체일 경우 정면도에서 작성하는 것이 유리하며, 회전 단면 객체와 회전축
을 함께 작성하여야 함

[TIP]
솔리드 형상은 [표면으로
변환, Convtosurface] 명
령을 활용하여 표면으로
변환 가능함

※ 단힌 도형을 대상으로 Revsurf로 작성된
객체는 [메쉬] 탭의 [메쉬 변환] 패널에서
[꺾인면, 최적화 안 함] 설정 후 [솔리드
변환, ConvtoSolid] 명령을 활용하여 솔
리드화할 수 있음. 이 경우 Subtract 등의
작업이 수행 가능함

Revsurf 객체의 솔리드화 수행 과정

06 | 방향 백터 표면(Tabsurf)

1. 개요

대상 선의 방향을 참조한 Mesh를 작성합니다.

[TIP]
Tabsurf 명령을 활용하여 다양한 형상의 직선 돌출 표면을 작성할 수 있음

2. 방법

① Tabsurf `Enter↵`

② 돌출시킬 객체 선택 `Enter↵`

③ 돌출 방향 참조 객체 선택 (참조 객체의 클릭 위치가 돌출시킬 대상과 근접하여야 함)

[TIP]
Tabsurf의 형상을 Spline 명령을 활용하여 곡선으로도 작성할 수 있음

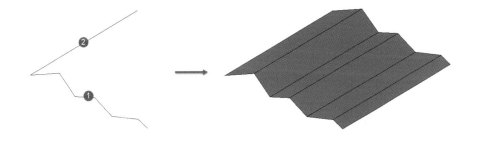

Tabsurf의 수행과정

07 | 메쉬 시스템 변수(Surftab1)

1. 개요

Mesh의 M방향 면 개수를 조절합니다.

[TIP]
Surftab1은 Surfu와 유사한 개념으로 메쉬 밀도를 증가시킴

2. 방법

① Surftab11 `Enter↵`

② 새 값 입력 <6> : 개수 입력 (최대 32766까지 가능)

08 | 메쉬 시스템 변수(Surftab2)

1. 개요

Mesh의 N방향 면 개수를 조절합니다.

2. 방법

① Surftab2 [Enter↵]

② 새 값 입력 <6> : 개수 입력 (최대 32766까지 가능)

09 | 굵게하기(Thicken)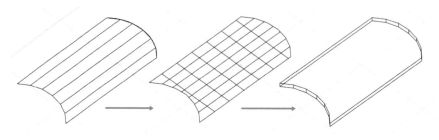

1. 개요

Mesh 등의 객체에 두께를 부여하여 솔리드화 시킵니다.

2. 방법

① Thicken [Enter↵]

② 객체 선택 [Enter↵]

③ → 선택한 객체를 부드러운 3D 솔리드 또는 표면으로 변환   중 선택
   → 선택한 객체를 깎인면 3D 솔리드 또는 표면으로 변환

④ 두께 값 입력 [Enter↵]

Thkcken 적용 과정

CHAPTER

04 표면 도구의 활용

01 | 표면 네트워크(Surfnetwork)

1. 개요

U 및 V 방향의 여러개의 곡선과 직선 사이 공간에 표면(표면 및 솔리드 모서리 하위 객체 포함)을 작성합니다.

[TIP]
Surfnetwork 명령을 수 행하기 위해서는 반드시 열린 선분으로 구성되어 야 함

2. 방법

① Surfnetwork [Enter↵]
② 첫 번째 방향 곡선 또는 표면 모서리 선택 [Enter↵]
③ 두 번째 방향 곡선 또는 표면 모서리 선택 [Enter↵]

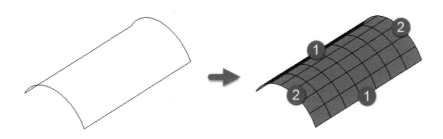

Surfnetwork 명령의 수행 과정

MEMO

02 | 평면형 표면(Plansurf)

1. 개요

두 개의 구석점을 지정하거나 Rectangle 등 폴리화된 도형을 선택하여 표면을 작성합니다.

2. 방법

① 첫 번째 구석점 지정
② 반대편 구석점 지정

[TIP]
평면형 표면 작성 후 특성창을 활용하여 U/V 등 각선의 수를 조정할 수 있음. (Surfu /Surfv 변수값에 영향을 받음)

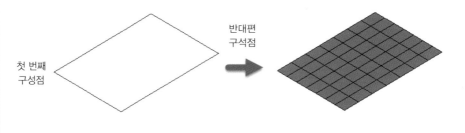

Plansurf 명령의 수행 과정

03 | 표면 혼합(Surfblend)

1. 개요

모서리를 부드럽게 연결하는 표면을 작성합니다.

2. 방법

[TIP]
2차원에서 Blend 명령은 간격을 두고 떨어진 두 곡선 사이를 자유롭게 잇는 선을 작성함

① 첫 번째 표면 모서리 선택 [Enter↵]
② 두 번째 표면 모서리 선택 [Enter↵]

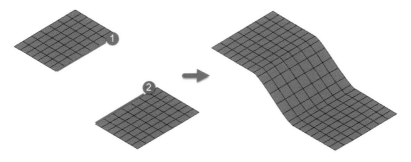

Ssurfblend 명령의 수행 과정

Surfblend로 생성된 표면은 Union 명령을 활용하여 접한 표면과 결합시킬 수 있음

[TIP]
생성된 패치를 선택 후 삼각형의 패치 제어 버튼을 클릭하여 패치 유형을 변경 ▶ [특성창]에서 [패치 돌출값] 옵션 값 변경을 통해 부드럽게 돌출된 패치 형상 작성 가능

04 | 표면 패치(Surfpatch)

1. 개요

열린 표면의 모서리를 선택하여 곡선의 표면을 작성합니다.

2. 방법

① 열린 표면 모서리 선택 Enter↵

② Enter↵

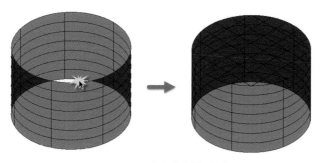

Surfpatch 명령의 수행 과정

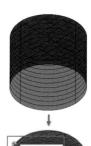

[TIP]
[방향 반전(f)] 옵션 – 띄우기 방향 제어 가능 / [솔리드] 옵션 – 솔리드 객체로 생성

05 | 표면 간격 띄우기(Surfoffset)

1. 개요

선택된 표면을 대상으로 지정한 간격 값에 의해 한 방향 또는 양 방향으로 띄우기 복사를 합니다. [솔리드] 옵션 선택을 할 경우 솔리드 객체로 작성됩니다.

2. 방법

① Surfoffset Enter↵
② 간격을 띄울 표면 또는 영역 선택 Enter↵
③ [양쪽 면(B)] 옵션 클릭
④ 간격 값 입력 Enter↵

[TIP]
Surfoffset 명령은
Thicken 명령을 대신
하여 활용가능함

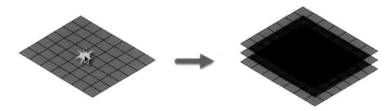

Surfoffset 명령의 수행 과정

MEMO

1. 개요

표면 또는 영역의 모서리를 모깎기(라운딩)처리 합니다.

[TIP]
Fillet 반지름 값이 표면의 길이보다 크지 않도록 주의함

2. 방법

① Surffillet Enter↵

② [반지름(R)] 옵션 클릭

③ 반지름 값 입력 Enter↵

④ 첫 번째 표면 또는 영역 선택

⑤ 두 번째 표면 또는 영역 선택

⑥ Enter↵

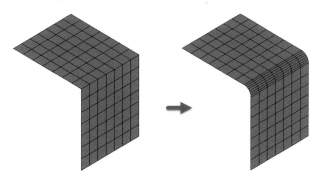

Surffillet 명령의 수행 과정

[TIP]
각을 이루고 접한 두개의 표면을 Union 명령을 활용하여 결합한 뒤 Fillet 명령으로도 표면이 서로 접한 경계를 둥글게 모깎기 할 수 있음

MEMO

07 | 표면 자르기(Surftrim)

1. 개요

표면에서 다른 표면 또는 형상 유형(2차원 도형 등)과 만나는 부분을 자릅니다.

2. 방법

① Surftrim [Enter↵]

② 자를 표면 또는 영역 선택 [Enter↵]

③ 절단 곡선, 표면 또는 영역 선택 [Enter↵]

④ 자를 영역 선택

⑤ [Enter↵]

[TIP]
Surfuntrim 명령으로
Surftrim에 의해 잘려진
표면 모서리를 선택 후
[Enter↵]를 입력하면 복원
됩니다.

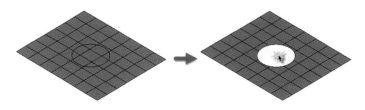

Surftrim 명령의 수행 과정

08 | 표면 연장(Surfextend)

[TIP]
표면 연장(Surfextend)
명령 수행 과정에서 연
장 거리는 반드시 음의
값 또는 '0(숫자)' 값이 아
니어야 함(양의 값 적용)

1. 개요

표면에서 다른 표면 또는 형상 유형(2차원 도형 등)과 만나는 부분을 자릅니다.

2. 방법

① Surfextend [Enter↵]

② 연장할 표면 모서리 선택 [Enter↵]

③ 연장 거리 지정

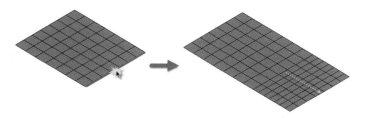

Surfextend 명령의 수행 과정

09 | 표면 조각(Surfsculpt)

1. 개요

완전히 둘러싼 표면 또는 메쉬를 자르고 결합하여 3차원 솔리드 객체를 작성합니다.

2. 방법

① Surfsculpt [Enter↵]

② 둘러싼 표면 또는 메쉬 선택

③ [Enter↵]

[TIP]
표면 조각(Surfsculpt) 명령을 활용하면 Slice 명령보다 복잡한 형상 조각에 더욱 유용함

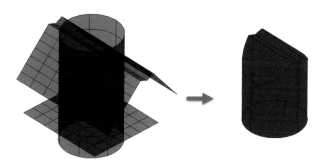

Surfsculpt 명령의 수행 과정

Convtosurface 명령을 명령 입력줄에 입력하고 솔리드 객체를 선택하면 표면 객체로 변환시킬 수 있음

10 | 정렬(Align)

1. 개요

객체를 지정 위치 점에 정렬시킵니다.

[TIP]
2차원 정렬(Align) 명령
에서는 2개의 점을 지정
하는 반면 3차원 정렬 명
령에서는 x, y, z축과 연
관된 3개의 점을 지정하
여야 함

2. 방법

① Align Enter↵, AL Enter↵
② 객체 선택 : 위치 변경 객체 선택
③ 첫 번째 근원점 지정 : 첫 번째 원점 지정
④ 첫 번째 대상점 지정 : 첫 번째 목표점 지정
⑤ 두 번째 근원점 지정 : 두 번째 원점 지정
⑥ 두 번째 대상점 지정 : 두 번째 목표점 지정
⑦ 세 번째 근원점 지정 또는 <계속> : 세 번째 원점 지정
⑧ 세 번째 대상점 지정 : 세 번째 목표점 지정

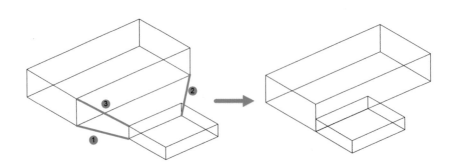

Align 명령의 수행 과정

3. 옵션

정렬점을 기준으로 객체에 축척을 적용합니까? [예(Y) / 아니오(N)] <N>
: 객체의 크기를 변경시키지 않고 정렬

05 내보내기와 가져오기

01 | 페이지 설정(Pagesetup)

1. 개요

페이지 설정 상태 변경 및 저장합니다.

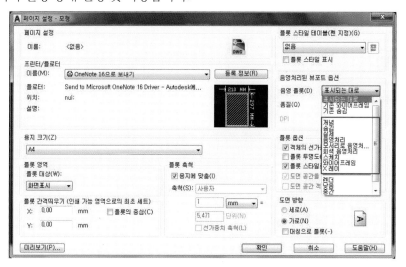

2. 방법

① Pagesetup Enter↵
② 새로 만들기 클릭

3. 옵션

음영처리 된 뷰포트 옵션 : 3차원 객체의 출력 제어

① 표시되는 대로 : 화면에 보이는 모습대로 출력

② 기존 와이어프레임 : 모든 선이 보이게 출력

③ 기존 숨김 : 숨은 면 제거 후 면으로 출력

④ 개념 : 현재 사용 중인 색상을 객체 표면에 부여함. 그리고 어둡고 밝은 부분을 표현하여 개념적으로 보여줌

⑤ 숨김 : 숨은선 출력을 억제하고 보이는 객체만 3차원 외형선으로 출력

⑥ 실제 : 객체에 적용된 재질을 사실적으로 빠르게 보여줌

02 │ 내보내기(Export)

1. 개요

3D 형상을 다양한 파일 형식의 파일로 [내보내기] 합니다.

2. 방법

Export Enter↵, EXP Enter↵

[TIP]
특히 STL 파일 형식으로 내보내기 할 경우 3차원 프린터에서 입체 모형으로 출력할 수 있음

[TIP] 파일 형식
① 3D DWF (*.dwf) : 3차원으로 작성한 객체를 웹 포맷인 DWF 형식으로 내보내기
② 3D DWFx (*.dwfx) : DWF보다 발전된 형식으로 Microsoft XML 용지(XPS) 형식 기반으로 하며, Windows Vista 및 Windows Internet Explorer 7에 통합된 XPS 뷰어를 사용하여 볼 수 있는 형식
③ FBX (*.fbx) : 3D 데이터를 다른 어플리케이션 간에서 원활하게 교환할 수 있도록 내보내기
④ Metafile (*.wmf) : 백터와 이미지를 포함하는 파일로 저장(WMFOUT)
⑤ ACIS (*.sat) : 솔리드 모형 만들기 파일형식으로 저장(ACISOUT)
⑥ Lithography (*.stl) : 솔리드를 SLA 파일로 보낼 수 있는 형식으로 저장(STLOUT)
⑦ Encapsulated PS (*.eps) : 그래픽 교환 파일(PSOUT)
⑧ DXX Extract (*.dxx) : 속성 추출 파일
⑨ Bitmap (*.bmp) : 비트맵 이미지로 저장(BMPOUT)
⑩ Block (*.dwg) : WBLOCK과 동등
⑪ V8 DGN (*.dgn) : microstation v8 형식으로 저장
⑫ V7 DGN (*.dgn) : microstation v7 형식으로 저장
⑬ PDF(*.pdf) : pdf 형식의 전자 문서를 가져와 도면화 할 수 있습니다.

03 | 가져오기(Import)

1. 개요

다양한 파일 형식으로 작성된 3D 형상을 현 도면에 [가져오기] 합니다.

2. 방법

Import `Enter↵`, IMP `Enter↵`

[TIP] 파일 형식
① FBX (*.fbx)
② Metafile (*.wmf)
  : WMFIN
③ ACIS (*.sat)
  : ACISIN
④ 3D Studio (*.3ds)
  : 3DSIN
⑤ MicroStation DGN
  (*.dgn)
⑥ All DGN Files (*.*)

MEMO

3차원 모델링 실습 예제

- 표준 UCS 상태에서 제시된 치수에 기본 솔리드 형상을 작성합니다.
- Cone과 Pyramid 형상은 상단 반지름 값을 부여할 수 있습니다.

Dimension & 3D Modeling

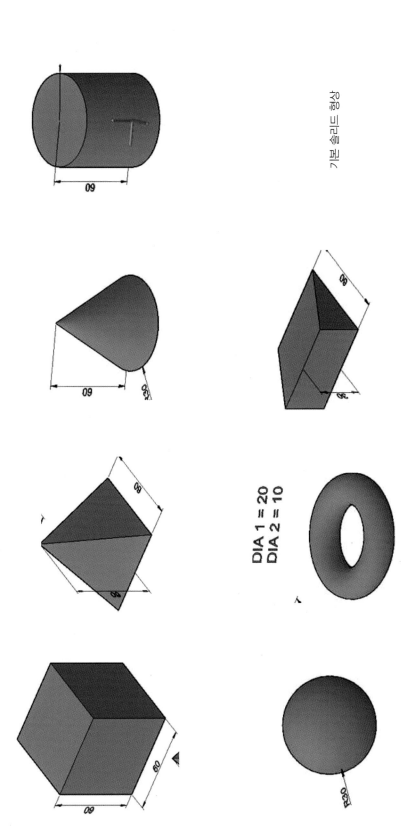

기본 솔리드 형상

DIA 1 = 20
DIA 2 = 10

- 표준 UCS 상태에서 모델링 작업을 수행합니다.
- 치수를 참고하여 2차원 도형을 작성합니다.
- Extrude 또는 Presspull 명령을 활용하여 솔리드 객체를 작성합니다.

Dimension & 3D Modeling 1

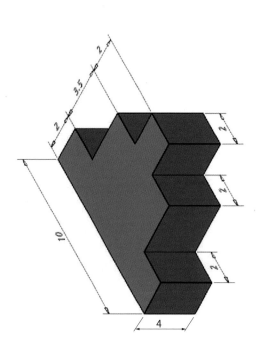

Dimension & 3D Modeling 2

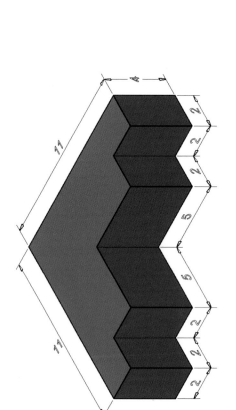

Dimension & 3D Modeling 3

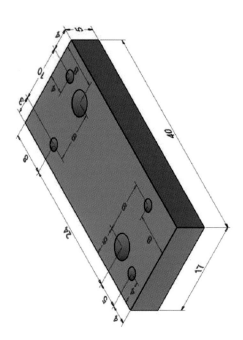

Dimension & 3D Modeling 3

Dimension & 3D Modeling 1

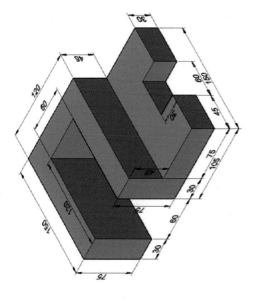

Dimension & 3D Modeling 2

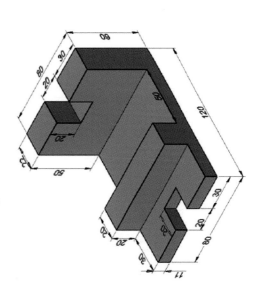

Dimension & 3D Modeling 1

Dimension & 3D Modeling 2

Dimension & 3D Modeling 3

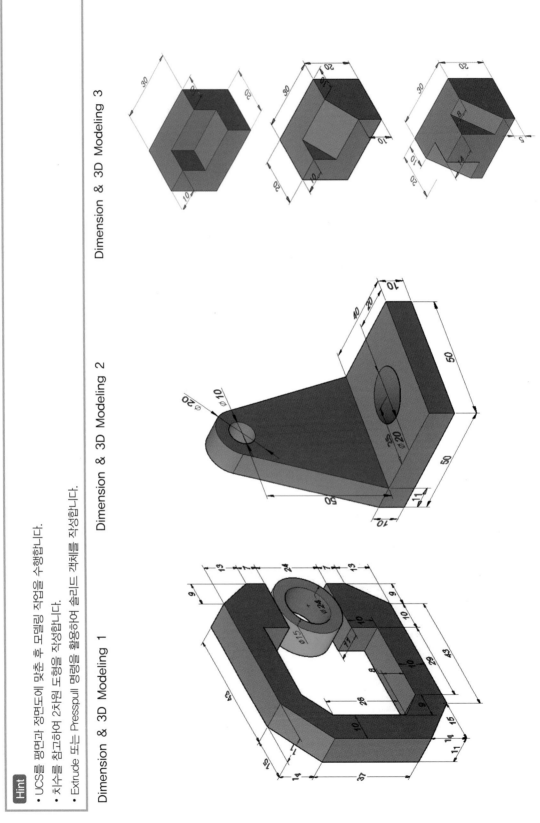

Dimension & 3D Modeling 2

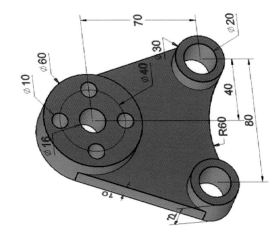

Dimension & 3D Modeling 1

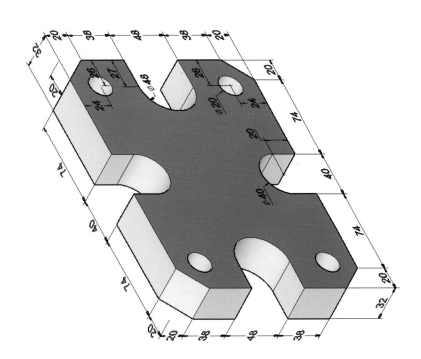

Hint

- UCS를 정면도에 맞춘 후 모델링 작업을 수행합니다.
- 치수를 참고하여 2차원 도형을 작성합니다.
- Extrude 또는 Presspull 명령을 활용하여 솔리드 객체를 작성합니다.

Dimension & 3D Modeling 1

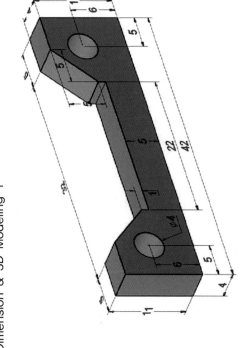

Dimension & 3D Modeling 2

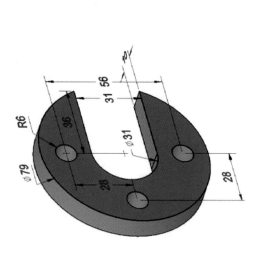

Dimension & 3D Modeling 3

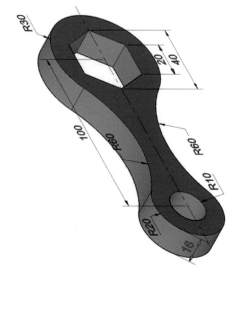

• UCS를 정면도에 맞춘 후 모델링 작업을 수행합니다.

• 치수를 참고하여 2차원 도형을 작성합니다.

• Extrude 또는 Presspull 명령을 활용하여 솔리드 객체를 작성합니다.

Dimension & 3D Modeling 2

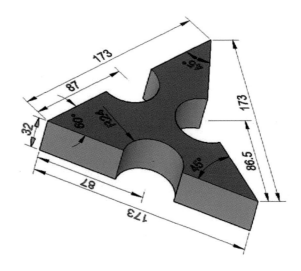

Dimension & 3D Modeling 1

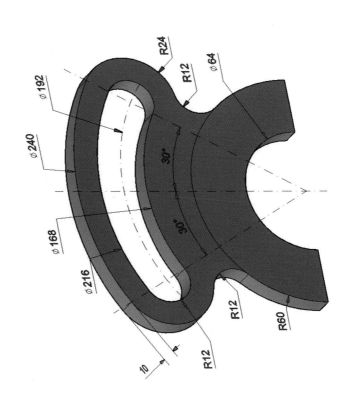

- UCS를 정면도에 맞춘 후 모델링 작업을 수행합니다.
- 치수를 참고하여 2차원 도형을 작성합니다.
- Extrude 또는 Presspull 명령을 활용하여 솔리드 객체를 작성합니다.

Dimension & 3D Modeling 1

Dimension & 3D Modeling 2

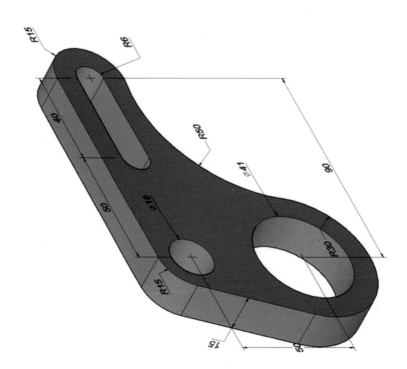

- UCS를 정면도에 맞춘 후 모델링 작업을 수행합니다.
- 치수를 참고하여 2차원 도형을 작성합니다.
- Extrude 또는 Presspull 명령을 활용하여 솔리드 객체를 작성합니다.

Dimension & 3D Modeling 1

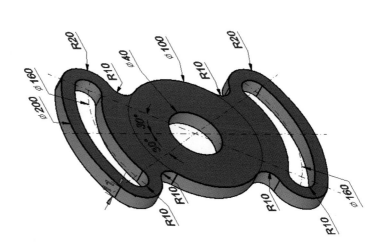

Dimension & 3D Modeling 2

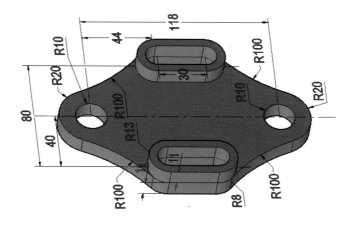

Hint

- UCS를 정면도에 맞춘 후 모델링 작업을 수행합니다.
- 치수를 참고하여 2차원 도형을 작성합니다.
- Extrude 또는 Presspull 명령을 활용하여 솔리드 객체를 작성합니다.

Dimension & 3D Modeling 1

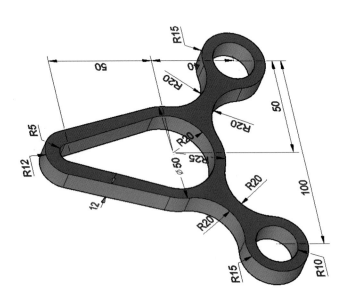

Dimension & 3D Modeling 2

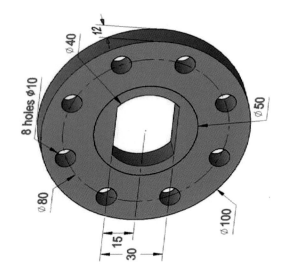

Dimension & 3D Modeling 1

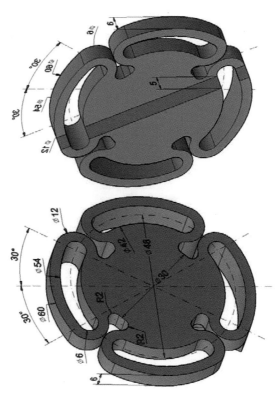

Dimension & 3D Modeling 2

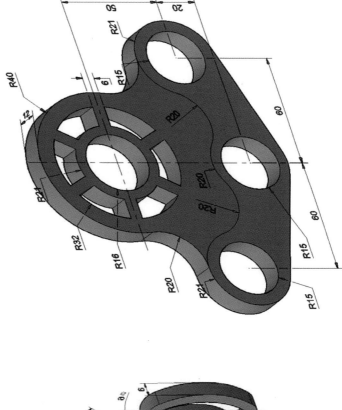

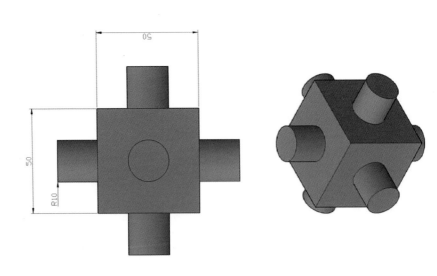

Dimension & 3D Modeling

Dimension & 3D Modeling

Hint

- 치수를 참고하여 도면을 작성합니다.
- 작성된 도형은 반드시 폴리화되어 있어야 합니다.
- Extrude 또는 Presspull 명령을 활용하여 솔리드 객체를 작성합니다.

3D Modeling

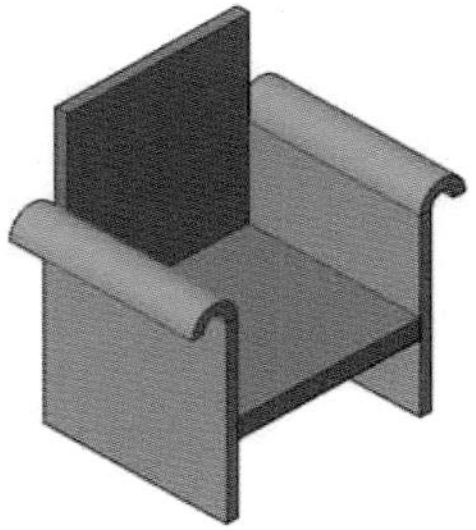

Hint

• 치수를 참고하여 도면을 작성합니다.

• 작성된 도형은 반드시 폴리화되어 있어야 합니다.

• Extrude 또는 Presspull 명령을 활용하여 슬리드 객체를 작성합니다.

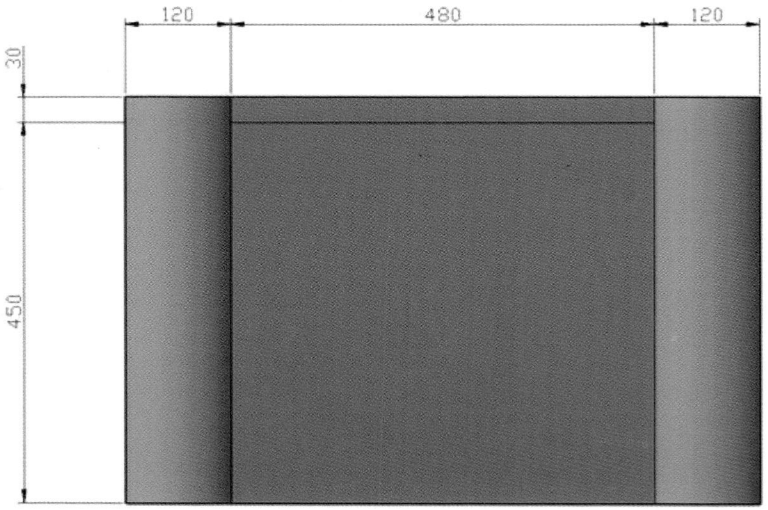

Dimension 2

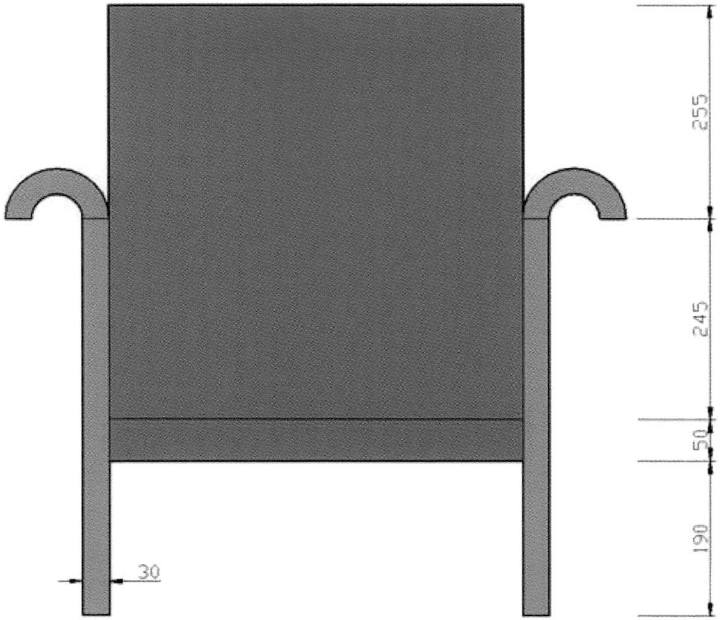

255

245

50

190

30

Dimension 1

120

480

120

30

450

3D Modeling

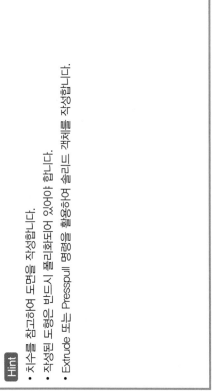
Dimension 2

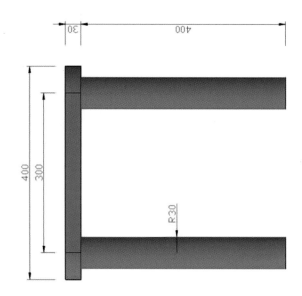

Dimension 1

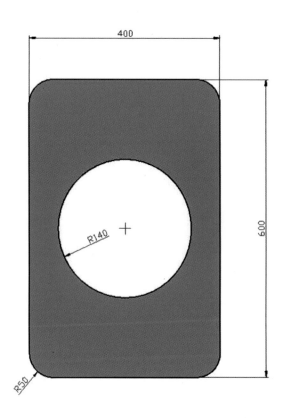

3D Modeling

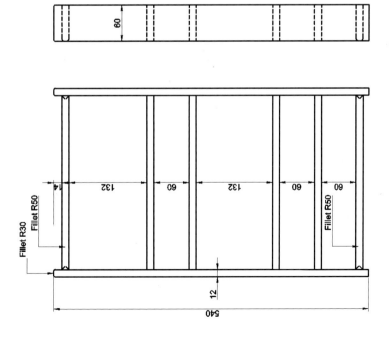

Dimension

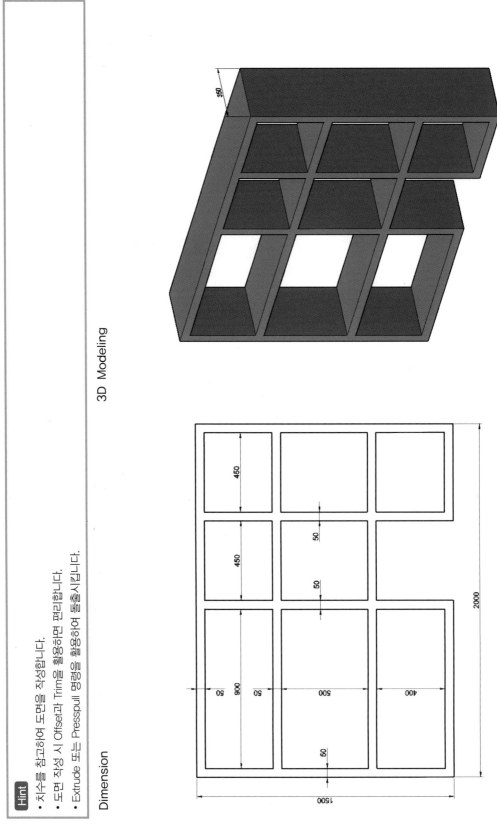

3D Modeling

Dimension

Hint

· 치수를 참고하여 도면을 작성합니다.

· 도면 작성 시 Offset과 Trim을 활용하면 편리합니다.

· Extrude 또는 Presspull 명령을 활용하여 돌출시킵니다.

• 제시된 치수에 따라 3차원 솔리드 형상을 작성합니다.

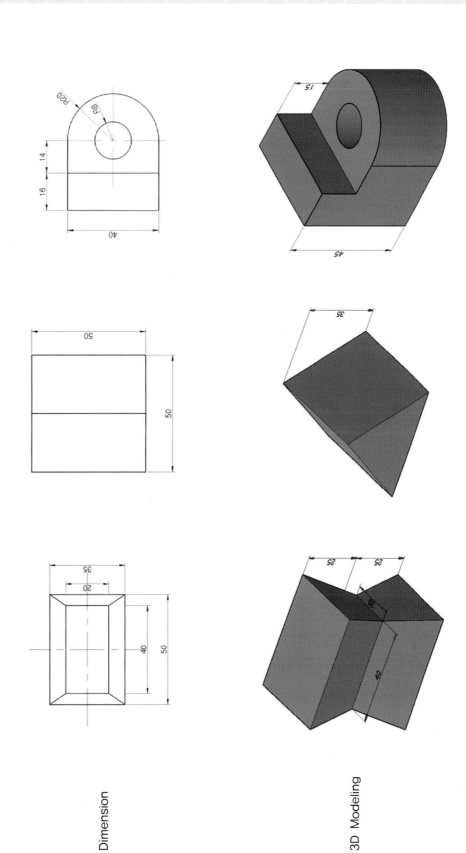

Dimension

3D Modeling

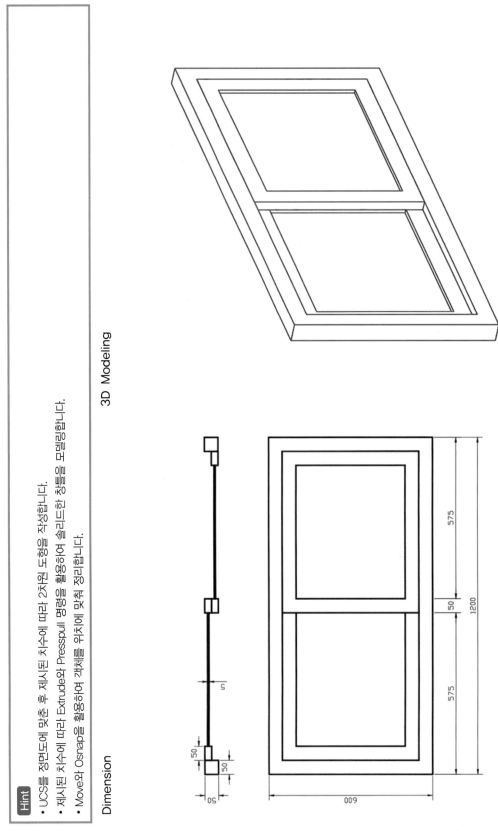

3D Modeling

Dimension

Hint

· 제시된 치수에 따라 3차원 형상을 작성합니다.

· 동일한 요소는 복사(Copy)와 대칭(Mirror3d) 명령을 활용하여 작성합니다.

Dimension

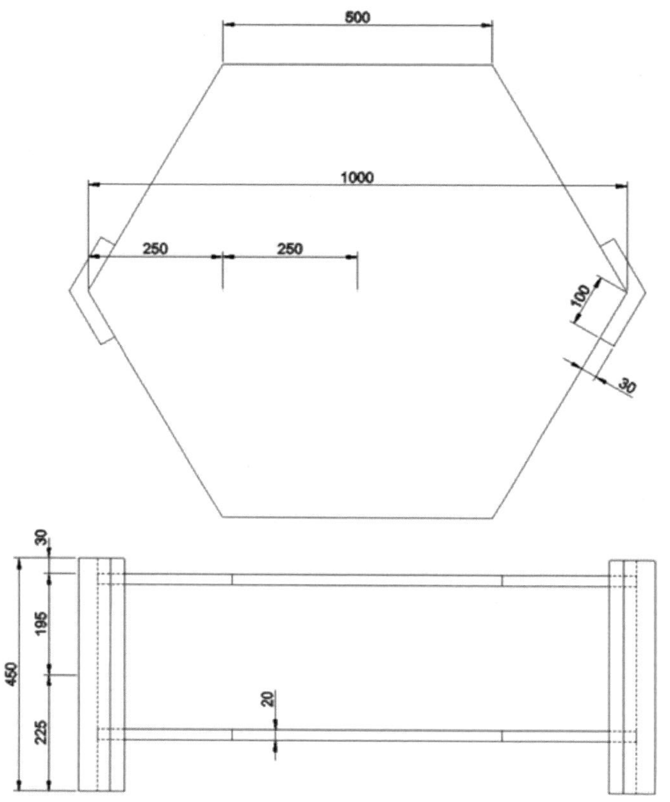

3D Modeling

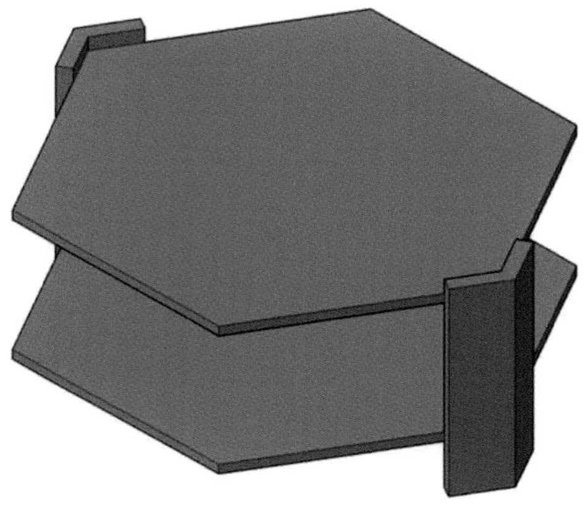

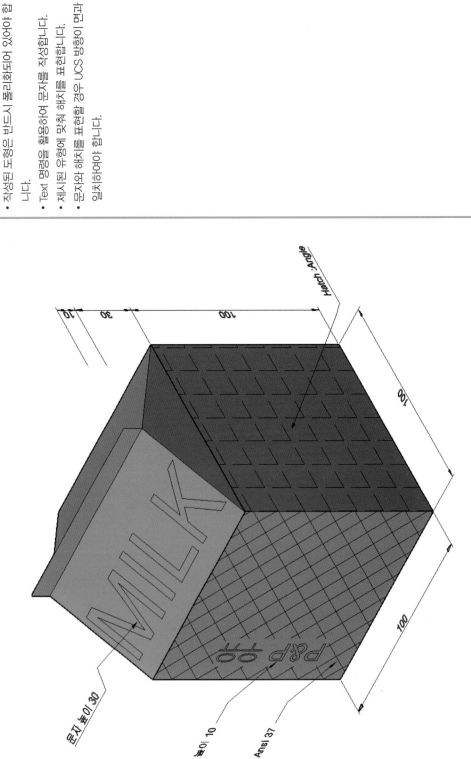

• 제시된 치수에 따라 2차원 형상을 작성합니다.
• 두 개의 형상을 그림과 같이 교차시킵니다.
• 합집합(Union), 차집합(Subtract), 교집합(Intersect) 명령을 수행하여 그림과 같이 작성합니다.

Dimension & 3D Modeling

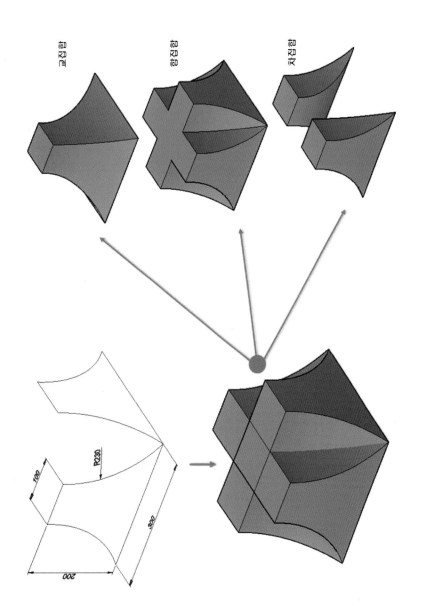

교집합

합집합

차집합

200

300

R230

100

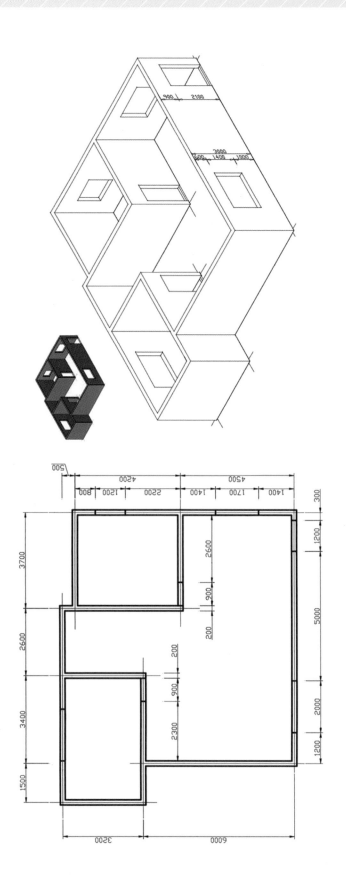

Dimension & 3D Modeling

Dimension & 3D Modeling

Hint
- 치수를 참고하여 도면을 작성합니다.
- 작성된 도형은 반드시 폴리화되어 있어야 합니다.
- Extrude 또는 Presspull 명령을 활용하여 솔리드 객체를 작성합니다.
- UCS를 면에 맞춰 창호(문과 창)를 작성 후 Subtract 명령을 활용하여 개구부를 작성합니다.

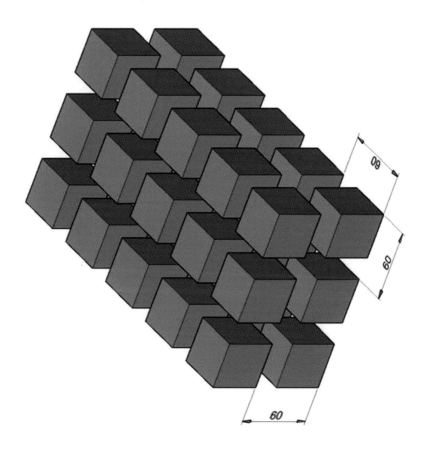

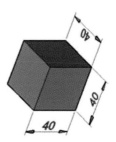

Hint

• 제시된 치수에 따라 3차원 형상을 작성합니다.
• 배열(3darray) 명령을 활용하여 배열 복사합니다.

Dimension & 3D Modeling

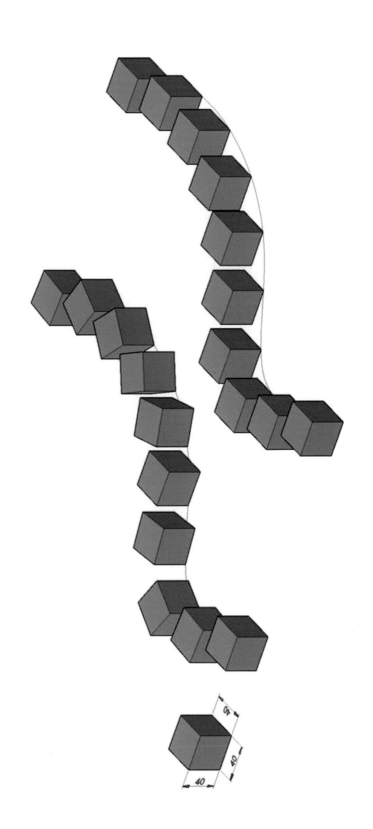

Dimension & 3D Modeling

- 정면도를 기준으로 제시된 치수에 2차원 단면 형상을 작성합니다.
- 회전(Revolve) 명령을 활용하여 본체를 모델링 후 배열(Array) 명령을 활용하여 상단 모델링을 마무리 합니다.

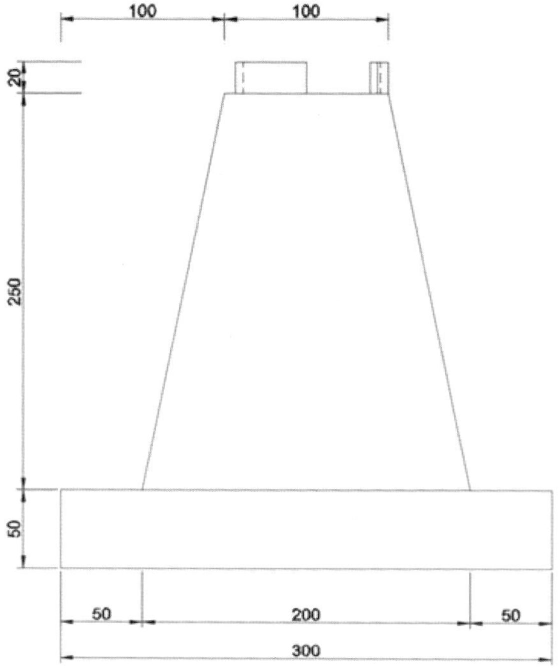

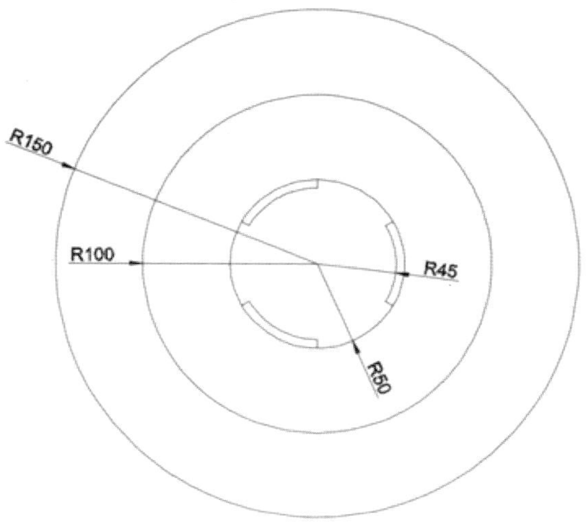

3D Modeling

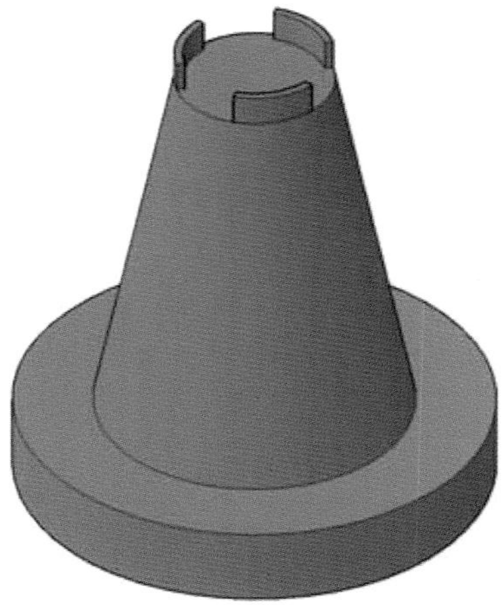

Dimension

3D Modeling

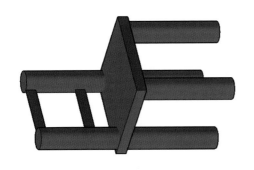

Dimension 1

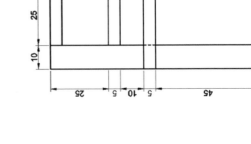

Dimension 2

• 제시된 치수에 따라 3차원 형상을 작성합니다.(치수는 앞 페이지의 치수 참고)

• 배열(Array) 명령을 활용하여 원형 배열 복사합니다.

3D Modeling

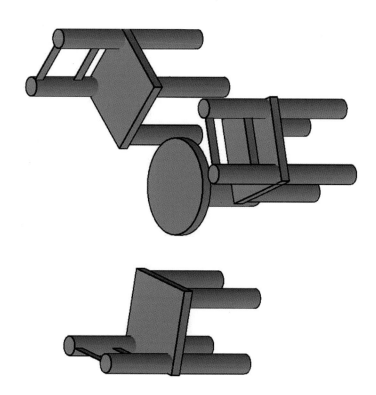

Dimension

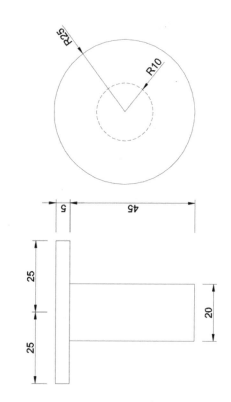

R25

R10

5

45

25

25

20

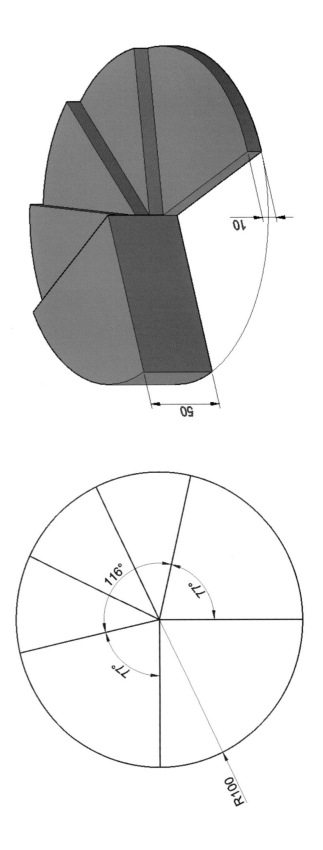

Dimension & 3D Modeling

Hint

• 치수를 참고하여 도면을 작성합니다.
• 중심점을 기준으로 Line을 작성 후 Array 합니다.
• Presspull 명령을 활용하여 솔리드 객체를 작성합니다.

Dimension & 3D Modeling

- UCS를 평면도에 맞춘 후 제시된 치수에 따라 2차원 도형을 작성합니다.
- 제시된 치수에 따라 Extrude와 Presspull 명령을 활용하여 솔리드 모델링을 합니다.
- Array 명령을 활용하여 R10의 솔리드 원통을 배열한 후 Subtract 명령을 수행합니다.

Dimension & 3D Modeling

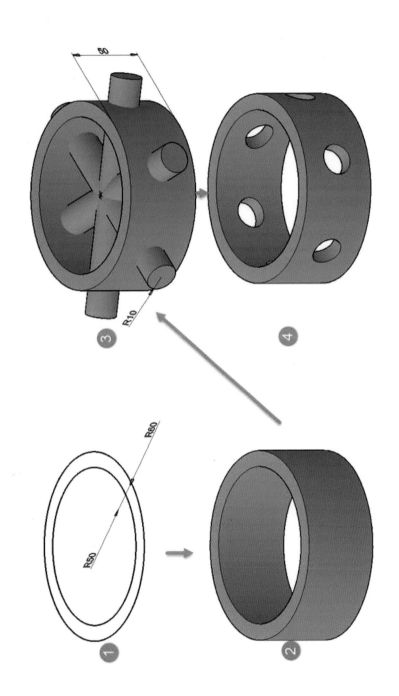

Hint

• 제시된 치수에 두 개의 솔리드 형상을 작성합니다.
• 두 개의 솔리드 형상을 교차시킨 후 차집합(Subtract) 명령을 수행하여 결과물을 작성합니다.

Dimension & 3D Modeling

3D Modeling(결과물)

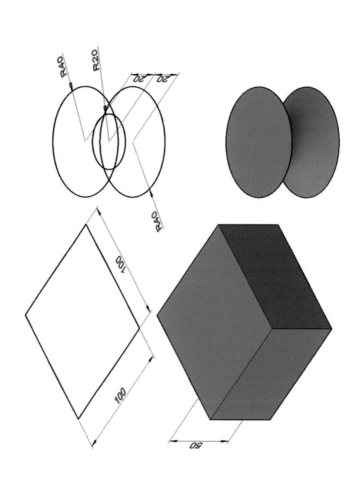

• 제시된 치수에 따라 3차원 형상을 작성합니다.

• 모깎기(Filletedge) 명령을 활용하여 모서리를 치수에 맞춰 라운딩 합니다.

3D Modeling

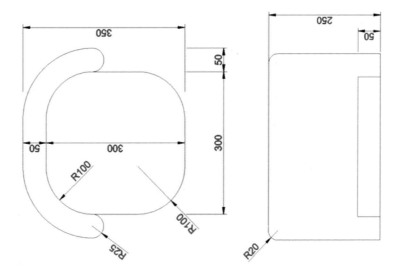

Dimension

Dimension 2

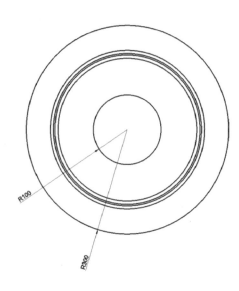

3D Modeling

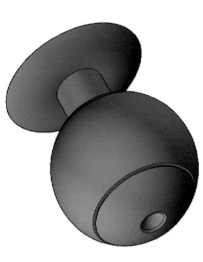

Dimension 1

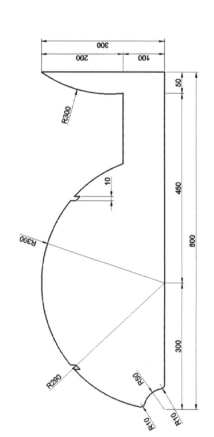

Hint

- 정면도를 기준으로 제시된 치수에 따라 2차원 단면 형상을 작성합니다.
- 회전(Revolve) 명령을 활용하여 180° 의 솔리드 형상을 작성합니다.

Dimension

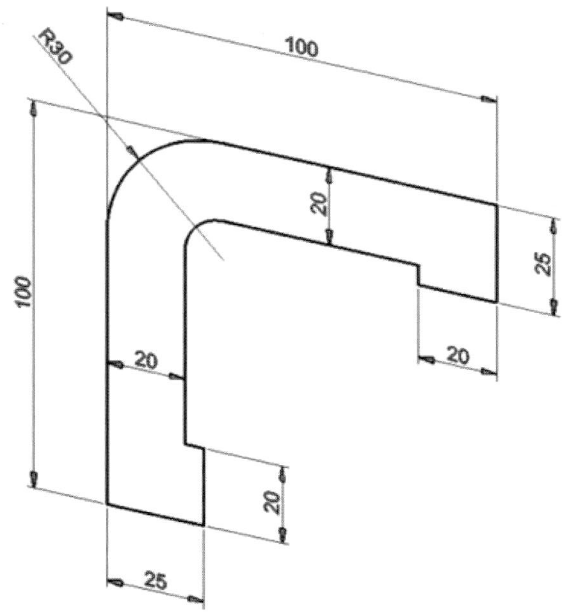

3D Modeling

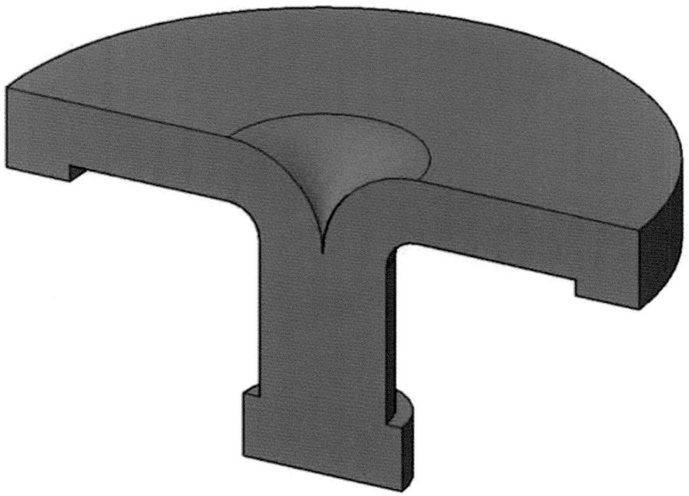

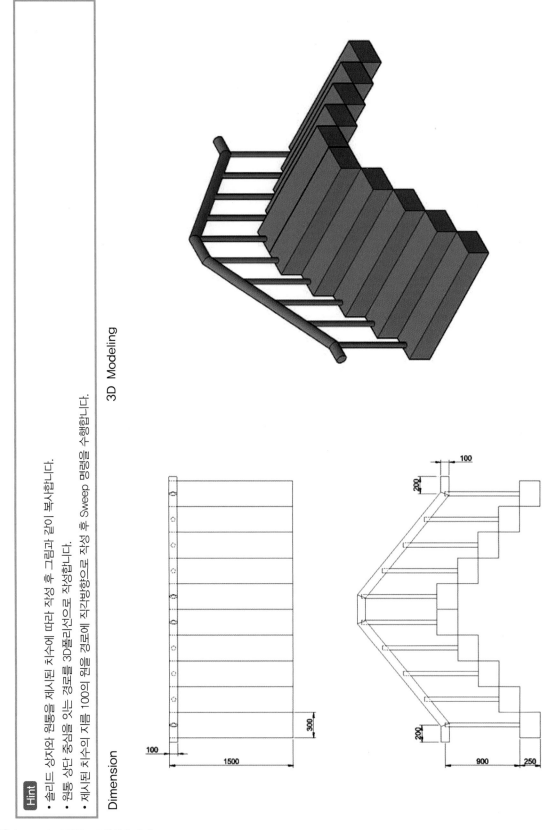

Hint

· 솔리드 상자와 원통을 제시된 치수에 따라 작성 후 그림과 같이 복사합니다.
· 원통 상단 중심을 잇는 경로를 3D폴리선으로 작성합니다.
· 제시된 치수의 지름 100의 원을 경로에 직각방향으로 작성 후 Sweep 명령을 수행합니다.

Dimension

100

200

100

1500

300

900

250

200

- 제시된 치수에 따라 2차원 형상의 나선을 작성합니다.
- 나선의 지각방향으로 R5의 원을 작성 후 Sweep 명령을 수행합니다.
- 원통에 Sweep된 나선을 교차시킨 후 차집합(Subtract) 명령을 수행합니다.
- 나사 머리 부분을 모따기(Chamfer) 명령을 활용하여 작성 후 배치시킵니다.

Dimension

3D Modeling 1

3D Modeling 2(결과물)

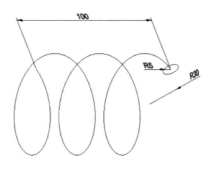

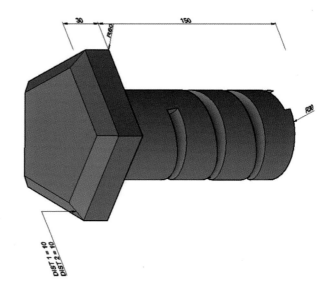

- 제시된 치수에 따라 2차원 형상을 작성하고 배열합니다.
- 로프트(Loft) 명령을 활용하여 각각의 2차원 Profile을 연결합니다.
- 로프트(Loft) 옵션을 활용하여 모델링 형상을 변경합니다.

Dimension

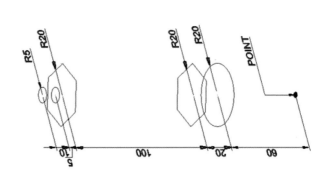

3D Modeling 1

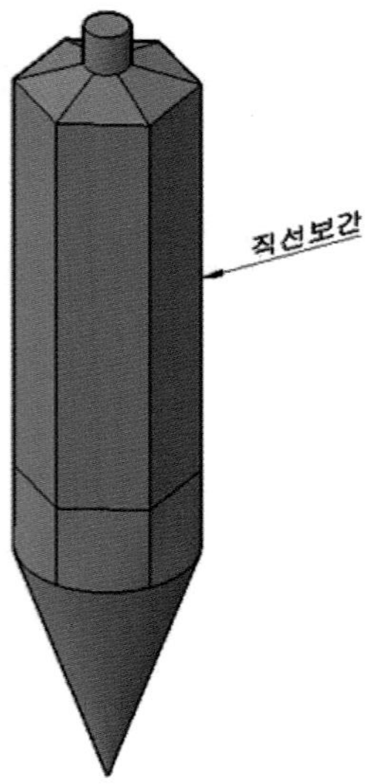

직선보간

3D Modeling 2

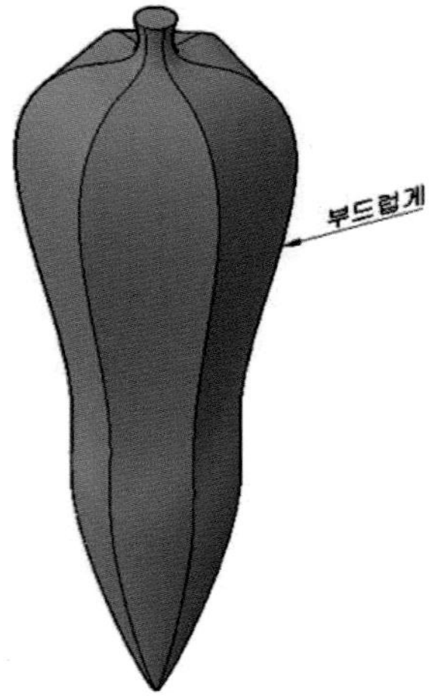

부드럽게

- UCS를 정면도에 맞춘 후 손잡이 경로를 작성합니다.
- 경로에 직각으로 원을 작성 후 로프트를 적용합니다.
- 경로를 따라가는 솔리드 형상을 작성합니다.

3D Modeling

Dimension

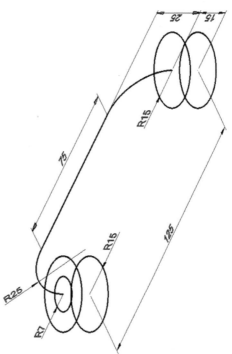

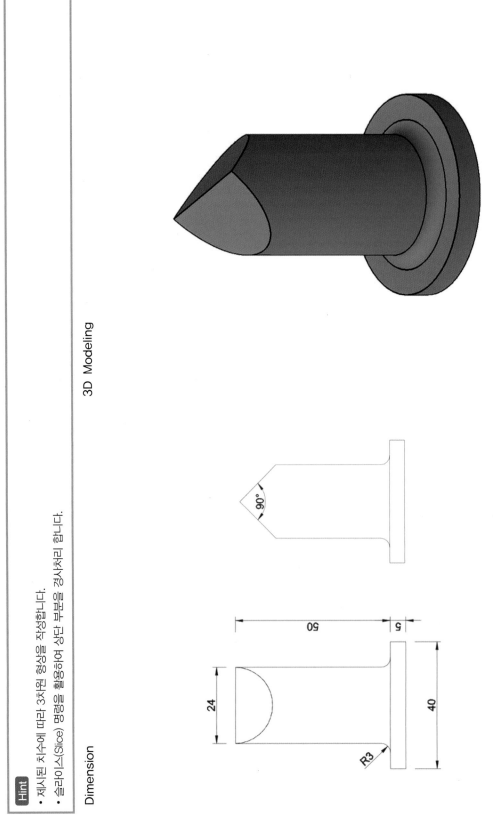

- 제시된 치수에 따라 3차원 형상을 작성합니다.
- 슬라이스(Slice) 명령을 활용하여 상단 부분을 경사처리 합니다.

Dimension

3D Modeling

90°

50

5

24

40

R3

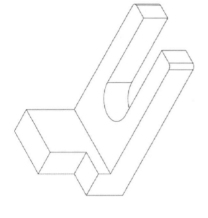

등각투상도

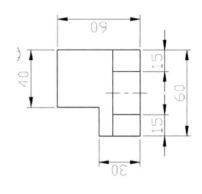

우측면도

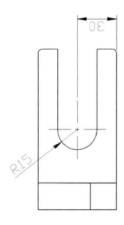

평면도

정면도

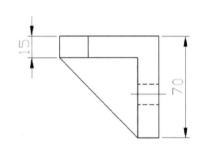

등각투상도

우측면도

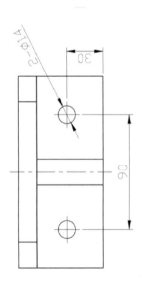

2-Φ14

30

90

평면도

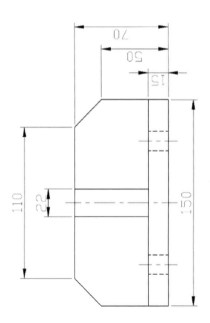

70

50

15

110

22

150

정면도

Hint

• 각 부의 치수를 참고하고 UCS를
변경하며 솔리드 모델링을 작성
합니다.

• Union / Subtract / Intersect 명
령을 활용합니다.

등각투상도

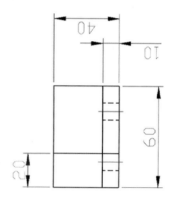

우측면도

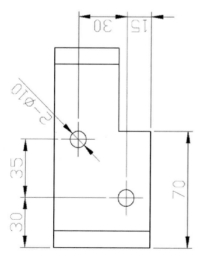

평면도

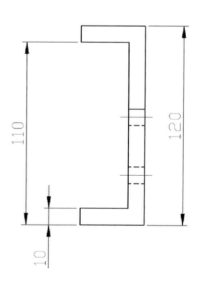

정면도

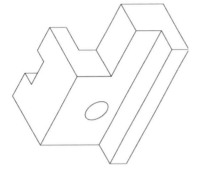

등각투상도

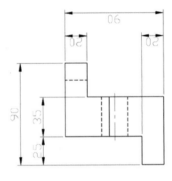

우측면도

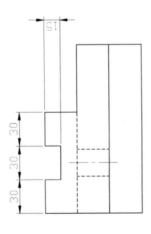

평면도

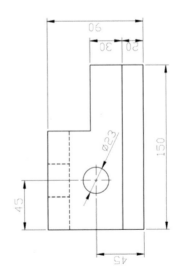

정면도

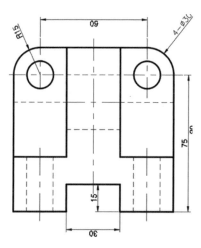

등각투상도

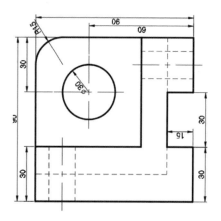

우측면도

평면도

정면도

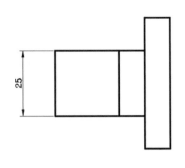

등각투상도

아측면도

25

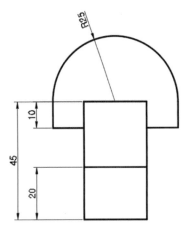

평면도

R25

10

45

20

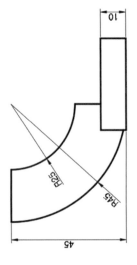

정면도

R25

R45

45

10

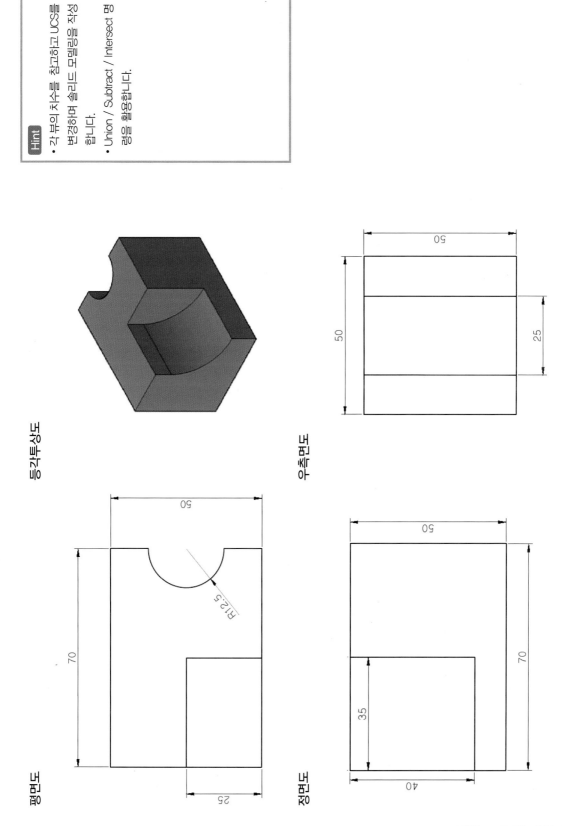

Hint
• 각 부의 치수를 참고하고 UCS를 변경하며 솔리드 모델링을 작성합니다.
• Union / Subtract / Intersect 명령을 활용합니다.

등각투상도

우측면도

50

50

25

평면도

50

70

R12.5

25

정면도

50

35

70

40

Hint

• 각 부의 치수를 참고하고 UCS를
  변경하며 솔리드 모델링을 작성
  합니다.
• Union / Subtract / Intersect 명
  령을 활용합니다.

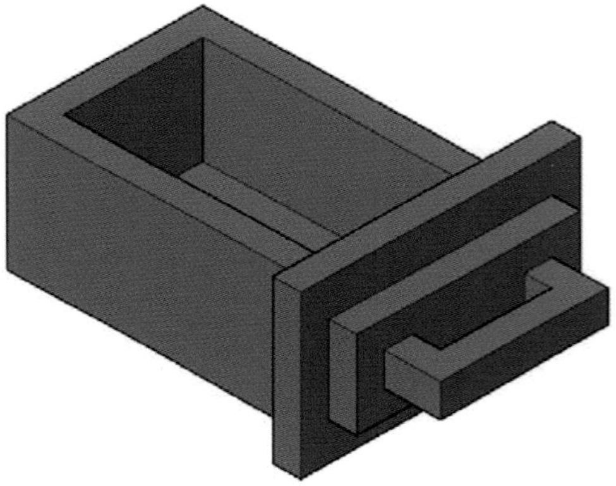

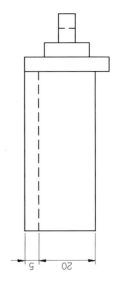

등각투상도

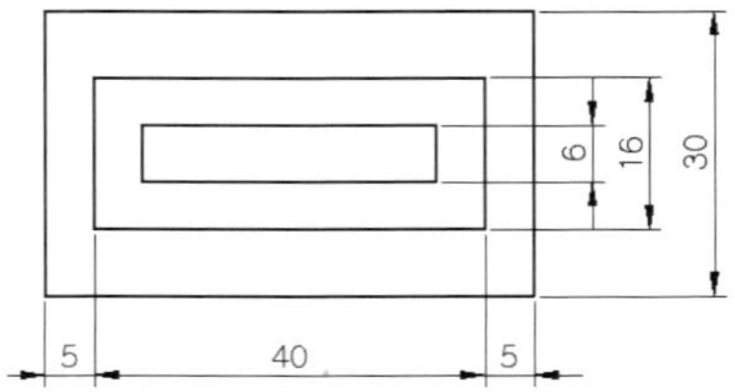

우측면도

5   20

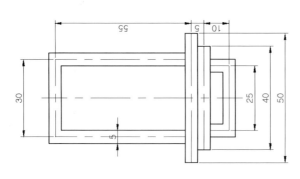

55   5 10

30   25 40 50

5

평면도

30
16
6
5
40
5

정면도

등각투상도

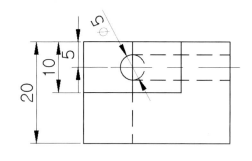

좌측면도

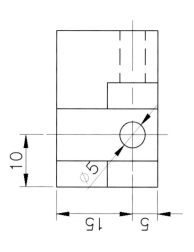

평면도

정면도

등각투상도

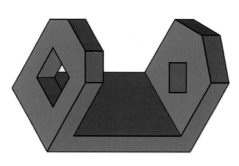

Hint

- UCS를 정면도에 맞춘 후 모델링 작업을 수행합니다.
- 치수를 참고하여 2차원 도형을 작성합니다.
- Extrude 또는 Presspull 명령을 활용하여 솔리드 객체를 작성합니다..

Dimension

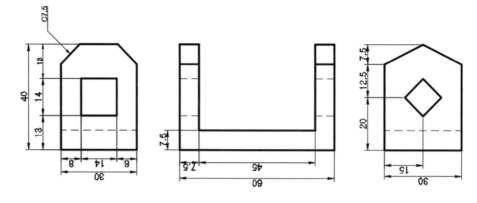

등각투상도

우측면도

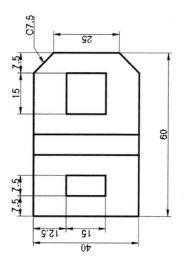

평면도

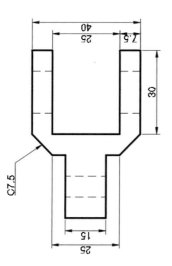

정면도

등각투상도

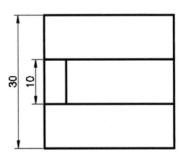

우측면도

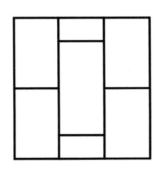

평면도

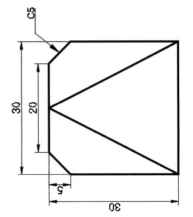

정면도

Hint

- UCS를 정면도에 맞춘 후 모델링 작업을 수행합니다.
- 치수를 참고하여 2차원 도형을 작성합니다.
- Extrude 또는 Presspull 명령을 활용하여 솔리드 객체를 작성합니다.

등각투상도

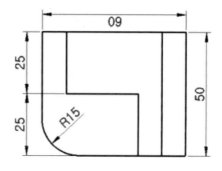

우측면도

평면도

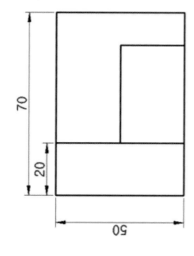

정면도

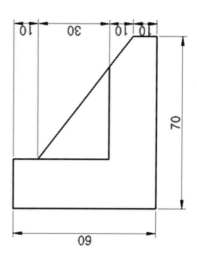

등각투상도

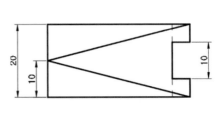

우측면도

평면도

정면도

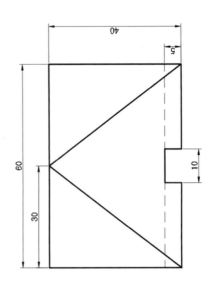

등각투상도

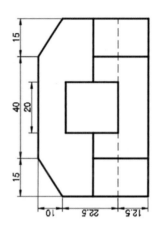

우측면도

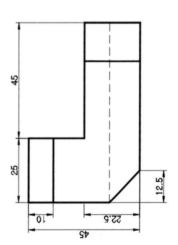

평면도

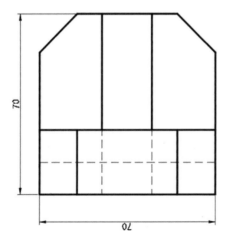

정면도

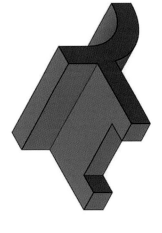

등각투상도

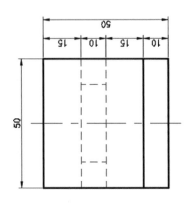

우측면도

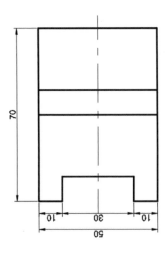

평면도

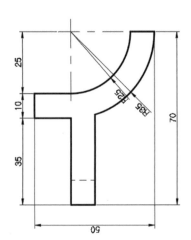

정면도

Hint

- UCS를 정면도에 맞춘 후 모델링 작업을 수행합니다.
- 치수를 참고하여 2차원 도형을 작성합니다.
- Extrude 또는 Presspull 명령을 활용하여 솔리드 객체를 작성합니다.

등각투상도

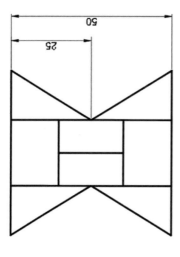

평면도

우측면도

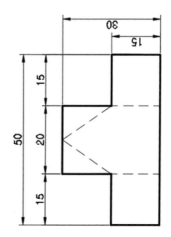

정면도

- UCS를 정면도에 맞춘 후 모델링 작업을 수행합니다.
- 치수를 참고하여 2차원 도형을 작성합니다.
- Extrude 또는 Presspull 명령을 활용하여 슬리드 객체를 작성합니다.

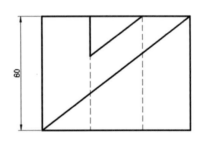

등각투상도

좌측면도

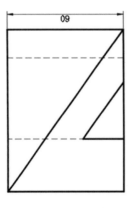

평면도

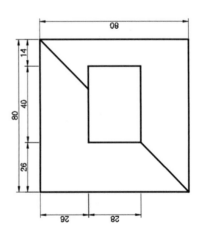

정면도

Hint

• UCS를 정면도에 맞춘 후 모델링
  작업을 수행합니다.
• 치수를 참고하여 2차원 도형을
  작성합니다.
• Extrude 모는 Presspull 명령을
  활용하여 솔리드 객체를 작성합
  니다.

등각투상도

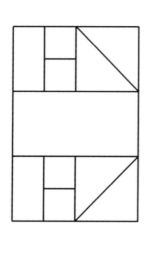

평면도

우측면도

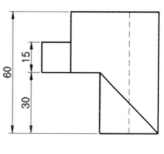
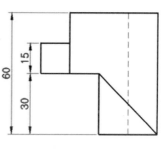

정면도

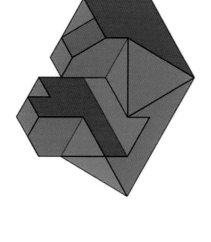

등각투상도

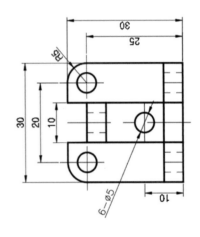

우측면도

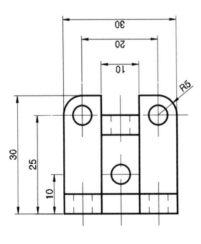

평면도

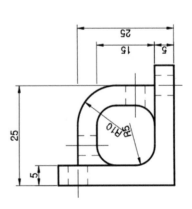

정면도

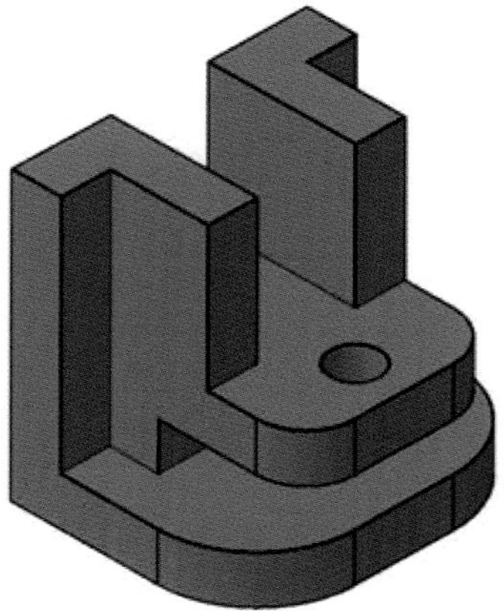

Hint

• UCS를 정면도에 맞춘 후 모델링 작업을 수행합니다.

• 치수를 참고하여 2차원 도형을 작성합니다.

• Extrude 또는 Presspull 명령을 활용하여 솔리드 객체를 작성합니다.

등각투상도

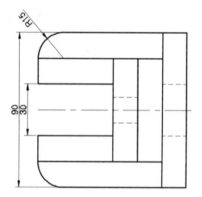

우측면도

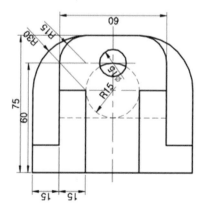

평면도

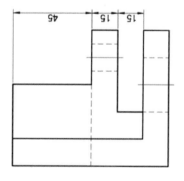

정면도

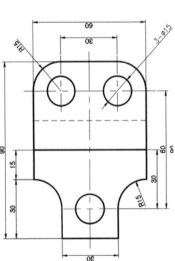
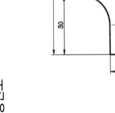

등각투상도

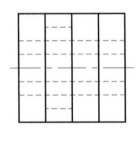

우측면도

평면도

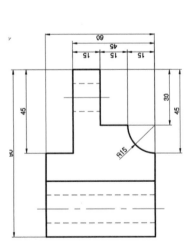

정면도

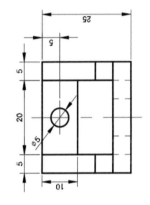

등각투상도

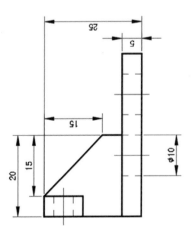

우측면도

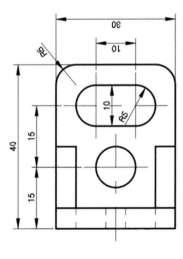

평면도

정면도

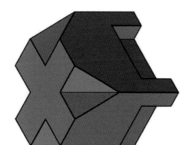

등각투상도

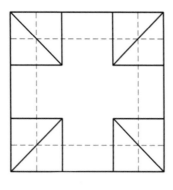

평면도

우측면도

정면도

등각투상도

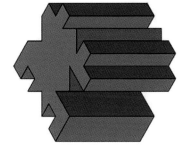

우측면도

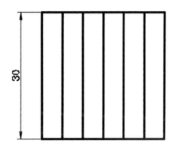

평면도

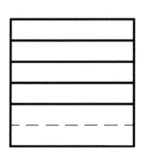

정면도

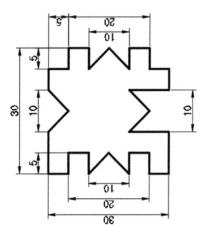

Hint

- 제시된 치수에 따라 2차원 형상을 작성하고 3차원 솔리드 형상으로 돌출합니다.
- 단면 평면(Sectionplane) 명령과 꺾기 추가(Sectionplanejog) 명령을 활용하여 그림과 같이 표현합니다.

Dimension

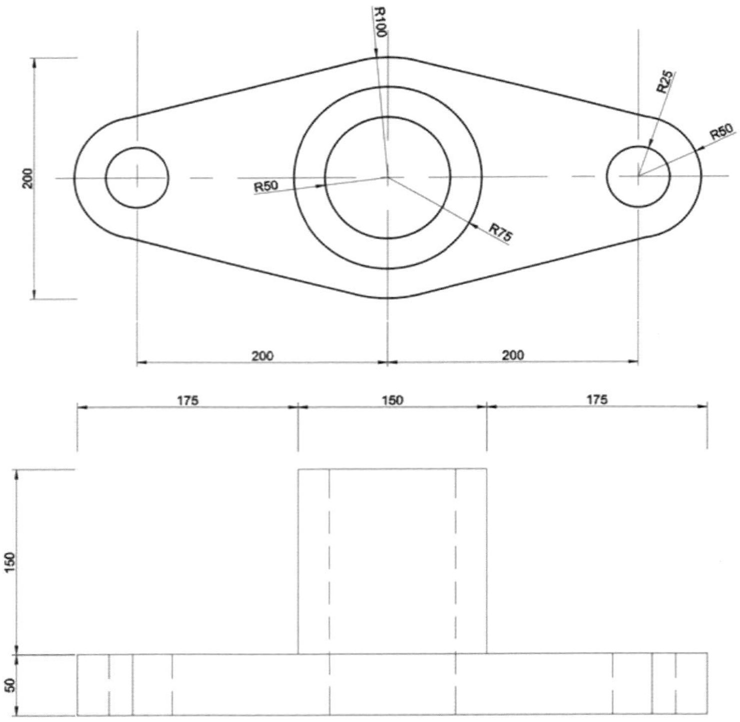

3D Modeling

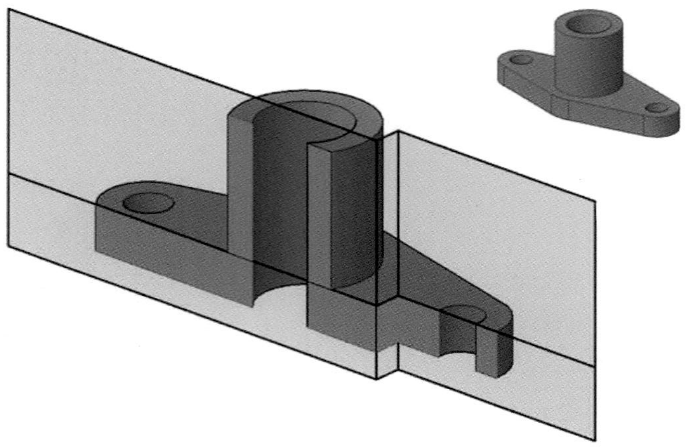

• 제시된 치수에 따라 3차원 형상을 작성합니다.

• Sweep과 Re단면 평면(Sectionplane) 명령과 꺾기 추가(Sectionplanejog) 명령을 활용하여 그림과 같이 표현합니다.

3D Modeling

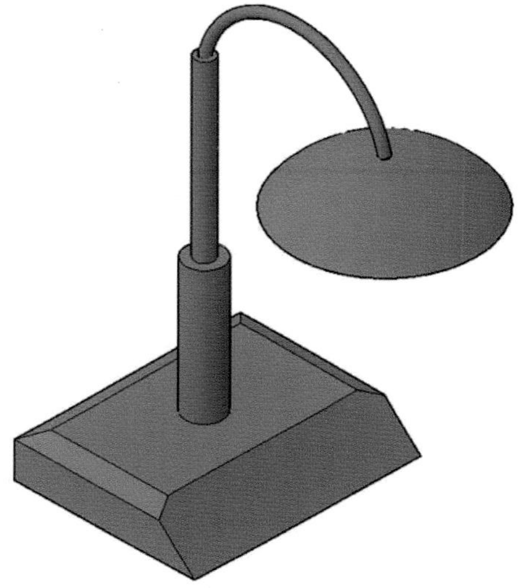

Dimension

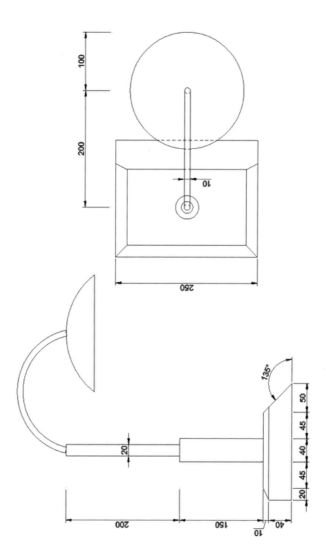

FILLET R=3

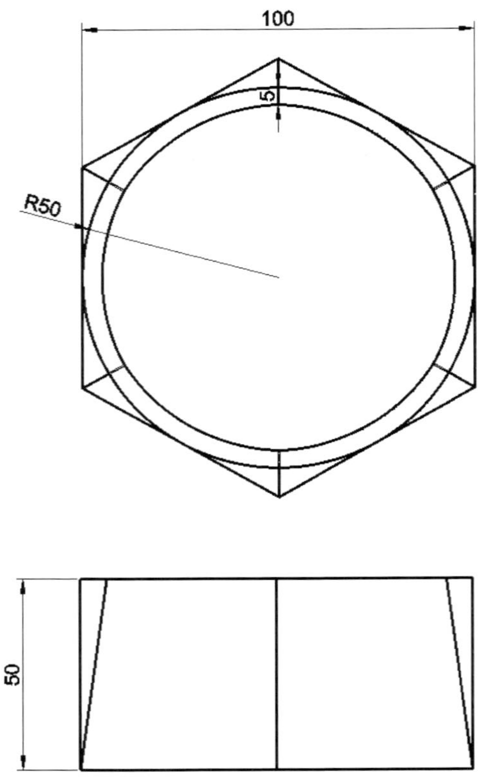

3D Modeling

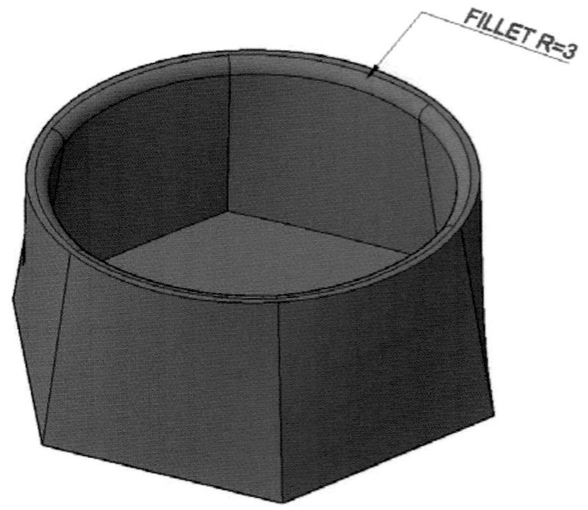

Hint

- 치수를 참고하여 도면을 작성합니다.
- Circle을 작성 후 Polygon을 작성합니다.
- Loft 명령을 활용하여 솔리드 객체를 작성합니다.
- Shell 명령 적용 후 Fillet을 활용하여 모깎기 합니다.

Dimension

100

5

R50

50

• 제시된 치수에 따라 2차원 형상을 작성합니다.

• 각각 용도에 맞는 Mesh 생성 명령을 활용하여 그림과 같이 3차원 형상을 작성합니다.

• 미리 Surftab1과 Surftab2의 값을 증가시켜 두면 보다 부드러운 Mesh가 작성됩니다.

Dimension & 3D Modeling

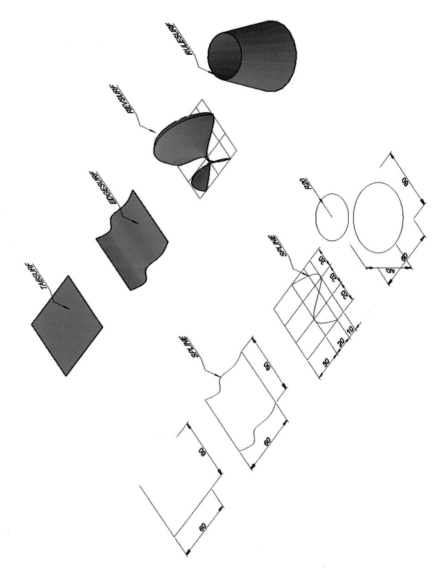

Dimension 1

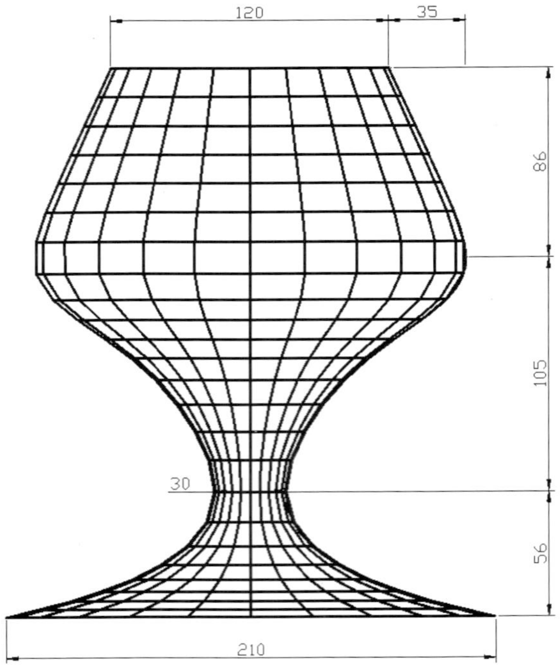

3D Modeling

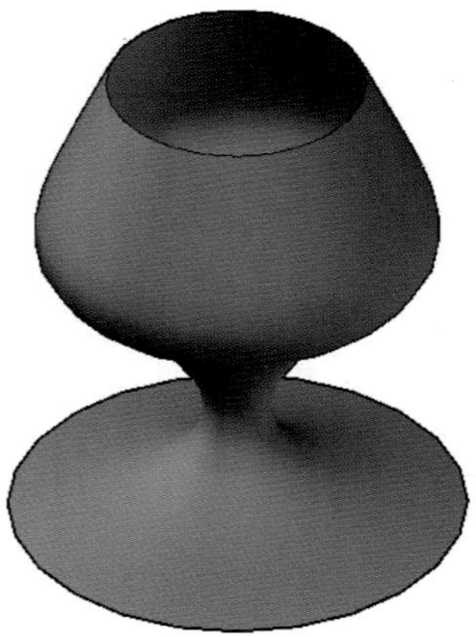

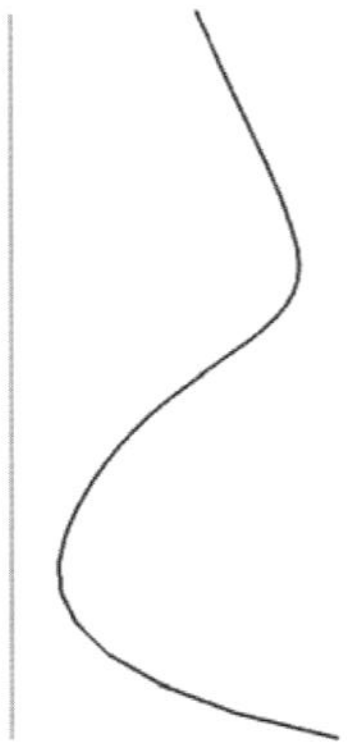

Dimension 2

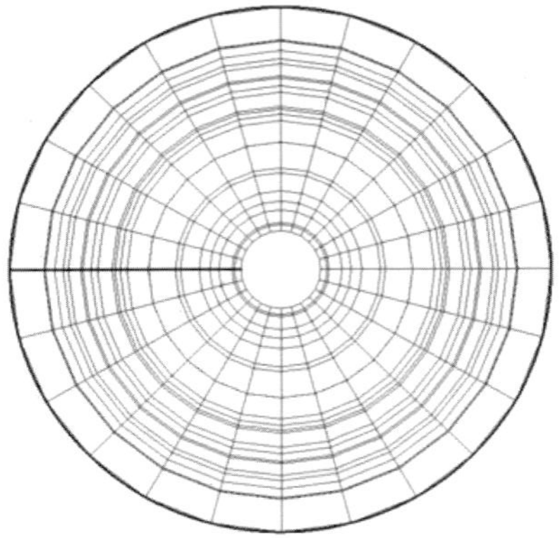

Hint

- 2차원 뷰에서 Dimension 2의 치수를 참고하여 단면선을 Spline으로 작성합니다.
- 작성된 도형은 반드시 폴리화되어 있어야 합니다.
- Revolve 명령을 활용하여 360도 회전 솔리드 객체를 작성합니다.

• 제시된 치수에 따라 2차원 선분을 작성합니다.

• 3dface 명령을 활용하여 그림과 같이 면을 작성합니다.

Dimension & 3D Modeling

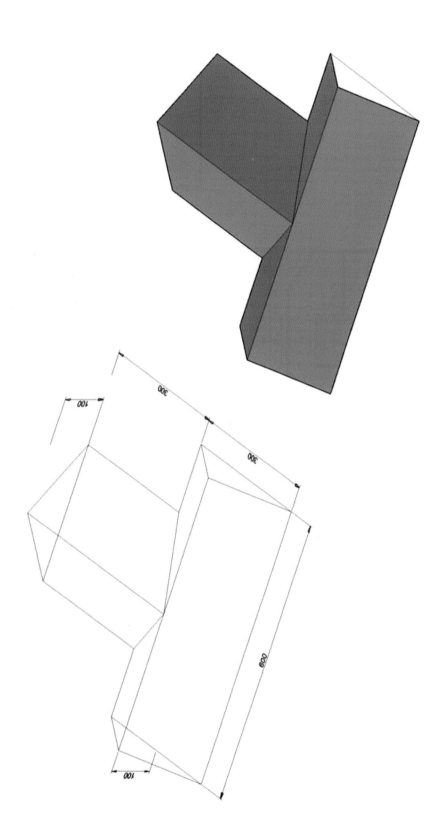

Hint

- 두 개의 표면(Surface) 형상을 제시된 치수에 따라 작성합니다.
- 서로 떨어진 형상을 SurfBlend 명령으로 혼합시킵니다.
- 두께(Thicken) 명령으로 표면을 솔리드화 합니다.

Dimension

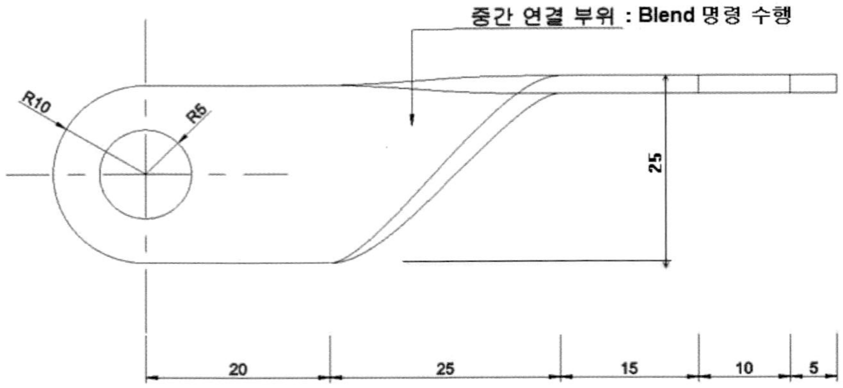

중간 연결 부위 : **Blend** 명령 수행

3D Modeling

• 제시된 치수에 따라 3차원 원통을 1개를 작성한 후 원형 배열합니다.

• 배열된 연통을 합집합(Union) 합니다.

• 합집합된 3차원 형상에 쉘(Shell) 명령을 활용하여 그림과 같이 작성합니다.

Dimension

3D Modeling

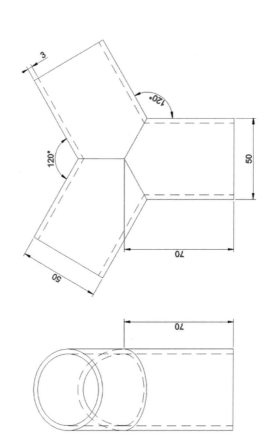

- 치수를 참고하여 도면을 작성합니다.
- Circle 부분은 Loft를 활용하여 부정 표면을 작성합니다.
- R15원의 반 홈을 작성합니다.
- 반 홈와 길이 60의 선을 Loft를 활용하여 점반의 치아 몸체를 작성합니다.
- Mirror를 활용하여 대칭 복사합니다.

3D Modeling

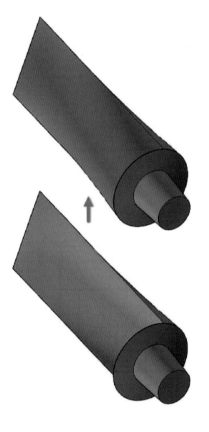

Dimension

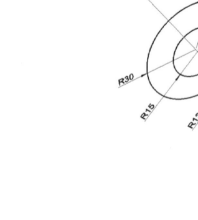

3D Modeling

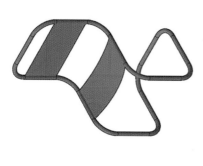

Dimension 1

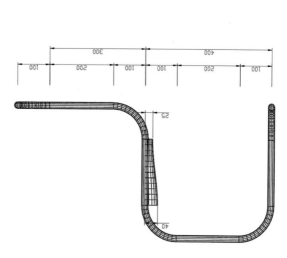

Dimension 2

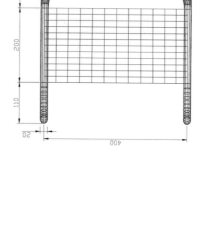

Dimension & 3D Modeling

 Hint

• 제시된 치수에 따라 메쉬 기본 상자를 작성합니다.

• 더 부드럽게하기(Meshsmoothmore) 명령을 활용하여 모서리를 부드럽게 처리합니다.

P A R T

05

부록

C O N T E N T S

01 전산응용건축제도기능사 실기

국가기술자격 검정 실기시험 문제

자격종목	전산응용건축제도기능사	과제명	주택
비번호			

※ 시험시간 : 표준시간 4시간, 연장시간 : 없음

1 요구사항

■ 주어진 평면도를 보고 CAD를 이용하여 아래 조건에 맞게 다음 도면을 작도한 후 지급된 용지에 본인이 직접 흑백으로 출력하여 USB메모리에 저장하여 함께 제출하시오.

1) A부분 단면 상세도를 축척 1/40로 작도하시오.

2) 남측 입면도를 축척 1/50로 작도하되 벽면의 마감재료 표시 및 주위의 배경 등 도면의 요소를 충분히 고려하시오.

[조건]

• 기초 및 지하실 벽체 : 콘크리트 구조로 하시오.

• 벽체 : 외벽 – 외부로부터 붉은벽돌 0.5B, 단열재, 시멘트벽돌 1.0B 로 하시오.

　　　　내벽 – 두께 1.0B 시멘트벽돌 쌓기로 하시오.

• 단열재 : 외벽120mm, 바닥85mm, 지붕 180mm 하시오.

• 지붕 : 철근콘크리트 경사슬래브위 시멘트 기와잇기 마감으로 하시오. (물매 4/10이상)

• 처마나옴 : 벽체 중심에서 500mm

• 반자높이 : 2,400mm, 처마반자 설치

• 창호 : 목재창호로 하되 2중창인 경우 외부창호 알루미늄 섀시로 하시오.

• 각 실의 난방 : 온수파이프 온돌난방으로 하시오.

• 1층바닥 슬래브와 기초는 일체식으로 표현하시오.

• 평면도에 표현되지 않은 현관 상부 캐노피는 작도하지 않습니다.

• 기타 각 부분의 마감, 치수 등 주어지지 않은 조건은 일반적인 시공수준으로 하시오.

■ 선의 통일을 기하기 위하여 아래와 같이 선의 색을 정리하여 출력하시오.

• 흰색(7 – White) – 0.3mm   • 녹색(3 – Green) – 0.2mm

• 노랑(2 – Yellow) – 0.4mm   • 하늘색(4 – Cyan) – 0.3mm

• 빨강(1 – Red) – 0.2mm   • 파랑(5 – Blue) – 0.1mm

② 수험자 유의사항

■ 다음 유의사항을 고려하여 요구사항을 완성하시오.

1) 명기되지 않은 조건은 건축법, 건축구조 및 건축제도 원칙에 따릅니다.

2) 시험시작 전 바탕화면에 본인 비번호로 폴더를 생성하고, 폴더 안에 작업내용을 저장하도록 합니다.

3) 정전 및 기계고장 등에 의한 자료손실을 방지하기 위하여 수시로 저장합니다.

4) 다음과 같은 경우는 부정행위로 처리됩니다.

　　가) 노트 및 서적, 디스켓을 소지하거나 주고받는 행위

　　나) 건물의 구조부분의 상세나 글씨 등을 사전에 블록으로 설정하여 지참해 사용하는 경우

5) 작업이 끝나면 감독위원의 확인을 받은 후 문제지를 제출하고 본부요원 입회하에 본인이 직접 A3용지에 흑백으로 도면을 출력하도록 합니다. 이때 수험자의 운영 미숙으로 도면이 출력되지 않는 경우나 출력시간이 20분으로 초과할 경우는 실격처리 됩니다.

6) 장비 조작 미숙으로 장비의 파손 및 고장을 일으킬 염려가 있을 경우 실격됩니다.

7) 다음과 같은 경우에는 채점대상에서 제외됩니다.

　　가) 시험시간(표준시간 및 연장시간 포함) 내에 요구사항을 완성하지 못한 경우

　　나) 시험시간 내에 제출된 작품이라도 다음과 같은 경우

　　　　(1) 주어진 조건을 지키지 않고 작도한 경우

　　　　(2) 요구한 전 도면을 작도하지 않은 경우

　　　　(3) 건축제도 통칙을 준수하지 않거나 건축 CAD의 기능이 없는 상태에서 완성된 도면으로 시험위원 전원이 합의하여 판단하는 경우

8) 수험번호, 성명은 도면 좌측 상단에 아래와 같이 표제란을 만들어 기재합니다.

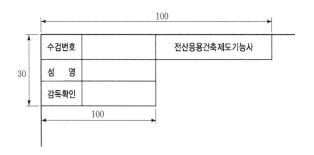

수검번호		전산응용건축제도기능사
성 명		
감독확인		

9) 감독위원은 시험시작 후 수검자에게 표제란을 우선 작도 후 도면을 작도하도록 하여야 하며, 수험자 가 감독위원의 동지시를 따르지 않을 경우 실격 처리됩니다.

10) 테두리선의 여백은 10mm로 합니다.

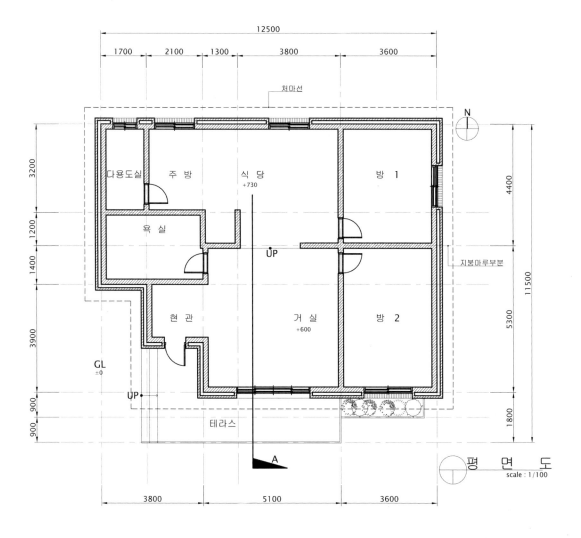

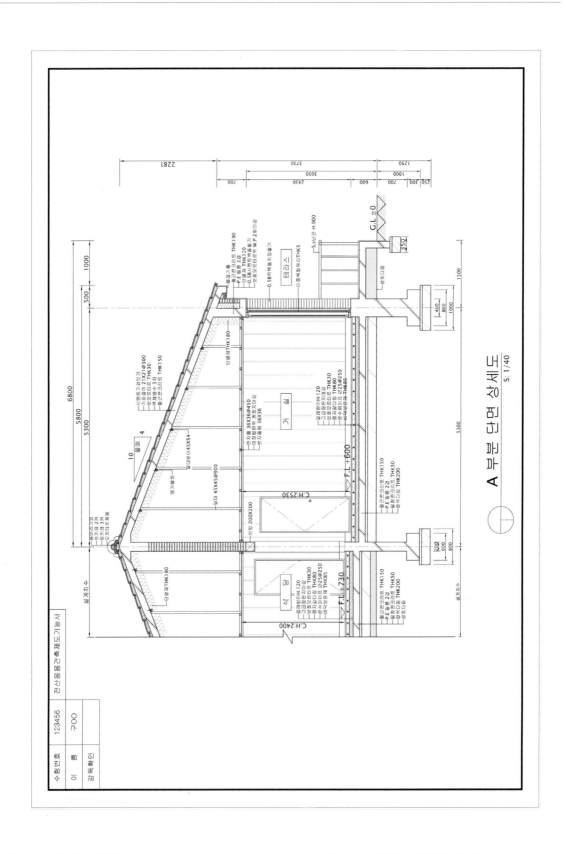

A 부분 단면 상세도
S: 1/40

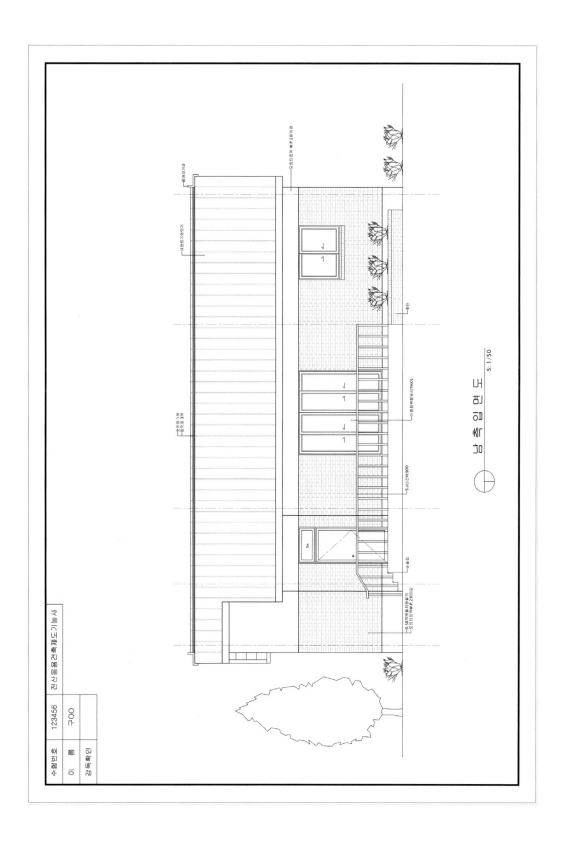

남측입면도
S : 1/50

02 전산응용토목제도기능사 실기

국가기술자격 검정 실기시험 문제

자격종목	전산응용토목제도기능사	과제명	L형 옹벽 구조도
비번호			

※ 시험시간 : 표준시간 4시간, 연장시간 30분

1 요구사항

■ 주어진 도면(1), (2)를 보고 CAD 프로그램을 이용하여 아래 조건에 맞게 도명을 작도하여 디스켓에 저장 및 출력하시오.

1) 주어진 도면(1), (2)를 축척 1/40으로 각각 작도한 후 A3(420×297mm) 용지에 흑백으로 각각 출력하여 디스켓과 함께 제출한다.

2) 도면의 제도는 KS토목제도통칙에 따르며, 선의 굵기를 구분하기 위하여 선의 색을 다음과 같이 정하여 작도 및 출력한다.

선굵기	색상(Color)	용도
0.5mm	파란색(5 – Blue)	윤곽선
0.4mm	빨간색(1 – Red)	철근선
0.3mm	하늘색(4 – Cyan)	외벽선
0.2mm	선홍색(6 – Magenta)	중심선, 파단선
0.2mm	초록색(3 – Green)	철근기호, 인출선
0.15mm	흰색(7 – White)	치수, 치수선

3) 윤곽선 여백은 상하좌우 모두 15mm 범위가 되도록 작도하고, 철근의 단면은 출력 결과물에 지름 1mm가 되도록 작도한다.

4) 도면의 배치는 단면의 하단에 저판, 우측면에 벽체의 배근도를 배치하고, 일반도는 축척에 상관없이 도면에 안정감을 주도록 적절히 배치한다. (단면도를 기준으로 구조물의 외벽선이 벽체도와 저판도

의 외벽선과 각각 일치하게 작도한다.)

5) 도면 상단에 작품명과 각부 도면의 명칭은 도면의 크기에 어울리게 쓴다.

② 수검자 유의사항

1) 명시되지 않은 조건은 토목제도의 원칙에 따른다.

2) 정전 및 기계고장 등에 의한 자료손실을 방지하기 위하여 20분에 1회씩 저장한다.

3) 요구한 전 도면을 작도하지 않은 경우는 채점하지 아니한다.

4) 도면 작도에서 표준시간을 초과한 경우 연장시간 범위 내에서 매 10분 이내마다 5점씩 감점한다. (단, 30분 초과 시는 미완성 작품으로 처리한다.)

5) 장비조작 미숙으로 파손 및 고장을 일으킬 염려가 있는 경우 감독위원 합의하에 실격시킨다.

6) 시험 시작 후 우선 도면 좌측 상단에 아래와 같이 표제란을 만들어 수검번호, 성명을 기재한다. (단, 표제란의 축척은 1 : 1로 한다.)

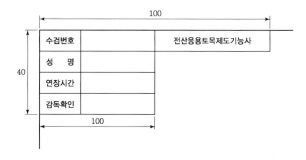

7) 출력이 끝나면 감독위원이 확인을 받은 후 디스켓과 문제지를 제출하고 본부요원 입회하에 A3 용지에 흑백으로 도면을 출력하도록 한다. 이때 수검자의 작도 잘못으로 도면이 출력되지 않는 경우는 실격으로 처리한다. (출력시간은 시험시간에서 제외하고 출력은 수검자가 직접 또는 감독위원이 할 수 있다.)

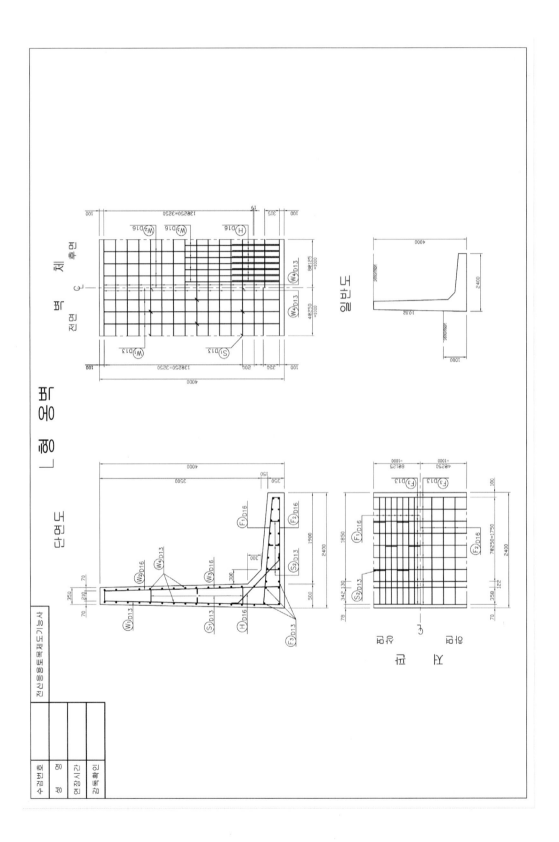

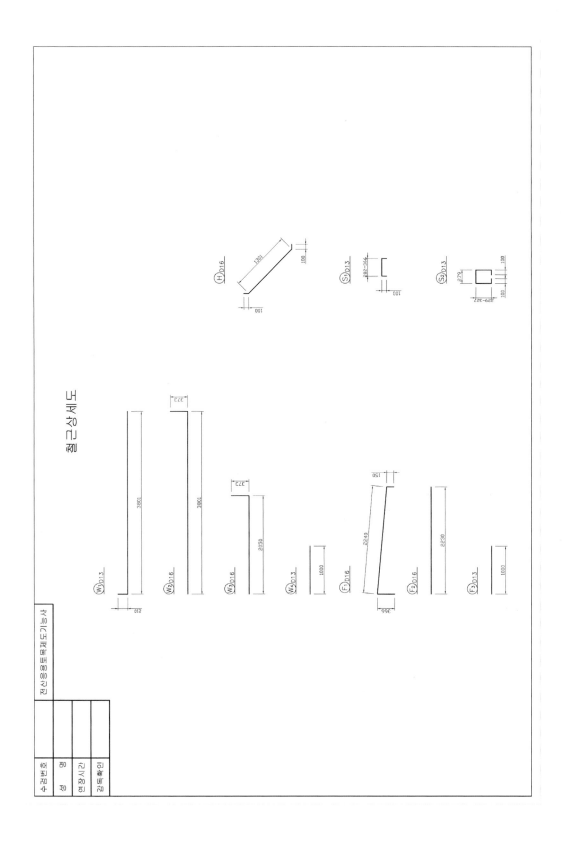

철근상세도

CHAPTER
03 필수 2차원 명령어 정리

1. Line (L) : 기본적인 선을 그리는 명령어

2. Erase (E) : 선택한 객체를 지우는 명령어

3. Limits : 작업도면의 크기(영역) 설정해 주는 명령어

4. Regen (RE) : 도면을 다시 정리해 주는 명령어

5. Units (UN) : 도면 단위를 설정해 주는 명령어

6. Undo (U, Ctrl+O) : 작성된 기존 파일을 찾아 열어주는 명령어

7. Redo(Ctrl+Y) : 취소된 명령어를 순차적으로 되돌리는 명령어

8. Zoom (Z) : 현재 화면을 확대하거나 축소하는 명령어

9. Pan (P) : 화면 이동을 위해 사용하는 명령어

10. Snap(SN) : 마우스 정밀도를 조정하거나 Isometric 스타일 설정 명령어

11. Circle (C) : 원을 그리는 명령어

12. Ellipse (EL) : 타원을 만드는 명령어

13. Rectangle (REC) : 사각형을 만드는 명령어

14. Arc (A) : 호를 작성하는 명령어

15. Polygon (POL) : 다각형(다면체)를 만들어 주는 명령어 (3~1024개의 면을 가지는 다각형)

16. Move (M) : 대상 객체를 이동시키는 명령어

17. Copy (CO) : 대상 객체를 복사하는 명령어

18. Offset (O) : 대상 객체를 거리 값이나 통과 점을 지정하여 평행하게 간격 복사해주는 명령어

19. Array (AR) : 도면 작성시 선택된 도면 요소를 원하는 간격만큼 원형 또는 사각형, 경로를 따라 복사하여
    배열하게 하는 명령어

20. Trim (TR) : 경계를 기준으로 불필요한 선을 잘라주는 명령어

21. Extend (EX) : 경계를 기준으로 선을 연장시키는 명령어

22. Break (BR) : 하나의 선분을 부분적으로 삭제하거나 분리시킬 때 사용하는 명령어

23. Stretch (S) : 선이나 도형을 신축하는데 사용하는 명령어

24. Fillet (F) : 모서리 부분을 반지름 값을 이용하여 둥글게 모깎기 처리하는 명령어

25. Chamfer (CHA) : 모서리 부분을 두선의 거리 값으로 경사지게 모따기 처리하는 명령어

26. Xline (XL) : 구성선이라고 하며, 지정한 점으로부터 무한대로 이어지는 선을 작성해주는 명령어

27. Mline (ML) : 도면에 다중선을 그리고자 할때 사용하는 명령어

28. Pline (PL) : 폭을 가진 직선과 호의 연속적인 선분을 그리는 명령어

30. Pedit (PE) : 폴리선을 편집하는 명령어

31. Explode (X) : 결합된 객체(해치, 블록, Pline, Polgon) 등을 분해해주는 명령어

32. Dist (DI) : 지정권 두점 사이의 거리와 각도, 좌표를 측정하는 명령어

33. List (LI) : 선택된 객체의 색상, 레이어, 선 종류, 문자의 높이, 유형, 폭 등에 대한 정보를 제공 및 최근까지 실행된 명령어 순서를 목록화해주는 명령어

34. Area(AA) : 도형의 넓이와 둘레를 구하는 명령어

35. Layer (LA) : 이름과 색상, 선 종류, 선 축척 등의 특성을 부여한 개별 도면층을 생성하고 편집할 수 있는 명령어

36. Linetype (LT) : 다양한 Line의 유형을 지정하는 명령어

37. Ltscale(LTS) : Linetype의 축척(Scale)을 조정할 때 사용하는 명령어

38. Dtext (DT) : 단일행 문자 입력 명령어

39. Mtext (MT) : 다중행 문자 입력 명령어

40. Style (ST) : 문자의 폰트와 형식 등을 변화시켜 주는 명령어

41. Pedit (PE) : 분해된 선분을 하나로 결합(폴리화)시키거나 폴리화된 도형이나 선분의 폭, 곡선화, 직선화 등의 편집을 하는 명령어

42. Ddedit (문자 더블 클릭) : 입력된 문자(Mtext, Dtext, 치수문자) 등을 수정하는 명령어

43. Mledit : Mline으로 작성되어 교차된 다중선을 편집하는 명령어

44. Chprop (CH, Ctrl+1) : 선택한 도면요소의 위치, 크기, 방향, 색상, 높이, 레이어 등의 특성을 집할 때 사용하는 명령어

45. Block (B) : 현재 작업 중의 객체들을 블록화하여 시스템 메모리에 저장하는 명령어

46. Insert (I) : Block로 설정한 도면을 현재 도면에 삽입하는 명령어

47. Wblock (W) : 현재 작업 중의 객체들을 블록화하여 독립된 캐드 파일로 저장하는 명령어

48. Mirror (MI) : 대상 객체를 기준축을 중심으로 대칭 복사하는 명령어

49. Solid (SO) : 삼각형 또는 사각형의 안을 색으로 채워주는 명령어

50. Donut (DO) : 안이 채워진 원이나 도넛을 작성할 경우 사용하는 명령어

51. Bhatch (BH, H) : 닫힌 경계를 지정한 패턴이나 그라데이션으로 채우는 명령어

52. Hatchedit(해치 더블 클릭) : 완성된 해치를 재수정할 때 사용하는 명령어

53. Dim : 선형 / 정렬 / 지름 / 반지름 / 각도 등의 치수 작성 명령어

54. Ddim(D) : 치수선과 문자, 단위 등에 대한 전반적인 환경 설정 변경과 스타일을 만드는 명령어

55. Plot(Ctrl+P) : 용지 또는 Pdf 파일 형식으로 출력하기 위한 명령어

56. Rotate(Ro) : 선택된 객체를 회전시키는 명령어

57. Aling(AL) : 선택된 객체를 특정 객체를 참조하여 정렬시키는 명령어

58. Divide(DIV) : 선분을 지정 개수만큼 분할된 위치점을 생성하는 명령어

59. Measure(ME) : 선분을 지정 길이만큼 분할된 위치점을 생성하는 명령어

60. Point(PO) : 점을 작성해주는 명령어

61. Ddptype : 점의 스타일과 크기를 변경해주는 명령어

62. Scale (SC) : 축척, 객체의 크기를 바꾸는데 사용하는 명령어

63. Pickbox : 커서 중앙 선택 박스 크기를 조절하는 명령어

64. Savetime : 자동 저장 시간을 설정해주는 명령어

65. Osnap(OS) : 객체 스냅 점을 설정해주는 명령어

66. Image(IM) : 이미지나 외부 파일을 참조하여 붙여넣을 때 사용하는 명령어

65. Mvew(MV) : 배치탭에서 모형 공간의 도면을 삽입하기 위한 명령어

66. Psltscale : 배치탭에서 모형공간에서의 선축척과 동일하게 맞추기 위해 사용하는 명령어

67. Lenghen(LEN) : 선분의 길이를 지정 값을 활용하여 신축하는 명령어

68. Quickcalc(QC) : 계산 기능을 제공하는 명령어

69. Qselect : 특성에 일치하는 객체를 신속하게 선택해주는 명령어

70. Qdim : 객체를 대상으로 신속 치수선을 작성하는 명령어

04 필수 3차원 명령어 정리

1. SOLID MODELING

1) Box : 상자 형상 생성

2) Cylinder : 원기둥 형상 생성

3) Cone : 원추 및 원뿔 형상 생성

4) Spehere : 구 형상 생성

5) Pyramid(PYR) : 사각뿔 형상 생성

6) Wedge(WE) : 쐐기 형상 생성

7) Torus(TOR) : 튜브 형상 생성

8) Polysolid(PSOLID) : 지정한 폭의 수직 돌출 형상 생성

9) Exrude(EXT) : 돌출 형상 생성

10) Revove(REV) : 회전 형상 생성

11) Loft : 단면과 단면 사이를 잇는 형상 생성

12) Sweep : 경로를 따르는 돌출 형상 생성

13) Presspull : 눌러 당기기

14) Offsetedge : 모서리 간격 띄우기

15) Filletedge : 모깎기

16) Chamferedge : 모따기

17) Slice(SL) : 솔리드 자르기

18) Interfere(INF) : 솔리드 겹침 형상 생성

19) Shell : 솔리드 표면 두께 생성

20) Union(UNI) : 합집합

21) Subtract(SU) : 차집합

22) Intersect(IN) : 교집합

23) Xedges : 모서리 추출

24) Imprint : 2차원 형상 각인

25) Convtosolid : 객체를 솔리드로 변환

2. SURFACE MODELING

1) Surfnatwork : 네트워크 표면 생성

2) Planesurf : 평면형 표면 생성

3) Surfblen 두 모서리 사이의 혼합 표면 생성

4) Surfpatch : 열린 모서리에 닫힌 표면 생성

5) Surfoffset : 표면 간격 띄우기

6) Surffillet : 표면 모깎기

7) Surftrim : 표면 자르기

8) Surfextend : 표면 연장

9) Surfsculpt : 수밀한 집합 표면의 솔리드 형상 생성

10) Thicken : 표면 두께 생성

11) Convtosurface : 객체를 표면으로 변환

3. MESH MODELING

1) Mesh : 메쉬 기본(상자, 원추, 쐐기 등) 형상 생성

2) Edgesurf : 모서리 표면 생성

3) Tabsurf : 방향 벡터 표면 생성

4) Rulesurf : 직선 보간 표면 생성

5) Revsurf : 회전된 표면 생성

6) Meshsmooth(SMOOTH) : 부드러운 메쉬 객체로 변환

4. 기타 명령어

1) Hide(HI) : 숨은선 감추기

2) Shademode : 음영처리 모드 선택

3) Vpoint(-VP) : 3차원 시점 지정

4) 3dpoly : 3차원 상의 폴리선 작성

5) Mirror3d : 3차원 대칭

6) 3drotate(3R) : 3차원 회전

7) 3darray(3A) : 3차원 배열

8) 3dalign(3AL) : 3차원 정렬

9) 3dmove(3M) : 3차원 이동

10) Render(RR) : 렌더링

11) Sectionplane : 단면평면 생성

12) Sectionplanejog : 단면평면 꺾기

MEMO

약력

대표저자 **박남용**(공학박사)

현) 전문건설공제조합 기술교육원 실내건축과 전임교수

현) 한국기술교육대학교 온라인평생교육원 e-러닝 운영강사

현) 한국기술교육대학교 능력개발원 전공역량 및 신기술 연수강사

현) 호서대학교 충남산학융합교육원 CAD분야 운영강사

현) ITGO/EBS/한국직업방송 CAD&GRAPHIC e-러닝 개발 및 운영 강사

전) 대구공업대학교 건축과 전임교수

전) 선문대학교 건축학부 계약제교수

전) 공주대학교 건축학부 겸직교수

전) 광주대학교 건축학부 외래교수

전) 서울전문학교 건축학부 전임교수

전) 한국기술교육대학교 디자인건축공학부 외래교수

공동저자 **강경하**(박사수료)

현) 대구공업대학교 건축과 전임교수

전) 한국폴리텍6대학 CAD 외래교수

전) 한국폴리텍6대학 산학협력단 외래교수

전) 경일대학교 산학협력단 재직자전담 CAD 외래교수

전) 한국폴리텍5대학 건축과 외래교수

ITGO 박남용 선생님의 쉽게 따라하는
AUTOCAD 2D·3D 도면예제집

발　　행 | 2018년 7월 10일 초판 발행
　　　　　 2022년 4월 1일 개정 3쇄

저　　자 | 박남용, 강경하
발 행 인 | 최영민
발 행 처 | 🄲 피앤피북
주　　소 | 경기도 파주시 신촌로 16
전　　화 | 031-8071-0088
팩　　스 | 031-942-8688
전자우편 | pnpbook@naver.com
출판등록 | 2015년 3월 27일
등록번호 | 제406-2015-31호

정가 : 21,000원

ISBN　979-11-91188-12-7　93550